中国近代酒文献丛刊

中国近代酒文献选辑

《申报》卷

薛化松　李　玉　主编

本册执行主编　冯冰儿

中册

社会科学文献出版社
SOCIAL SCIENCES ACADEMIC PRESS (CHINA)

南京大学中国酿造史研究中心　项目成果
南京大学新中国史研究院　学术支持

目　录

三　酒业社团

四　烟酒联合会开会纪

三 酒业社团

绍兴酒业联合会情形

绍兴酒业各酿户全体，因酒捐局私刻钤记祸商病民，特于五月七日午后假座城内，至大寺开联合大会，共议对付方法，到会者共计六百数十人。会场秩序首由陈子仪君宣布开会宗旨，并请到会者公推临时主席，当由会员推定沈翰臣君。沈君即宣示该局告示、公文等件，以证明其钤记不符之处。次马宣初君布告该局罪状。次汪锦、王德兴诸君及新源盛主人相继报告被诈苦情。嗣以受害酿户纷纷均欲登台述诉苦情，人数过多，恐紊秩序，特请各酿户开明被诈情形，各投柜中。次马仲威君宣布，酒捐总董钟锡庭冒名函邀分董为张大堂开辩护会之罪状，并述各酿户种种受害之苦况。次王禹洲君又述被诬拘留情形及示索诈证物。沈翰臣君报告呈控局长张大堂之呈批，并请公推代表八人，当举定汤浩川、陈月评、陈子仪、沈翰臣、马仲威、沈翼庭、王粟初、鲁厚甫等，拟即禀控省军政府以惩该局索诈之罪，而伸各酿户之冤。及沈翰臣君提议经费问题，佥愿照缸认捐云。

（1912 年 5 月 12 日，第 6 版）

五属土酒商之呼吁

苏、松、常、镇、太五属土酒商，近因财政厅设局改征酒捐，特拍电京省呼吁。兹录其电文如下：

北京财政部总次长钧鉴：苏省土酒自公卖实行，销路已滞。今财政厅复仿浙省绍酒成例，设局加捐，另立印花名目，所定捐率不问价格贵贱、分量轻重，一律征收。且绍酒仍照旧章，苏省土酒独加苛税。苏商民不堪命，死难承认，吁恳大部饬厅收回成命，以安商业。惶迫待命。

苏、松、常、镇、太五属酒商联合会叩。

南京巡按使财政厅长钧鉴：苏省土酒仿浙省绍酒成例，贵贱轻重，一律同征。商等生计将绝，万难承认。五属同业联合开会，公请收回成命，否则只得停市改业。群情一致，迫切上陈，余详公禀。

苏、松、常、镇、太五属酒商联合会叩。

（1915 年 11 月 30 日，第 10 版）

苏省酒业之呼吁

江苏全省酒业公会，因公卖局初经设立，又复厉行酒捐新章，事近重征。昨特由苏、松、常各属举出代表罗韵涛等赴京、赴省分别投递公禀，恳请部、省收回成命。兹为分录原禀如下：

上财政部禀略云：

税法原理，可加重而不可重复。同一酒也，既归公卖，而使商民纳税于公卖局，即不应另立缸照、印花捐等名目，而使商民完纳两重之国税。即将来参酌情形，酒捐尚可加重，亦当由公卖局加征酒税，万无于国课支绌、商情奇窘之势，再增此叠床架屋之机关，位置冗员。今公卖甫经实行，而新章忽焉歧出，此违法害民者一。

伏读部定全国烟酒公卖暂行简章第七条，已设公卖局，地方应将原有之烟酒各项税厘牌照，及地方公益捐等，暂由各公卖局代收分拨，部章不过维持固有之税厘。今借整顿之名而横征暴敛，显与部章抵触，此违法害民者二。

又寻绎部章第七条，原意将各种原有税厘暂归公卖局代收分拨者，固不欲多设征收机关，以节糜费，而归统一，法至善也。盖官厅增加一局之经费，即商民多损一分之脂膏。乃曾几何时，而酒捐局之机关已将遍于各县，蔑视部章，莫此为甚！商贾蹙额，威信何存？此违法害民者三。

新章印花捐有本境、境外之分，而所谓境者，乃以县为界。无论中外，无此税法，即视现在公卖区域，其范围又缩小倍蓰。是使四乡镇市营销三五里以内者，尽纳出境之捐。层层束缚，罔民取盈，至斯极矣！况此法实行，则江苏六十县交界之处，势将遍设卡站，从事稽查捐款之收入几何！若辈之吮吸无限，病商适以病国，徒使国家为怨府，而为不肖胥吏开衣食之源。此违法害民者四。

我国商业不振。所谓商者，大都小本经纪，负贩营生，而以酒商同业为尤甚。税无论轻重，必须一次纳足，使手续不致繁琐，则令出而易行。

今公卖费之外，再加缸捐，缸捐之外，再加印花捐。两县之间复有本境、境外之分。且簿据账单等项，国家方厉行印花税，而酒坛复加印花捐，公卖局已有全国划一之印照，而今日又有缸照之名词。又况浸米有缸、沥浆有缸、盛酒有缸、倾糟有缸，制一缸之酒，需缸甚多，就缸立捐，流弊滋大。而县境犬牙相错，官厅难于确定者甚多。办理员役挟嫌居民，在可持其短长而中伤之。哀我商民，动辄得咎矣！此违法害民者五。

中国既无税权，洋酒进口关税极轻，既不在公卖范围，自为缸照印花所不及。故各国之重税消耗品，阴以保护国货，我国则转以奖励洋商，名同而实相戾。现在外人已有仿造土酒之举，奸商有假装洋瓶之法。国民之生计日蹙，即国家之税源日涸，何堪更肆摧残，绝小民之生机，而贻国家以实祸。此违法害民者六。

综此数端，则新章之窒碍难行，已可概见。然财政厅之意，岂不曰新章，固仿照浙省而规定，有成例在。可行于浙者，讵不可行于苏？殊不知此次新章，与浙省名同而实异。盖江浙酒业情形，截然不同，万不能削足以适履。综其大要，亦有数端。

缸之大小悬殊也。查浙省盛绍酒者，俗名七石缸，每缸可容五六百斤；苏省盛土黄酒者，系青沙缸，每缸只容三百余斤。今新章不问缸之大小，一律定为年捐两角，此其一也。

坛之容积、价格不等也。浙省绍酒装加大坛，每坛可容五十余斤；苏省土黄酒装尖脚坛，每坛只容四十斤。以价格论，绍酒每坛售洋四元有奇，土黄酒每坛只值一元零。土白酒上者犹不过三元之左右，次者仅值一二元，外来之高粱每坛值十余元。今新章不问坛之大小，价之贵贱，土黄酒与绍酒同征二角一分六厘，土白酒与高粱同征三角二分四厘，此其二也。

行销情形各别也。浙省绍酒营销各省都会者十而八九，故虽征缸照、印花而不为病。苏省之酒多零销本境，藉供农家之酬劳勤动，以及小民婚嫁燕享之需。故有销［消］耗之名，而实则为日用必需之品。骤增捐率，民何以堪，此其三也。

此三者皆彰明较著者也。

若由区域言之，浙省酒捐以旧府为界，民间犹以为害。今新章既不问缸坛之大小、价值之贵贱，与夫营销之情形，强为比附，已有巨屦小屦同价之观。犹复变本加厉，改旧府界为县界，限制之差，视浙省不啻更增十倍。况浙省酒捐不过沿公卖制度，未行以前之旧法，亦犹苏省固有之产销税，通过厘金等捐税而已，非敢于公卖制度实施以后违背部章，诛求无藝也。今借浙省酒捐之名目，冒整顿之美名，而行非法加征之秕政，以绝苏商之命脉，而促国家之税源，当非大部利国福民之所忍为，而亦非财政厅之始愿所及料也。商等利害肤切，迫切呼吁，谨恭举代表，具陈事理。伏乞饬下财政厅将酒捐新章即行取消，归并公卖，另定捐率，以归划一，而免纷歧，商民幸甚，国税幸甚！谨禀。

苏属酒业代表罗韵涛、潘伯蕴，常属酒业代表陶慎庵，松属酒业代表朱卿钰，松属酒业代表曹少云、金石声。

上巡按使财政厅禀略云：

窃苏省自公卖成立，酒税加征，成本倍增，销场日滞。犹谓纳税为应尽之义务，国家不得已而出此政策，自应顾全市面，勉为其难。然在基本支绌之家，逐渐因之减酿。兹又仿照浙省章程，专设酒捐局。关于酒类税率，较之本年四月财政厅详准之数，不啻倍蓰。土酒价格只值四分之一，而税率照绍酒税征收；烧酒价格只有二分之一，价昂时亦仅有三分之二，而税率照绍酒反加倍半。厉行公卖后，加此一层苛扰，实无一线生机。夫使此项酒捐，对于酒业中人平均担负，犹可忍也。乃以烧酒、土酒与销数最广之绍酒，竟不问价格高低，同一税率。在业绍酒者，因比较而自鸣得意；而业烧酒、土酒者，实身受而痛苦不堪，以此奔走呼号，蹙额疾首。甲则主张停止进货，乙则主张停止营业，众口一辞，万难承认。查国家征税，必以品物之价值定税率之标准。在财政厅只知照浙省酒捐办理，而不知绍兴酒价格每石值洋十余元，烧酒价值只售银五六元，土酒价值每石只售银三四元。又烧酒仅止行销内地，土酒则专售于本境，而绍酒则通销于全国各行省。且烧酒、土酒仅为普通人民与下流社会之消耗品，而绍酒则为政、学、绅、商各界之奢侈品。同一酒类，价值既有高低，税率当分轻重。除分别禀电财政部核示外，为此沥叙下情，禀叩钧使俯念酒商现状，迅予饬厅收回成命，或并公卖局代征，酌减税率，出自主裁。总期国课不虚，商情易允，无任顶祝之至。

苏属酒业代表罗韵涛、潘伯蕴，常属酒业代表陶慎庵，常属酒业代表卜铭清，松属酒业代表朱卿钰，松属酒业代表曹少云、金石声。

（1915 年 12 月 10 日，第 6、7 版）

酒业公会为酒捐事致南京电

南京巡按使、财政厅长、烟酒公卖局转财政部特派员王钧鉴：酒捐奉饬归并，各税所照旧征收，所颁新章当然无效。惟各税所或循旧例，或仿新章，主张不一，商民疑虑，环［还］求即日公布，以释群疑，候电复。

苏省酒业公会代表朱卿钰等叩。筱。

（1915 年 12 月 19 日，第 11 版）

酒业请求体恤之电稿

南京烟酒公卖局高局长钧鉴：各项捐税归并公卖一道征收，自是正理。惟当此欧战未息、黔滇不靖、金融恐慌、商业困难，谅邀洞鉴。敝业开会集议，拟乞暂照旧时税额归并征收，一俟时局平靖，再行酌定值百抽若干之税，以恤商艰而维实业。谨电请示遵。

全省酒业公会代表朱卿钰等叩。

（1916 年 2 月 18 日，第 10 版）

苏州·苏民请减捐税之议案

北京立法院定期召集，已通电各省议员于四月间到京。吴县国民代表彭谷孙君，昨由沪返苏，料理行装，即日北上。苏地士绅以现在捐税日重、民不堪命，彭君为国民代表，当为民请命，特于三月十七号假总商会邀请彭君莅会商议。闻是日绅界如刘雅宾、尤鼎甫、吴阴之、潘济之、汪纲之诸君，及商会总协理吴似村、蔡伯侯及各议董等均到，当经商定请减税捐，杜绝中饱各议案（如漕赋印花税、烟酒公卖均在其内），请彭君携京，俟开院时提出请愿云。

（1916 年 3 月 20 日，第 7 版）

松属酒商来函

松属烟酒公卖分栈设在松江，名曰江苏省第四区烟酒公卖分栈。除上海县与太属并组外，其金奉、南青各设支栈，均隶属于第四区域之内，由各酒商缴纳保证金，完全组织公选，义仁泰经理沈纪昌为主任。开办以来，于兹半载，凡酒货出门，按斤贴照，按价纳费，各商皆能顾全，公益遵章奉行，并无异议；如有隐匿偷漏，照例充罚。兹于本年二月二十号，忽由分栈发来通告，嘱令商人包认，各酒商咸谓既经照章贴照，岂复有包认之理？以故无一赞同。讵未及旬日，监察所调查员竟至各酒商家百般恫吓，有如不包认须勒令闭歇之语，各酒商感愤愤不平定，欲禀请上峰彻究，敬请登入贵报为感。

松江县全体酒商公启。

（1916 年 3 月 20 日，第 11 版）

绍酒业今日开会

本埠绍酒业自公卖分局成立后，即组织第六分栈，曾经呈明江苏第二区烟酒公卖分局长谢惠塘详报省局长备案，并于开办时呈缴押柜洋四千元。嗣因谢分局长对于该分栈动辄苛罚，而于存货一节，办理尤欠公道，致南北同业意见各殊。该分栈遂呈请南商会转禀该分局长，自愿撤消，发还押柜，而谢分局长则不允所请。该同业以所组分栈其性质与认税机关相同，既有巨数押柜缴存分局，则所有公卖费应归分栈征收，乃该分局仍与绍酒客商直接收取，殊与定章多所违背。故昨特通知各该同业，订定今日下午在绍酒业公所开会，提议办法，并将所受该属苛罚各款调查明晰，以便对付云。

（1916 年 7 月 17 日，第 10 版）

湖北·烟酒帮联合请愿

鄂省汾酒帮以公卖章程琐细烦苛，特致各宵商会函征求意见，联合请愿，已志昨报。兹闻烟帮中人以烟酒两业，情同一律，自应联络一气，一致进行，刻正推举代表交换意见，将以烟酒业联合会名议通电各省，征求同意，以为同式之请愿。

（1916 年 7 月 23 日，第 7 版）

沪南泰兴公所来函

敬启者：敝公所有泰兴酒行伙贾鹤亭，于五月初间押运酒船，道经苏州，为第三区烟酒公卖分栈罚洋五百元，未给收据。该伙店东不肯承认，责令赔偿，该贾鹤亭含冤莫白，拟登申明，又苦于经济困难，为此代恳将来稿登入来函，俾晓大众。素仰先生热心，当能俯如所请也。专此敬请撰安，泰兴公所谨启。

六月二十三日旧历四月十八，由泰兴运酒一船于五月初三日至苏州，当有第三区烟酒公卖分栈调查员来船调查，船户将公卖联单并印照陈验，因时日不符，即扣船惩罚，诈称应全数充公，估价洋一千三百二十元，身情急，再三恳请从轻发落，始允罚洋五百元，并不发给罚单，又无收条。今敝东因无罚款实据，不肯承认，欲责令赔偿此款，身初出经商，未谙税则，且寄人篱下，月入薪俸不过数元，何来此巨款赔偿？为此情急申明，敢请公会诸君向苏州烟酒公卖分栈调查有无此项罚款充公，以明商冤而免赔。累不胜感激之至。

泰兴酒行伙贾鹤亭白。

（1916 年 7 月 23 日，第 11 版）

镇江・酒业反对公卖之会议

烟酒公卖局成立以来，重税病商，怨嗟迭起。镇埠烟商日前曾邀集水、旱烟，烟叶，皮丝，净丝五帮开会，拟于国会召集时请求维持。兹酒业各董事亦以烟酒同受公卖苛税，痛苦备尝，往者政府黑暗，呼吁无门，今天日重光，理应切实请愿。故于昨日由该业董事以公所名义，召集同业开会，集议拟仿烟业办法，征求各同业意见，或联络烟业一致进行，或酒业单独进行，其目的总以达到豁免额外之苛税，并永远革除公卖局一切积弊为止。如各同业意见相同，即拟于下月初着手办理。

（1916 年 7 月 24 日，第 7 版）

扬州·酒行反对支栈

江苏省第六区烟酒公卖局因欲整顿分栈，所收税则由张局长饬商人孙以恒设立酒类支栈，正拟开办，而前认缴税之冯某不肯交代，并闻各酒行亦不承认，业已赴省控告，未知省长若何批示也。

（1916 年 7 月 28 日，第 7 版）

县知事调查烟酒联合会之内容

上海县知事沈宝昌奉财政厅饬知：督催烟酒牌照税迅行呈缴等情，已纪昨报。兹闻沈知事以烟酒联合会成立迄今，本署并无案牍可稽，其种种办法须调查会章，方有头绪。是以函知该会总干事，请将各职员名姓及会中定章，并意见书等照录一份，呈送到署，以凭察核转详。

（1916 年 9 月 5 日，第 10、11 版）

铜山烟酒同业之意见

本埠烟酒业联合会昨接皖省铜山烟酒业董诸有光、张兆昌等来函，略谓烟业重税层捐，困商病民，凡托此业，具有同情。顷阅报载贵公所提议，豁免各项零捐，以苏商困而归划一，并提出议案，征集意见，筹议办法，请求政府维持。仰见廑筹硕画捧读一周，无任钦佩，光等深表赞同。惟烟酒两业情同一律，自应联络一气一致进行，不宜分立旗帜，以致对上请求事件未免分歧，公卖创兴，值百抽收一二已不为，非各项捐税，理应豁除，以归划一。部章第七条但云，由公卖局代收分拨，是虽归并公卖局，而其捐税固依然存在也。吾辈请求豁免，纵不能达目的，或即援照通州商会烟酒公卖章程驳议，将各项纳入公卖费内，酌量增加，百抽二十亦可；再者公卖章程琐细烦苛，商人不胜其扰，动辄违法，不啻荆天棘地，应请于产地酌量征收全税，发给运单，黏贴印照，听凭运销他处，不分省界。各该处仅事查验，不再重征，庶免出省留难之虞，似此等手续，通州驳议言之最详，惟祈采择议行。更有请者，公卖费项，国家方恃为大宗税款，将来命令章程，时有变卖，非于首要地点组织两业联合会，遇事协商不足，以资联络而事维持。贵公所居通商大埠为全省枢纽，登高一呼，莫不响应。伏望鼎力组织，不胜翘盼，光等不敏，愿效力驱驰。贵会开议在即，敝处相距杳远，匆匆不及具书上陈，谨据管见所及，肃笺奉渎，是否有当，伏惟采纳是幸，贵会嗣后议定办法，还祈惠示一切。

（1916 年 7 月 12 日，第 10 版）

酒业公会征求意见

江苏全省酒业公会通告同业云：吾业自公卖实行后，营业顿衰，几有一落千丈之势，无非因捐章复杂、界域纷繁，而各属分支栈办法又未一律，种种障碍，使吾商人处于困难之境，几难复睹天日。幸天佑中国，黎大总统依法继任后，首先革除秕政。伏读六月初六命令，有除旧制赋税、厘金暨各项新税关系大宗入款，仍照旧征收外，其余捐税无多。迹近苛细者，着财政部、会商、各省地方长官，各就地方情形查明，分别停缓，以抒民困等因。本会职在扶助同业，所有酒捐繁重之处，似可陈请核订，藉图补救。现拟先向各属征集意见，总须求其有利于国，复便于商务，希即日惠复，俟各属汇齐复到，即行定期召集开会，共同讨论。想台端对于同业切肤之痛，必能发抒伟论，共表同情也。

（1916 年 7 月 18 日，第 10 版）

吁请划一酒税之电稿

江苏全省酒业公会上北京黎大总统、段总理电云：

黎公继任，内阁改组，首除苛税，薄海腾欢。苏省酒业既有厘金、关税、坐贾、门销等名目，项城任内复增特许牌照、烟酒公卖等项，重叠征税，商不堪命。拟请饬部将各项名目一律取消，归并一局，酌定划一办法；假定为百分抽若干之税率，于产地一次收足，通行全省，不再重征，庶免苛扰而苏商困。不胜迫切待命之至。

江苏全省酒业公会代表朱卿钰、陶润庵叩。号。

（1916 年 7 月 21 日，第 10 版）

湖北·酒商联合全国反对公卖

武汉汾酒商略陈商会云：

【中略】

查烟酒公卖章程手续既极复杂，税率尤为繁重，按诸实际，断难推行，且置洋商于例外，弱国病民，莫此为甚。敝帮汾酒一业，自公卖发生后，每灶连旧税年包缴三千串文，牌照、杂捐不与焉。而华法合资之康成酒厂则恃有洋商为护符，分文不认，公卖局无如之何。以故洋酒畅销，汾酒疲滞。敝帮一年之间，通共折二十余万金，停歇者二十余家商等，苟延残喘，进退维谷。伏思全国酒商对此不良章程，当必同受痛苦，近值黎大总统继任，一切弊政改弦更张，现行公卖章程并未交国会通过，尤应取消，另订改良税则。矧独立各省已将公卖局裁撤，今大局敉平，办理自当一律。现国会开会，伊迩人民有请愿之权，此项烟酒税费痛切剥肤，非指定地点征集全国酒商意见，妥筹办法，合力争持，恐不能达取消目的。敝帮近拟指定汉口汾帮公所为集会地点，即于八月十五号以前，由各省酒商公推代表来汉会议，妥善办法；再公推代表晋京向国会请愿，要求将现行公卖办法取消，另订改良税则，一税之外，听其通行，不再重征，以期于国税、商情两有裨益。想各省同业久受公卖苛虐，谅必共表同情，相应略请贵总会分函各省商会转知该省酒商推举代表，先期来汉研究办法，共策进行。

（1916 年 7 月 22 日，第 7 版）

酒业公会大会记

江苏全省酒业公会因酒税重叠，特于昨日（八月二日）下午一时，假英界二马路华庆园开全体大会。各属代表携意见书到会者十余人，兹将开会秩序录后：（一）会长朱卿钰报告开会宗旨，并宣告酒税重叠、商人疲困，应如何陈请，务望各代表共同讨论；（二）陶仞千演说，现在总统既有命令取消各种苛税，我业当筹统一办法；（三）李功孚演说，今日开会实为公卖问题，因各货均无此种苛细捐税，我业独受复杂重捐，必须设法整顿；（四）黄元之演说，现在各处意见书大都拟裁汰各项税捐、统一课税，此事须核其收入之数，商家认额不至减少，撤除敲吸机关为主要，惟其中条目纷繁，今日开会，须先从此点着想；（五）金石声报告，松属钟君意见书请公会要求政府达到取消苛税之目的；（六）由到会各商集议良久，由朱会长宣布，须要求政府规定划一办法，取消各项名目，经众赞成；（七）会计张玉墀报告开支册；（八）宣告闭会，时已钟鸣四下矣。

又闻中国烟酒联合会昨接武进烟酒联合分会来函云：自贵会成立，敝邑烟酒同业多数赞成，已设分会。遽闻苏省公会于阳历二日、阴历初四日，在二马路华庆园开会，敝处经理支栈遍邀同业前往。均因经理办理支栈、任用私人，其所宣布各事不赞成者居多。且以公会表面固属要求政府划一税则内容，仿佛保存支栈为经理个人计，商民纳税固为应尽义务。至于养此冗员，则均不情愿也。且敝处各同业加入贵会，抱定宗旨决不两歧。兹特函陈，尚希裁夺为盼。

（1916 年 8 月 3 日，第 10 版）

江苏全省酒业公会来函

敬启者：

本会昨接武进酒业长丰、恒泰、张洪顺、大成、阮公记、祥生、泰恒、源丰、永源顺、鼎顺、郑鼎泰公余十一家函开，本月三号报载，武进酒同业函致联合会云：支栈经理任用私人，邀请同业到申开会，不赞成者居多，并以贵会表面要求划一税则，内容保存支栈，经理为个人计，故情愿加入联合会，决不两歧等语。敝处酒业各商阅之，不胜诧异。上年缸酒捐苛扰，均蒙贵会力为设法取消，全省藉轻负担，商店至今无任感佩。前日贵会通知开会日期，适因中元节账关系，难遂趋愿，随由同业邀请业董卜君莅会为全县代表，以与规则相符。卜君履康，系敝县酒业业董公推为支栈经理，以其身家殷实、处事端方，出于名实相符。栈内任用执事人员，或由同业投票公举，或由主管局派员驻进。自开办至今，办事公正，并无私心。自用［与］报载各节难免挟嫌，事关双方名誉起见，敝同业不得不详细报告，应如何更正辩明之处，惟希贵会主持办法云云。查日前武进酒业至联合会函，显系私见挟怨所致，本会为维持同业名誉起见，合将来函照录送陈贵报，敬请登入来函橱中为感。

江苏全省酒业谨启。

（1916 年 8 月 13 日，第 11 版）

江苏酒业公会之请愿书

江苏全省酒业公会上书北京众议院云：为酒税重叠、商困难支，环［还］恳提议划一税率，以利推行，而维营业事。窃维纳税乃国民之义务，苛税实病民之厉阶。考诸东西各国，酒类本为消耗之品，加重酒税已成通例。然各国行之，而民无怨言，中国仿行之，而民多受害者，其原因安在？查各国订定酒税，本含有保护商人性质，且进口税重、出口税轻，商民悉称便利。我国厘捐既已繁重，税则又未改良，致令奸胥酷吏任意营私，以图中饱，是国家未受税则之益，而商民已受重税之累，此诚我国之一大通病，而政府固未计及之也。江苏全省六十县，赖酒类以谋生计者，不下数十万人。比年以来，政治不良，民生日蹙，而于酒业为尤甚。查酒业所负担之税，如关于营业则有牌照税、登录税、坐贾、门销等税，关于运轮则有货物税、厘金等。此在自由营业初无制限者，已觉非常之痛苦，又复厉行公卖，致制造贩卖者无活动之余地。国家虽视酒税为一宗进款，但税上加税，捐上加捐，重床叠架，层层钳束，商人实莫知适从，我国商业凋零，实坐此病。溯自厉行公卖以来，自租界以达内地，洋酒之销倍蓰畴昔，长此以往，其不至国货滞销，而生机垂绝者几希。查去年迄今，苏省制酒之区域，制作工人停酿者，十居五六，而贩运商之停业家食，亦已十居四五，是其关系于人民生活者良非浅鲜。商民铤而走险，于是有依附外人之举，或于租界之内创设酒厂、悬挂洋旗，使我政府无从过问，或恃洋商为护符，持有子口税三联单即可一律通行。穷其弊，必至驱酒业中人尽入于租界洋商而后已，谁为为之？孰令致之？要皆我国捐章复杂，机关稠叠，员役骚扰，有以致之也。伏念大总统继任以来，保障共和，尊重民意，所有从前之苛杂税捐，业着财政部、会商、各省长官各就地方情形查明，分别停缓，以抒民困。酒商闻之，同深庆幸，明知我国财政拮据，但期整顿税捐，推行尽利，有益于国，无碍于民，商人具有天良，敢不竭力遵从。惟自举行公卖之后，并未将杂税取消，公卖章程中亦未有既经公卖不取消杂税之规定，人民之担负与否，予取予求，重征苛税，网罗四张，机关遍设，商困于市，民诟于野，而所收入者，视民之所输，仅得其半额，兴言及此，良用痛心！且酿酒以水为本，江苏水质单薄，制酿亦浇，销行区域均在本省百里之内，初不能与浙江绍酒、牛庄高粱、山西汾酒等量齐观也，而地邻上海，其受洋酒及洋商所制土酒之竞争，乃十百于他省。若不亟谋良善之方法，吾苏赖酒业以生之数，十万商民，直将无糊口之地。身命所系，不能缄默，为特缮具意见书，谨按临时约法第七条之规定，敬恳贵会提出议案，关于制造贩卖酒类各项捐税，一概取消，删改烦［繁］重税率，酌定划一办法，分别本销、外销，一次征足，外销之酒，于一税之后，通行全省不再重征。并裁撤专立机关，委托原有经征正税官吏，以节糜费。俾商人免叠税之累，国家节冗员之费，庶于国税、商情，两有裨益。仰祈即日提出议决办法，咨请政府施行，以达民意而资公益。不胜惶悚，企望之至。须至请愿者：江苏全省酒业公会代表者会长朱卿钰、副会长陶润庵。

（1916 年 8 月 31 日，第 10 版）

广东烟酒研究所之咨询

中国烟酒联合会昨接广东全省酒业研究所函云：敝省苦恶税久矣，税既加重，近更公卖抽费，机关骈设，税费分征，生计之难，以敝省酒业为最。正在召集省外各属同业，拟结团体，研求自卫相当之法。只以战事方亟，限于交通，未能完全普及。兹幸诸公统筹，全国大力提倡，登高一呼，众山响应。我国两业生计，实利赖之。敝省酒业，极端表示赞同，一俟时局稍平，举定代表，当即趋候教益。至前月大会公决细则若何？现在进行状况若何？统乞随时见示，俾有遵循，引领淞江，神驰不尽。

（1916 年 9 月 3 日，第 10 版）

浙省减轻酒捐之报告

中国烟酒联合会昨接绍兴酒商代表章祺等来函，略谓：浙省酒捐之重，为全国冠。敝业除随贵会赴京请愿外，一面赴本省议会，陈请分别减免。现于二十六号大会公决，将浙省独有之缸捐，及上年新增以代公卖暂加之一倍捐，二种取消，余由省会请愿国会解决，刻已咨请实行。事关同业切肤之痛，今虽减免些许，商家亦不无小补用，特专函驰告，并希各省分道进行，以为国会后盾等语。闻联合会接函后，已据情转致在京代表陈良玉等知照矣。

（1916 年 11 月 5 日，第 10 版）

杭州 · 绍兴酒业维持会

绍属酒业于（三号）下午，假城区徐公祠开酒业维持会，到者九十余人。振铃开会，先由章楠庭、汤本初二君登台报告，旋由朱根香君登台，陈述筹集经费及催行法案两种方法。（一）筹集经费。前由经董各暂垫五十元，计现已垫划者约仅十人，尚有二十余人未曾划到，特即公推朱根香、章歧山、茅伯成、陈虎臣四君为干事，定于本月六号出发赴乡，前诣未缴之各经董处，请即汇划第一支栈原处。（二）缸照捐加倍。捐既经省会公决取消，官厅藉口预算，延不公布，且有咨交复议消息，应请代表急赴省垣，向各机关疏通免议，或仍执前议，以达请愿目的。惟章楠庭、沈秀山二君情形熟悉，断难半途而废，既云精力交瘁，自当今日公推汤本初君，一同赴杭，藉资臂助。全体赞成，并声言同业等倘不达减捐之目的，惟有停闭店为最后对待。外县如嵊县酒业公所代表马钟生、喻黼臣，余姚酒业同人，均有来函到会，表示赞成。散会时已五下余钟矣。

（1916 年 11 月 8 日，第 7 版）

广东酒盐商之风潮

酒商集议停业

闻省河卖酒行商，现因公卖条例太苛，钳制殊甚，连日卖酒商人在街上或在店中被执去，经税之酒三十余起，甚且扣留工伴。于十一月初一日集议，决于初四日起，由各店前赴酒税局报明，停煮酒饭十日后，再行停甑休业，并闻各行商自议决后，已将米酒、花酒、泰酒之饭一律停煮，以免负担之重累，恐风潮将愈演愈大也。

【中略】

按据昨日专电，省河各酒商已一律罢市矣。此后如何挽救，尚难逆料。惟吾谓酒捐之苛扰，不过及于一部分之人，盐则人人用之，重税之累及于全体穷苦小民，亦不能免。倘因重税而引起风潮者，势必较一部分之酒商为尤甚也。吾愿粤之主持盐务者，急以酒捐为鉴戒，而有以消弭于无形也。

（1916 年 12 月 4 日，第 6 版）

烟酒联合会赣分会致北京电

烟酒联合会前因财政部拟以烟酒税抵借美款，曾经发电反对，并通告各省分会，请为一致力争，已志前报。日昨该联合会接江西省垣分会复函，并录寄该分会上国务院及参众两院电稿，请为查照。其文云：

北京国务院参众两院钧鉴，烟酒公卖，华洋歧视，困商累民，岂为良税？方谋改革而财部以抵借美款绝商生命，呼吁几穷，存亡所关，誓不承认诸公为国为民，乞赐俯顺商情，保全两业，无任惶祷。

江西烟酒业全体叩。

（1916 年 12 月 9 日，第 11 版）

江苏全省酒业公会来函

谨启者：刻接镇江商会注册酒业全体声明书一通，内称镇江酒业向与酱业同一公所，凡业中事件，概经举有正式酒酱业董主持一切，共同一致，历有年所。乃近有伪称酒业城乡总代表乔南、乔衔、冷晓泉与郭、周二姓媾讼，居然见诸报章，同业不知此代表何来，特邀集城乡同业公议，佥以业中并无此人。代表之称何人所举，更不知其意何居，倘置不辩，非独同业名誉有关，且捏名伪充代表，设有在外发生他项事件，同业中谁尸其咎？故不得不声明伪冒，以杜后患。除报告县商会外，合再函知贵会，并乞送登大报来函云云。久仰贵报主持公道，为此敬乞照登来函，不胜感祷之至。

江苏全省酒业公会谨启。

（1916 年 12 月 20 日，第 11 版）

烟酒业反对借款

本埠烟酒两业商人自闻，北京众议院将改良烟酒税则，请愿书完全通过之后，因事有希望，众情稍安。惟对于财政部以公卖抵借美款一事，虽经政府批交该部核议，至今尚未明白，宣布不无疑虑，而各埠同业亦有函电来沪，请速力争。湖北、江西、四川及漳州商会、阜宁分会等发来函电，情词尤为迫切。苏州烟酒业公函并有事已表决，情愿忍痛，万不可使公卖二字流毒后世之语。昨日已由本埠烟酒联合会分别答复，略谓众议院既怜我两业之困苦，业将请愿案完全通过。今大总统鉴我众情之愤激，亦将借款案发部核议，目前正在讨论之中，不久定有明文宣布。望我两业同胞暂且静候，俟有佳音，当即布慰云云。兹将阜宁等处分会电稿录左：

致大总统国务总理电：

北京大总统、国务总理钧鉴，烟酒两业久苦重税，减种减制，害及农工，前举代表诣京请愿，已蒙众院审查。今财部忽将公卖抵借美债，饮鸩止渴，贻祸滋深，商等痛切剥肤，冒死呼吁，伏乞大总统、国务总理悯念民生，废除草约，另筹济用，颁布烟酒税统一税则，以全商命。

阜宁县烟酒联合分会全体公叩。

致参议院电：

北京参议院公鉴：烟酒两业捐税繁苛，公卖实行，取缔尤酷，减种减制，害及农工。前举代表具书请愿，众议院方付审查，财部忽将公卖抵借美款，报纸宣传秘密缔约，饮鸩解渴，贻祸将来，商等冒死抵抗，誓不承认，伏乞钧院俯念民生，打消此约，国计商情兼筹并顾，以慰舆情，曷胜迫切待命之至。

阜宁县烟酒联合分会全体公叩（上众议院电略同）。

（1916 年 12 月 24 日，第 10、11 版）

土桥牛铺烟酒同业之复函

安徽无为县土桥、牛铺两处烟酒同业，昨复全国烟酒联合会函云：

谨复者：前日连奉惠函，并抄寄京师总代表，请愿改良税则案完全成立，及示拟办法三种，至第三种内开如何统一裁并，应请各省两业各就本地情形，详抒所见，以定方针。足见贵会集思广益，为兴利除弊，煞费苦心，捧读之下，感激莫名。

敝两镇同人自入贵会后，理宜各将牌号、年籍、营业住址详列汇呈，俾得编入会册，以为附骥从龙之举，讵意无为公卖。闻敝两镇名利，贵会百计苛求敝两镇同人按日缴捐，彼则以阴历，无论月出大小，照三十日加算。敝地土酒本产本销，彼则滥发乡蒸执照，受贿中饱，阻碍销场，反诬抗缴。函请无为知事派吏笞催，交涉多日，方克就绪，遂致编册一层，延迟至今，深堪恨恨，想贵会诸君当亦鉴宥之矣。然敝两镇僻处偏隅，犹冀自奋，虽无缚鸡之力，思当攘臂之车，故复联合无为属邻近襄安镇一体入会，得以常沐鸿庥，时领教益，庶不致该镇有向隅之叹也。兹特将土桥、牛铺、襄安三镇两业牌号、营业姓名、年籍详列清册，另呈台核俯赐收录，实为幸甚。所有统一裁并，仅就本地情形管见所及，以备录用，为愚者一得之忱，胪陈于左：

统一裁并之理由

（甲）公卖销场、牌照出产等税亟宜统一也。我国烟酒两业，既苦苛征，复嫌繁杂，商人呈缴，莫知适从。不如明订专章，至多不过值百抽十五之度，本产本销，折半征收。地方设有烟酒事务分会者，责令该会所收缴，行政由行政转解财政，运销税则归关卡征解，以省机关而免苛扰。

（乙）家酿乡蒸亟宜裁禁也。无为境内全销土酒，鲜销外来客酒。近来公卖所发生一种弊窦，凡属乡蒸均给执凭，私收照费，不纳正税，遂至奸民滑利之徒互蒸私售。查不胜查，禁无可禁，贻害漕业，捐不能支。如不严行禁绝，必至正税短绌，上下交受其困矣。

（丙）既订统一税则，所有一切夫马折席以及银洋贴水等弊，均宜指名严禁。免得吏役节节留难、关卡步步需索，致我国奄奄一息之烟酒，尽为外人攫刮无遗也。

以上聊举三种弊端，务祈极力上陈订章宣布，则三镇同沐仁恩，没齿不忘大德也。

（1917 年 1 月 5 日，第 11 版）

皖省烟酒业之呼吁

中国烟酒联合会去腊曾接皖省无为县土桥、牛铺、襄安烟酒业报告该处公卖苛勒情形，除正税外，尚多巧立名目，到镇收捐则有夫马费，驻镇则有折席费，随役则有草鞋费，写票则有纸张费，种种苛勒，不一而足，正在审查。昨又接该处陈述公卖局又发现滥发乡蒸执照、私抽费用情事，任凭乡蒸私运私销，致该处营业大为减色，请予维持云云。该会接函后，当即致函京师陈总代表，呈请当局核办。兹将该会致陈君函录下：

兹据土桥、牛铺、襄安三镇烟酒业公函，内开：窃思征税当培养税源，纳税宜量力担负，未有源不养，而能期其税之长，力不量，而能责其负之重者也。若无为公卖则不然，征收则步步苛求，办法实层层钳束。先取公卖，原有诸捐，复添额外需索（即如去腊呈报之夫马费类），稍不如意，则借故严罚，三镇同人实有岌岌不可终日之势。近且变本加厉，除一切苛求外，新发生一种对内弊窦，凡属乡居无营业各酒匠，均私给蒸吊执照，名为家酿自食，准各酒匠挨村挨户上门蒸吊，实则串通舞弊，私运私销，而该公卖局即抽收照费，独饱私囊，与国家正税毫无裨益，酒业前途实有不堪设想者矣！夫税出于商，商必期有销路，而后乃可勉力支持。今无为公卖额征各税，毫不可移，又复阻我销场，捐重难负，遂使敝酒业同人欲开不得，欲歇莫能，病国病商，莫此为甚。查无为全境均销本地土酒，鲜销外来客酒，长此不变，势必全体罢市，恐酒业生机与国家税源同归于尽。敝三镇同人有鉴于此，故特揭其弊端，发其私隐，陈请贵会迅赐函咨安徽烟酒公卖局，先将此项蒸吊执照立予饬消。虽不能急解倒悬，亦聊减困难于万一。敝三镇同人不胜馨香，祷祝迫切待命之至。并黏无为公卖局私给乡蒸执照一张等因。查该三镇两业一再函报，既受公卖复杂，又受额外影响，营业大为锐减，为特据情函请总代表汇呈当轴核办，以维营业，实为公便。

（1917 年 3 月 18 日，第 11 版）

浙西酒商之呼吁

中国烟酒联合会昨接浙西酒商请愿事务所代表徐元溥来电，请转达京师代表公寓电文如下：

烟酒联合会转北京西河沿同义栈陈总代表良玉先生鉴，顷悉全国烟酒业请愿案，已由财政讨论会提议改良办法，执事不辞劳瘁，勤苦从公，造福同人，实无涯涘。翘望燕云泥首何极，还望随时设法促讨论会，迅予议决实行，同人实深伫盼。惟我浙单行苛税，如倍捐、缸捐等，前经同人建议，省会议决取消，嗣以手续未完，经省会复议，呈由众院请予取消，未奉公布。同人等实不胜此非法之负担，此案或由众院并入全国请愿案内，由讨论会核议，务希代陈商困，力持原议，以惠桑梓。临电企悚，详俟函陈。

浙西代表徐元溥等叩。啸。

（1917 年 3 月 24 日，第 11 版）

反对归并公卖之计划

中国烟酒联合会接阜宁分会来函云：今读报载烟酒事务署致各省公卖局训令一则，虽云征求统一烟酒税办法之意见，而语气全然注重于归并公卖，实与大会请愿、国会改良办法背道而驰。查国家因财政支绌，筹设烟酒公卖，原冀补济不足。惟如我邑自公卖以来，各酒坊均因费重利微，倒闭者已居十之六七，而公卖经理人，每以中饱分肥不匀，迭起衅端，互相攻讦，层见迭出。是公卖有害无利，不独商民营业，受其滋扰，即国家收入，亦无补丝毫，一邑如此，他邑可知。敝会管窥之见，烟酒公卖无论如何改良，不若取消之为妙也。一面仍按大会前拟办法，力求政府依据国会通过案办理，务希坚持勿懈，谨就刍荛，供请裁酌。

（1917 年 4 月 6 日，第 10 版）

依兰商会对于公卖问题之意见

中国烟酒联合会昨接吉林省依兰县商会来函云：兹准贵会函开，为征求公卖存废意见等因。准此，查公卖存在阻碍于烟酒两业，其弊固不胜言，即如烟酒事务署训令等语，亦纯系敷衍之手，假难期实行。且此次烟酒两业之请愿，系改良税法，归并公卖暨各项杂税另定名称。业烟者在本地纳一次之捐税，近而此县、彼县勿须更迭稽查，远而此省、彼省勿须再征重征，是名为废除公卖，实则于税收上未尝少减。敝会仍照请愿所主持，尚请贵会代表商情，坚持力争，不胜盼祷之至。

（1917 年 4 月 28 日，第 11 版）

洮南酒商之反对公卖

中国烟酒联合会昨接奉天洮南众烧行来函云：昨由商会转到贵会丁字第二号布告，备悉一切。查烟酒公卖为国家病商之厉政，请求取消，乃各省商民之同心。今烟酒公卖事务署所言先代收后统一之办法，实为笼络手段，万不可入其彀中。我洮南僻处边陲，蒙乱之余，商民交困，似此重税，万难担任务，请大会诸公设法维持，极力斡旋，同发挽救之心，勿袖旁观之手，以期达到取消公卖、删除杂税之目的，则弭患无形，同深感谢云云。

（1917 年 5 月 9 日，第 11 版）

绍酒公会开会纪

绍酒公会昨日午前开特别会。据调查员报告，绍兴上虞县崧厦金同春酒坊，历年从曹娥江及赵村坝漏海私运绍酒来申，贱价销售，酒业大受其累。本月二十号又于吴淞进口全空白加大酒六百余坛，并无浙江印花公卖税票，当被上海绍酒公卖第六分栈扣住。同业闻之大动公愤，以该坊蠹国病商，非从严惩究不可！当经全体议决，呈请江浙两省烟酒公卖局彻究，并函电绍兴酒捐稽查章楠庭查办，以裕国税，而警刁顽云。

（1918 年 7 月 20 日，第 11 版）

绍酒公会开会纪要

上海绍酒公会于二十一号开第十二次常会。首由裘如邦宣布该会历次经过事件，请求会审公堂立案给示。次全斌才、朱祖仁提议金币借款防止方法，经众赞成。次朱祥甫、何永奎、陈秀本起言，本埠二区公卖第六分栈每遇同业到货报验，有意托故，挨延时刻，致误销场，应征税款不发联票，只给分栈盖章收条，同业实难凭信，已集多数收条，呈报省局核办云云。旋即散会。

（1918 年 8 月 22 日，第 11 版）

绍酒公会开会纪事

昨日下午二时，绍酒公会因新迁事务所于天津路三一九号特开大会，南北同业到者甚众。首由坐办董事裘如邦君宣言：我绍酒同业向有绍酒事务所，为同业议事机关，因偏于租界一隅，南市向未联络，不无缺憾。今年三月，由陈君越平、茅君镛昌、陈君伯纯、王君闿敷、朱君乐平等发起，在浙绍公所开会集议，征得全体同意改组绍酒公会，当时签字盖章已逾七十余家，具见多数赞同。半载以来，整顿行规，改良酿法，甚有进步。惟因经费支绌，一切进行迟滞，愿我同业慷慨捐助，共维永久。抑尤有进者，吾同业专意营业，对外交涉，每难应付，特延法学士巢堃君为本会代表，对外、对内庶免陨越，如荷赞成，请起立。全体皆起立赞成。继由陈君伯纯、潘君福泉、朱君乐平起述，诸君既赞同，当由本会极力进行，已认捐者赶速收取，未认捐者照章起捐。经众拍掌赞成，遂散会，已五时外矣。

（1918 年 10 月 23 日，第 10 版）

绍酒公会常会纪事

绍酒公会昨下午二时开常会，首由巢堃言，报载美酒商拟投资三百万，于上海设立酒栈。此事与同业生计大有关系，请在会诸君格外注意。次裘如邦言，我国酒业前途已极危险，如近来捐税已至值百抽八十之多，将来尚未有已，惟愿连结团体，以图挽救。次叶正兴言，日前绍酒第六分栈以非法加税，既非省令，擅自加增，殊违国法，吾业决难承认，应请预为筹防。次吴少培言，近闻吾业中只图渔利，不顾卫生，甚至酒生外味，尤滥价销行于市，口碑载道，若不严加整顿，与吾业名誉攸关云云。五时散会。

（1919 年 1 月 3 日，第 11 版）

苏省烟酒商之联合会

——反对收回官办与增加比较

江苏全省烟酒两业商人，因报载国务会议拟将各省公卖分支栈收回官办，又因江苏烟酒公卖局长文龢主张增加比较，全体大起恐慌。各县烟酒商人特举代表来省，请求烟酒维持会设法维持。日前该会假南京总商会议事厅开临时大会，咸以当初各商忍痛承办烟酒公卖者，以洪宪时代，欲成袁氏九五之尊，卖力罗掘，恐其变本加厉，认烟酒为消耗品，不惜重征暴敛，加重烟酒商人之负担，以绝其生机，故两业商人为自救计，不得不迫而出此。今公卖制度行之数年，又欲夺之商人之手，以遂其抵借外债之私，复行其搜索囊括之计。且公卖费之连带项下，尚有门销、牌照各项名目，商人负担，已属重无可重，省局长犹欲借增加比较之名，以行攘夺之实。要知商人所服从者，法令耳。公卖局长每易一人，必变更其法令，是直受局长个人之支配，而不能依法令之保护。无论其为收回官办，或增加比较，均难承认。如政府能将烟酒税则比照其他货税，一税之后通行全省，则烟酒两业商人所馨香顶祝，无任欢迎云云。刻经议决电陈政府，吁请维持，并通电各省征集意见，再求解决办法。呜呼！政府与民争利，可谓无孔不入矣。

（1919 年 5 月 23 日，第 8 版）

江苏烟酒商之呼吁

江苏烟酒商人，因阁议欲将各省公卖事业收回官办，大起恐慌，特由烟酒维持会电陈北京参众两院，请予维持。电云：

参众两院钧鉴：前阅报载阁议烟酒事务署取消设栈代征，改设稽征所，发还各省区分支栈押款等语，此事见之阁议，谅非虚传。查烟酒公卖一项，当时政府因思骤攫巨款，巧立名目，以命令颁行，并未经国会通过。商力薄弱，无从抵抗，而又鉴于厘捐秕政，由官征收，弊端百出，留难苛扰，在所不免，不得已由商认办缴纳押款，组织分支栈机关，以为维持本业之计。伏思烟酒捐税，名目繁多，如出产税，如厘捐，如认捐，如门销，如坐贾，如营业牌照，此外烟刨捐、酒缸捐，不胜枚举。而外来烟酒一税，经过通行无阻，以彼较此，繁简迥殊。方今洋烟、洋酒充斥内地，已足扼我之吭而制其死命。我政府不思提倡国货，反而压制之、摧残之，谓非驱鱼、驱爵乎？总之，商人痛苦，无可呼吁，此次阁议果能归并税则，将从前捐税各种名目，悉予划除，酌定统一，率一次征收；一面设法交涉，将洋烟、洋酒一律照办，以期税则平均，商人曷敢有异说？如竟收回官办，仍袭旧有厘捐之故，智以扰害商民，商人誓不承认。再风闻此项公卖费收回官办后，有抵押巨款之说。如果成为事实，则税权操诸外人之手，其害更不胜言矣。贵院为人民之代表，伏希主持公道，迅予维持，毋任迫切陈请之至。

江苏全省烟酒维持会公叩。

烟酒维持会又致北京国务院全国烟酒事务署电云：

前阅报载阁议烟酒事务署取消设栈代征，改设稽征所，发还各省区分支栈押款等语。此事见之阁议，谅非虚传。伏查我烟酒两业，捐税重叠，名目繁多，较之外来烟酒一税之后通行无阻者，其繁简迥殊，而我国之烟酒已在天然淘汰之列。当时创立公卖，本属名不副实，商人等因势在必行，而又鉴于由官征收，弊端百出，留难苛索，商人更不堪其扰，不得已缴纳押款，组织分支栈机关，为维持本业之计。今闻取消公卖，果能归并税则，将从前捐税各种名目，悉予划除，酌定统一税率，一次征收；一面设法交涉，将洋烟、洋酒一律办理，以期税则平均。商人方感激不遑，曷有异议？如将商办改归官征，重蹈旧有厘捐故辙，商人誓不承认。据烟酒两业商人合同公吁前来，用特电陈，伏乞垂鉴。

江苏烟酒维持会叩。漾。

（1919 年 5 月 27 日，第 8 版）

梁烧酒行同业公会常会纪

闸北酒商，前因本埠南北市梁烧酒行，共有数十家，营业甚巨，惟尚无聚集机关，爰邀集同业，组织公会。前日下午二时，开第一次常会，公推闸北裕泰丰酱园朱厚甫为临时主席，先行投票选举会长及各职员，选得新闸路同福永酒行吴志荣为正会长、朱厚甫为副会长，并选定理事长席葆初、胡幼庵，评议员黄裕明、石友卿、周锦荣、李和甫，干事员梅薇阁、倪仰周等。选举毕，有某君紧急提议，以吾业公卖税开办时，部颁章程，须殷实同行，方准承办。盖白酒来货，名目繁多，早晚市价，涨落不定，公卖税照货价值百抽十二，若非同业，何能辨货之高低，定税之多寡？兹有向充掮客之程某，违背部章，呈请省公卖局认加税额，攘夺本埠白酒公卖税，如果实行，吾同业必大受其害，应请会长付众讨论云云。当经众会员议定，下星期四开紧急会议筹议对付云。

（1920 年 6 月 6 日，第 11 版）

梁烧酒业公会开会纪

本埠南北市高粱烧酒行同业组织公会，选举新闸同福永酒行吴志荣为正会长，闸北裕泰丰酒行朱厚甫为副会长，已志前报。兹悉该会为南北同业到会便利起见，已迁设于南石路景和里。前日下午四时，开第二次会议，正、副会长均列席，报告夏历四月十九日，第一分栈经理王修庭接二区烟酒公卖局刘局长令文撤委，着于阳历六月底，将未用之单照点交与程兆魁，于七月一日起，归程商接办等因。查公卖税开办时，经谢前局长禀准财政部，上海一埠，因有租界关系，征收税款，极感困难，故部定章程，公卖税归租界殷实同行承办。今届加认税额攘夺粱烧酒公卖税之程兆魁，向为某业掮客，既非吾等同行，亦非殷实商人，其争办目的，无非图利，承办之后，难保不于定额之外，横征暴敛，苦累我商人。况规定公卖税值百抽十二，粱烧酒来货，高低不一，价值亦因之而异，程兆魁对于酒货，完全为门外汉，何能鉴别优劣，定税收之多寡？将来吾业势必受其苛勒留难，后患不堪设想，愿吾同业，急筹抵御之策，以谋自保。鄙见与其将来受额外苛勒之苦楚，不若忍痛须臾，照其认额，仍归吾同业承办，营业方面，免受扰累。是否有当，尚候公决云云。报告毕，各会员相率讨论，佥以上海一埠，部定章程，既认为特殊区域，此项公卖税，应由租界殷实同行承办，官厅不应违反成案，只图加额，不恤商艰。目前为自救起见，惟有照程商认额办理，呈请官厅收回成命，倘官厅批驳不准，望吾同业坚心一致，再筹第二步办法。众会员全体赞成，旋即散会。

（1920 年 6 月 12 日，第 10 版）

烧酒业呈请认税之局批

南北市粱烧酒同业，以该业应缴税饷，自经业外之程兆魁，向局越揽承包令准照办后，群起反对，曾迭次开会议决公呈事务局请求收回成命情形，已志各报。兹有该公所董事微雅堂暨二泰酒业客商公所领袖王楚差，复邀全体会议，声称事已至此，莫如互自补救，按照所认税数，由业中人忍痛认包照缴承办，如以为然，就请表决，由鄙人起草，具由呈请核示云云。当经多数赞许通过，即由王缮呈，分别呈请核示祇遵。现奉二区事务局刘局长批，谓：呈悉。既据分呈，静候京督暨省局局批示可也，仰即知照云云。

（1920 年 6 月 20 日，第 11 版）

粱烧酒商同业公会开会纪

本埠粱烧酒同业公会，为反对业外人程兆奎攘夺第一分栈公卖经理，前日（六月三十日）又开第七次紧急会议，讨论之下，佥以程商定明日起开始征收，但其未开办之前，即雇用司事巡丁至数十人，俨然官派排场，较之吾同业认办者大相径庭，将来欲求其于营业上不加扰害，岂可得乎？况其迭次具呈官厅，自称酒商，其蒙蔽手段，已见一斑，日后吾同业倘遭其蹂躏，势必呼吁无门，现在时机已迫，惟有先行停止营业，再图救济之策。当经同业三十四家全体议决，自七月一日起，无论华界、租界各同行，除门庄零沽十斤以内照常交易外（满十斤照章应纳公卖费），其余大小批发，概不售卖；各帮客货到埠者，亦暂存船内，并不起运上栈。由在场各同业一律签允，一面请公会选派调查员，分头侦查，如有违犯议案，察出公议处罚。议毕散会。

（1920 年 7 月 2 日，第 11 版）

粱烧酒行公会开会纪

本埠南北市粱烧酒同业公会，昨日（三日）下午，为反对业外人程兆奎攘夺第一分栈公卖经理事，又开第八次紧急会议。由正、副会长宣布开会宗旨，略云：上次经众同业议决，自七月一日起，暂停批发交易三天，吾同行力顾大局，一致坚持，今日已届期满，而京署批示尚未到沪，明日起应否继续辍业，请众讨论。当经三十四家同行公议之下，佥以再停三天，别谋进行方针，在场会员，一体赞成。又各酒行栈司，昨举代表杨宝生、阿能、阿备、阿惠等四人到会声称：吾等平日全赖上下货脚力为生，值此米珠薪桂，生活已极困难，设公卖税被业外人经理，将来沿途送货，势必受意外之扰害，应请会长设法维持云云。当经会众讨论之下，允缓三天解决办法。议毕散会。

（1920 年 7 月 5 日，第 11 版）

南北绍酒增价同业公启

窃敝业自酒税重征，营利维艰，本已勉竭维持迩，因米贵如珠，酿本倍增，且川捐步加，开销实繁，实属残局难支。由是同业议定，于阴历七月朔日为始，增加八厘，原坛加大洋二角，其余一律照加，以图补救而维血本。统希鉴原。

（1920 年 8 月 15 日，第 12 版）

福建酒商之呼吁

中国烟酒联合会接闽省酒商公帮快邮代电云：

上海中国烟酒联合会陈会长钧鉴：佳日蒙电京署，为闽商请命，感极，鉴电谅荷密转。近章局长连日复遣妻侄王煊，率警役四出，按户勒令认捐额数，稍与辩白，立即拘押，计被捕者城内万丰号等、城外长春号等各东伙。昨竟无故又捕董事龚陶庵，沿途凌辱，事经海筹舰长邓公家骅函保不释，似此国法天理人情，全然抹煞，商民何辜，遭此猛毒？承示应自投诉平政司法各机关，无如章局长蔑视法律，一味暴行，实属缓不济急。且勒令龚陶庵具结，取消已诉地检厅之状，并须担任钳制各报纸之舆论，种种无法无天、水深火热，倒悬莫解。不得已吁恳钧会怜察，迅赐再电北京烟酒署，速派专员来闽查办，以平全城公愤，不胜迫切待命之至。

闽烟酒公帮泣叩。敬。

（1920 年 9 月 7 日，第 11 版）

江浙烟酒业之呼吁

江浙烟酒公会昨致北京电云：

北京大总统、国务院钧鉴：烟酒税为各国岁入大宗，吾国独微，是因贫吏需索，半归中饱。当此国家多事、百业停滞、外货充斥、税源将绝之际，烟酒当局，宜如何清白乃心，兴利除弊。乃数载以来，税法繁苛，只能加诸华商，未敢捐及舶品，且内则爪牙四出，竭泽而渔；外则与洋公司合谋设厂，摧残两业，求逞私图。两业生计，势已垂绝。谚曰：“鹿死不择音。”果政府而速筹善法，实行统一征收，我商民宁不知国家财政因难、破产堪虞？敢不出其余资、竭诚图报？不然者，所谓抚我则后、虐我则仇，虽挺［铤］而走险，亦无可如何矣。比闻京检厅察知张寿龄曾以十万巨款交曾云霈助逆，已提起公诉，若六十万元之安福党费，以国库证券抵押巨款，供党魁之用，欲图掩饰，只有见好当局之一法，即向英美烟公司商订五百万之借款，以全国种植、制造、运输、税法特权为交换，以我三千余万烟酒商民之生命为抵偿。岂张氏为保全个人之禄位，不惜以五百万之数，绝吾三千余万人民生活耶？吾人隐痛数年，默不敢发，今觇大难将临，两业垂弊，忍无可忍，用敢电陈，伏乞将该约迅予撤消，以解倒悬而全民命，不胜迫切待命之至。

江浙烟酒公会叩。有。

（1920 年 12 月 28 日，第 10 版）

上海白酒业酱园槽坊酒店同业启事

谨启者：昨日报载全国烟酒督办，派委冯乘和君南下分往江浙等省，调查烟酒税务，明确再行筹备烟酒银行，拟再加增三成公卖税等因。以至各分栈，虽经开议，上未通决，惟上海公卖白酒一项，病国蠹商，其坐享厚利者，只有分栈及酒行家。兹举一端，奉告吾业，如各分栈征税手续，照章沽件纳税，出立四联捐单为凭。然白酒公卖磅见量数，丝毫无漏，内地租界，均则一律。惟纳税概不发给四联捐单，只发印照而已，甚至分栈动辄以分局名义在外狐假虎威，倚势凌人，而商等被苛受害，暗亏胡底。况商店之货，先税后售，一旦来委调查，无据可凭，攸关私运，不寒而栗，孰负其咎。是特先行登报声明，嗣再预备传单，柬邀全体酒商会议调查收税数及缴税数确实数目，再为具禀请求整顿条陈利弊，革旧兴新。总以裕国利商，剔除弊病，杜绝中饱焉。此启。

裕泰新酱园等十二家同启。

（1921 年 5 月 18 日，第 1 版）

南京·烟酒业抗争加捐

烟酒维持会昨致财政部、农商部、全国烟酒事务署电云：

十年度烟酒公卖费额，奉局令饬加二成，商民无力担负，苏省烟酒两业商人来省开会集议暂不承认，恳祈电饬江苏烟酒事务局仍照原额，免予增加，以纾商困。

江苏全省烟酒维持会叩。宥。

（1921 年 5 月 28 日，第 8 版）

嘉兴·酒商请减捐不准

嘉兴绍酒业全永泰等商号，以年岁灾歉，绍酒销路异常清淡，每月认缴酒捐，实属力有未逮，日前特具呈县署，请求酌减，以苏商困。汪知事阅呈后，以该商等于张前知事任内，曾呈请折减，由县转呈上峰核夺，旋奉令不准，现在自仍毋庸置议，昨已批示该商等遵照矣。

（1922 年 1 月 1 日，第 11 版）

烟酒税附加振捐之反对

江苏二区烟酒事务分局季局长，前奉省长、局长令饬，于烟酒两业一律征收附加振捐一成。该局长即召集烟酒两商各分栈主任等，着于十一年一月一日为始，实行收征去后。各该分栈主任，对于附加振捐名义，一致否认。当即邀集同业磋商良久，以今届灾象迭见，烟酒商货，来源阻滞，商情凋敝，其苦况达于极点。本拟联集求减税额，乃忽奉令于一月一日起实行征收附加振捐，商民何堪负担，惟有同意拒却，共同表决。一面具词呈请季局长将两业困苦状况，转呈上台，陈请将附加税先予豁免，以恤商艰。

（1922 年 1 月 1 日，第 14 版）

绍酒业筹建公所

沪上南北市绍酒同业，共有百余家，年来营业颇见发达，惟该业尚未设立公所，遇有同业关系营业上一切事务，无从筹议。兹由该业董庄诚道、章长生、王品三、陶汇珊等发起，提倡建筑绍酒业公所，已向该同行诸执事竭力筹划，先行募集的款，预备兴建公所，并在大南门内麦家弄口购置民居基地一所，以便即日动工建造公所云。

（1922 年 1 月 4 日，第 15 版）

南京·烟酒商抗争官办

江苏全省烟酒维持会致北京烟酒事务署代电云：窃查烟酒公卖定章，以官督商销为宗旨，分支栈招商组织，承办经理事宜。部令详明，盖隐为体察商情起见，消除营业上种种障碍，以免踵厘捐故习，重累行商。溯从民国四年，开办迄今，各区分栈虽间有易人之举，然皆以业商接充，从未闻以监督机关，强迫商民，而自行任办者。乃近据第一区各属烟酒业团体报称，第一区分栈经理告退，两业商人公推殷实商董代理接充，未蒙允准，省局有收回官办之说。商等以定章具在，不能徇一二私人之见，掠夺商办分栈，将根本推翻。如果一意孤行，遽成事实，非特有负商人当日创办之苦心。而压力横施，何所不至，将举商人夙所饱受厘捐之苛虐，复于公卖而新辟一途，商力几何，其［岂］有不摧残殆尽？且第一区分栈，既可收回，将来全省分支栈，均无不可改为官办。商人生机垂尽，受害日深，势必倒闭相望，恐于收费前途，影响非微，亦非国家之福。商等现经集议，誓死力争，非将商办之分栈机关原状保存，当另筹最后之对待。贵会负有维持之责，应当力为挽回，务乞主张公道，转呈本省各高级长官暨主管局，请仍准照向章，由商继续承充，以免发生危险等情到会。复核该商等所陈，尚属援例要求，以颁行全国公卖栈章程，为唯一根据，似未便遽行更变，妨碍商人营业，致引起意外风潮。据述前情，相应代电吁恳署长俯赐鉴核，迅予转饬江苏烟酒事务局局长，仍照定章，准由业商继续承办第一区分栈经理事宜，以符定例而顺商情，毋任感祷之至。

（1922 年 3 月 12 日，第 10、11 版）

苏州・烟酒商再请免征附税

苏常烟酒维持会王万泰、钱义兴等各商号，因请豁免一成附赈，迭经总商会代呈北京烟酒事务署，请予免征，未蒙核准。近该商等以此项赈款，碍难承认，昨又函请总商会电呈京署，迅予饬局取消原案，以维商困。原函略谓：烟酒加税一成，商家并未承认，省局遽尔呈报京署，不问商家疾苦，竟以强迫手段，欺压商民，不思赈款原属善举，前年政府创行时，原以一年为期，声明不再加征，自应根据此项命令，如期取消，以昭大信。苏省烟酒税费，抵拨本省军饷，若再重叠加征，势必相率辍业，非特正税有关，且于苏省军饷亦大受影响，为再请求分别电呈。恳祈俯念苏省烟酒商民困苦，应将省局呈报加税一成原案，准予取消云云。总商会据函后，已电呈北京烟酒事务署核办矣。

（1922 年 3 月 27 日，第 10 版）

查案省委莅临沪

本埠烟酒商朱厚夫等，迩因江苏二区（上海南市）烟酒公卖局局长纪某征收舞弊，日前其呈赴省公署控诉。韩省长准词，特委丁某，于昨（二十日）乘车来沪，彻查详情，以便根究。丁委现寓惠中旅馆十四号房，刻正与烟酒商号，密询一切，以便呈复云。

（1922 年 8 月 21 日，第 15 版）

芜湖烟酒商集会*

——抗议加比及更易局长

芜湖烟酒两业商人凤吉廷、翟肇周等，以芜湖烟酒税局，已由安徽烟酒事务局翟局长改委叶庆云来芜接充，私自加比，誓不承认，特假总商会开紧急会议，到者甚众。佥谓商业萧条，已达极点，如果加比，将来必仍取之于商，两业生计，必致断绝，当然不能承认。公决：电请安庆烟酒事务局，收回成命，以安商业，并议决如果前局长交叶庆云接办，应征税款，暂不完纳。

（1922 年 8 月 28 日，第 10 版）

芜湖烟酒商集会抗议续*

芜湖烟酒两业商人，反对烟酒税增加比较及更易局长一节，已志前报。兹闻总商会已接到安庆烟酒事务局翟局长复电，略谓：芜湖三区分局长刘文灼，办事因循，烟酒税局长王玗，前因当涂支栈，曾起风潮，此后办事，诸多棘手，既承鼎言，只得另行设法，以报台命云云。惟对于增加比较，电文中并未提及，故烟酒两业商人，颇为怀疑。兹有泾县人翟某，特邀烟酒两业领袖凤吉廷、翟昌侯、翟肇周等，从事疏通，尚无头绪。闻新委烟酒税局长万庆霖，现在芜湖同升杂货号司账，而事前并未得知，昨已奉到委任状矣。

（1922 年 8 月 30 日，第 11 版）

烟酒商集议公卖带征赈捐事

上海烟酒两业商人，因九月一日为始，公卖带征一成振捐事，特于昨日午前十时，在中国烟酒联合会开临时会议，并邀各分栈经理列席。宣布内容，当由分栈经理将二十八日所奉烟酒事务局原文，当众宣读。即有徐春泽起而质问云，自去年至今，同业迭次会议，皆不承认此项振捐，并未要求缓期，今何以忽有呈请缓期之举，现在期限已到，是否一定实行。旋经某经理声明迭经求免，并非求缓，文牍俱在，可以查考。缓期是上峰之意，实行亦上峰之意。俞葆康起言，现在市面如此，我业已陷于困苦地位，自救不暇，何能济人，惟续请豁免，始终坚持。旋经公决，不达目的，停止交易，另谋生计，而第一步先由两业各公所公会等公呈当轴，详叙苦衷，请求豁免，并闻分栈各经理恐有害正税，亦将此中为难情形，呈复局长云云。议毕时已五钟，即行散会。

（1922 年 9 月 3 日，第 15 版）

请撤惩安徽烟酒局长函

——局长为李仲骧

全国烟酒联合会，昨接安徽第三区烟酒联合会公函一通。其文如下：

径启者：顷接芜湖烟酒两业公所报称，安徽烟酒事务局局长李仲骧，假公肥己，蠹国病商，恳代呈请撤惩，以肃官方而维商业事。窃以国家税则，岁有常经，额外苛征，重干例禁，故中央对于此项主管人员，必详加审择，郑重再三，务求清洁自矢者，俾膺斯任，于上则期其涓滴归公，于下则使其征收适当。其责任肃严，其关系甚大。安徽烟酒事务局长历年以来，迭相更替，除前局长翟青松贪婪不法，经商民指控，恳乞撤惩外，其余皆能洁己奉公，与［舆］论翕然，固系中央委任得人，亦属商民幸福。乃好时易过，厄运庭来。突有皖北镇守使李传业之子名仲骧者，衔命来皖，接任烟酒事务局长。甫经匝月，倒行逆施，营私舞弊，种种不法，为所欲为。托言局用支出，每月不敷六千余元，召集分局税所各属员，面索津贴，相地标价，缕晰条分，应命者准予加委，抗令者斥之使去。现时分局所得津贴加委者数处，贿费更委者数处，两共已有十数处之多，其未更委者，均系暂时宽限，促令按照所定标价，限期缴纳，逾期不缴，即行撤换。芜湖税局王局长绍铨，亦被奉召至署，面索津贴银币三千元。该局长王绍铨，以芜湖税局遵照旧章，核实报解，尚难足额，惟比额有限，岂有盈余津贴？不意触犯其怒，竟于前日更委替人，来芜接办。烟酒两业，闻之哗然。王局长绍铨姑无论其办事如何，以此不给津贴之故，即以违抗功令论，意被撤差，殊属骇人听闻，是不但取舍不公，直是纵人作盗。盖此项恶劣政策，纯系额外苛征，直接取于分局税所，间接即取之于烟酒商民，取偿不足，势必巧假名目，借资弥补，甚则短解正税，亦在所不免。循是以往，其侵蚀于国税者几何，其敲诈于商民者又几何？蠹国病商，孰甚于此！况查李仲骧系乳臭小儿，年未弱冠，终日在局，吞云吐雾，一榻横陈，并不知职责为何物。局中诸事，均系已经解职第四旅之参谋长李方一手主持，借军阀之淫威，行野蛮之手段，贿赂公行，明目张胆，纪纲紊乱，各界骚然。向之霍青松长斯局时，屡欲为之，而犹顾虑不前者，彼竟悍然为之，恬不为怪。当部令发表时，商等已早虑其年少轻浮，不免大权旁落，本欲具呈恳请收回成命，继思中央威信有关，不得不暂时隐忍而迁就。今已痛深切肤，忍无可忍，不求撤惩，商民何堪！若果不恤商艰，有所顾忌，任其暴行，商民等最后办法，惟有停税歇业，牺牲一切，在所不计。除呈请全国烟酒事务署、安徽督理省长俯赐鉴核，准将李局长仲骧迅予撤惩，另简贤能接办外，为此报告贵会鉴核，迅予维持，以重税务而保商命等因到会。查该事务局李局长到差以来，假公肥己，公行不讳，既据该商等呈控，相应函请贵会鉴核主持，迅赐呈请京署，将李局长仲骧立即罢斥，以保商命而除国蠹，无任企祷。

（1923 年 11 月 28 日，第 14 版）

烟酒同业公会设立之手续

——须受主管事务局直接管辖

烟酒同业设立同业公会，于年续问题，颇多难点，昨本埠总商会接实业厅转到农商部所接全国烟酒事务署咨文云：据浙江烟酒事务局呈：窃查农商部公布修正工商同业公会规则第三条，内载工商同业公会之设立，须由同业中三人以上之资望素孚者发起，并妥订规章。经该处总商会查明，由地方长官早候地方主管官厅，或地方最高行政长官核准，并汇报农商部备案。第七条内载工商同业公会，如有违背法令，逾越权限，或妨害公益时，地方主管官厅，或最高行政长官，得命解散，并报农商部备案等因。是主管官厅，对于所管各商业之同业公会，具有核准解散之权，毫无疑义。惟普通商业，均属实业厅主管，是以设立同业公会，向由县知事呈请实业厅核准转报；而烟酒两项，系属国家公卖性质，一切事务，均由事务局主管办理。如果烟酒各商，组织同业公会，亦由县知事呈请实业厅核办，则事权既非所属，监督即恐难周。设有少数奸商，蹈袭前绍兴第一支线经理王以铨朦请设立酒类公卖稽察所，及酒类运销公司之故智，假借公会名义，把持税收，垄断渔利，事务局既无直接监督之权，即无维持救济之方，妨害公卖，殊非浅鲜。局长等为预防流弊起见，拟请咨商农商部，嗣后烟酒各商设立同业公会，经该处总商会商会查明，由该区主管烟酒事务分局呈候主管省局核准，汇报京署省长咨部备案。如有违背法令，逾越权限，或妨害公益时，主管事务局得命解散。通行各县知事及总商会、商会遵照，似此办理，既与部颁规则相符，而把持垄断诸弊，亦可随时设法取缔。仰祈鉴核令遵等情到署，原呈所请烟酒商设立同业公会，须经主管烟酒事务分局，呈候主管省局核准，如有违背法令，逾越权限，或妨害公益时，得命令解散，系为便于监督预防流弊起见。除指令外，相应咨请贵部查照，令行浙江实业厅转饬各该商会遵照，并希见复云云。

（1922 年 12 月 1 日，第 15 版）

呈控烟酒分栈经理之省批

上海商业维持会代表李广珍等，以上海第三烟酒分栈经理施鼎彝浮收国税，具呈省署，请为查办。昨接省长批示云：呈暨粘件均悉。所控上海第三烟酒分栈经理浮收国税各节，既据径呈烟酒事务局，仰候该局核办可也。此批。

（1922 年 12 月 22 日，第 14 版）

浙江烟酒商同业公会设立获准*

浙江烟酒事务局呈请烟酒商设立同业公会，须经主馆烟酒事务分局，呈候主管省局核准，汇报备案，以杜流弊等情一案。现奉全国烟酒事务署令，已咨农商部照办，昨由王局长通令各县知事、各分局长遵照。

（1922 年 12 月 23 日，第 10 版）

南北市酱园业否认附加税

沪上南北市酱园业，今届烟酒牌照税开征在即，且有仍行带征附加税一成之事，乃查附加税名义，已经商会电部取消，改征为募，同业至此一致否认。昨日该同业邀集会议，公决誓不承认，并公函上海县商会，请为维持据理力争云。

（1923 年 1 月 14 日，第 14 版）

南汇酒商反对公卖加价呈文

南汇各酒业自烟酒公卖局加价二成之令布告后，同业群起反对。昨由公益瑞、兴源泰、陈三和、公顺等十余家，联名公呈江苏烟酒公卖局李局长文云：呈为不胜重税，环［还］请免加事。窃商向在治下南汇县营酒坊业，兹奉第四区烟酒公卖支栈函称，奉省局令，土白酒价格，于七月一日起加洋二元，又出酒斤量加二成等因。诵悉之下，殊深恐惧。窃维酒业虽列消耗品，然出血本以求微利，亦为正当营业。原征之税，已属勉强支持。无端加征，依诸事势，商等断不能承认，敬具理由，呈请鉴核。按行销商品，以物美价廉为主旨，若税则愈重，成本愈巨。商等则因顾全血本而加价，公家又因货价递增而加税，如此循环不已，继长增高，则年岁纵幸有成，终使顾客裹足，而销路停滞，此据理应谓收回成命者一也。南邑自民九以来，连遭荒歉，粮食价格奇昂。小民又以生计维艰，事事撙节，影响及于商等，已属不少。若复重重加税，势必亏折。穷其极，惟有减烧与闭歇，如此，则原有之税收，或恐不能维持。竭泽而渔，后何以继？此论势应请收回成命者二也。出酒斤量，溢出原认之外；公卖价格，超过市价之上，不合征税原则。夫以力能出酒一担之坊家，而强其纳一担又二十斤之税，以市价五元之酒，而强其纳七元之税，天下宁有是理？此按诸事实应请收回成命者三也。况上年钧局曾有不再加增之令，时仅一载，墨沉犹新，朝令暮更，昨朱今墨，将何以取信于商人？此为钧局郑重信用计。应请收回成命者四也。综上四端，公理昭然，商等血本攸关，万难默认。为敢备情上陈，伏乞转详督署，体念商艰，迅赐收回成命，以苏商困而利营业，实为德便。谨呈。

（1923 年 7 月 19 日，第 15 版）

南汇·酒业公会之成立

南汇全邑营红白酒业者，向无集合机关，以资联络感情、交换意见，该业各坊，咸感不便。爰于古历七月初二日，由同业各坊开筹备会，互相讨论，历二小时之久，咸以本邑酒业公会之组织，不能再缓，公决于初八日开成立大会。计到会者有四十一家之谱，公推同业胡篤铭为临时主席，当场订定会章，逐条通过。公推陆绅沛清为总董，夏艺芳、陆颂高、潘梲侯、陈文裕、潘镜如、徐大泉为董事，执行公会中一切事务。又举吴聘臣为会长，钟仲虞为副会长，建议公会中一切事项，当即呈报县署备案。于八月十四日由县署准予立案，正式成立，该会以改良同业制酿方法、联络同业感情为宗旨，对于清厘同业所公办支栈之积弊，以减轻额外之负担，尤为该同业所关心云。

（1923 年 10 月 3 日，第 10 版）

徐州近信·烟商文宣言罢业

徐州第八区烟酒公卖分局，自于局长天泽接事后，将铜山分栈经理张少棠撤消，另委张子仪接充。烟酒业全体，以分栈系商业包办性质，经理张少棠系同业公举，不得无故撤换，遂不交账，经人调处。新委之张子仪，经过烟酒业之公举手续，风潮始息。日前分局出一通告，将以前凭烟刀报税章程取消，谓有以多报少情弊，改为凭烟叶报税，以广收入。于是烟行全体又开会反对，宣言如不取消新章，全体只好罢业。分局请县长出票，拘为首之前经理张少棠、副经理靖某等，该业闻信，全体数十人同到县署，自请收押。县知事慰令各归，一面托商会长赵品成等再行调处。此前日（一日）事也，刻烟酒两业拟公推代表到省控诉，分局方面亦持之有故，毫不让步，赵品成等正从中调停，未知能和平了结否。

（1923 年 10 月 6 日，第 10 版）

徐州·烟酒业全体罢市

徐州第八区烟酒公卖局，前因撤换铜山分栈经理，改收烟叶捐，铜山烟酒两业，全体反对。屡经绅董调处，迄无结果。今日（十三）下午三钟，两业全体烟行共五十余家、酒行三十余家，一律闭门罢市。门口各贴一条云：烟酒公卖，多方扰害，苛勒逼迫，闭歇买卖。又发散传单，通告各界，文云：敬泣告者：第八区烟酒公卖局于局长，甘被局员蒙蔽把持，滥用职权，捏词撤换铜山分栈经理，乃不收押金，仅凭个人推荐，委任警察局员张孔彰接充，又设稽征处，任意勒捐。凡此各端，违法之迹显著，近又扣留商货，勒罚客款，扰害不堪，无法营业，已于本月十三号全体闭歇云云。商会长赵品成等，仍出调处，未知能早日和平解决否也。

（1923 年 10 月 16 日，第 10 版）

徐州·烟酒业之决心

烟酒业罢市风潮，已经三日，刻闻该两业除分电北京烟酒署及南京总局外，已举代表马献臣（酒业）、曹逸民（烟业）赴省交涉。闻于局长坚持须行新章，维持威信，故调人束手。烟酒两业亦持强硬态度，一时恐难开市。近两日来，有烟酒嗜好者，大起恐慌，有钱苦无买处，只好托亲友刨取少许过瘾。总计烟酒两业损失，每日在万元左右。

（1923 年 10 月 19 日，第 10 版）

徐州·烟酒捐潮将解决

烟酒业反对第八区公卖局稽征烟草捐，撤换公举分栈经理，全体罢市，派代表赴宁交涉，已志昨报。兹闻徐海道尹朱振仪特出调停，大约劝于局长稍为让步，争点既在分栈经理，可讽新委经理张孔彰自辞，仍复原状。一面再劝烟酒业使承认新章之一部，闻两方皆愿容纳。大约烟酒业开市日期，即在两三日内。局长于天泽，原系镇署秘书长，得兼此差，乃陈调元所保。讵接事不久，即闹巨大风潮，陈使闻之，颇为不悦，谓其办理不善，不肯为大力之帮助，此又风潮容易解决之一因。此次交涉，两下皆借重省议员，省议员卜广海昨日来徐，闻与此事有关，又闻张孔彰与人言，自受委后，尚未着手办公，即无故卷入漩涡，彼并无成见，能平风潮，何妨辞职，恋此鸡肋，甚无谓云。

（1923 年 10 月 20 日，第 10 版）

徐州·烟酒业开市后之波折

烟酒业受道尹调停，暂行恢复营业后，即提出条件：（一）由两业另举分栈经理；（二）撤消稽征处；（三）仍照旧章收捐。于局长绝不承认，调人仍在疏通中。省烟酒总局昨（二十）日派员孙雅堂来徐，调查真相，住徐州饭店，即赴镇道两署谒晤。陈使于当晚，即请孙委西餐，席间有调人张翊廷及烟酒局员陈尧皆作陪。闻此事陈尧皆与赵思斋，亦起个人交涉。昨日（二十）陈拍三电到省，告赵思斋及其兄毅斋，有谩骂语，闻商会各业皆起反响，风潮恐将扩大云。

（1923 年 10 月 23 日，第 10 版）

徐州·烟酒风潮平息

烟酒风潮，经道尹及张翊廷、郑于恕之调停，于局长已表示让步。昨日（二十七）下午五钟，调人再三磋商，最后条件为：（一）撤消稽征处；（二）另委胡镜若、张孔彰为铜山分栈经理；（三）酌加比较，经于局长及烟酒业双方公认可行，今已实行撤消。车站新设之稽征处（陈尧阶主任征烟草捐者）其余两件，日内亦将实行，风潮已告平息。陈尧阶与赵品齐互相电控一节，认为题外之事，另行调处云。

（1923 年 10 月 30 日，第 10 版）

镇江·烟业全体停业

镇江各烟店，以本年七月间苏省烟酒公卖颁行新章后，江苏五十九县公卖分栈，均变通办理，照旧例酌加一成，最多亦不过加至二成，独镇江徐经理藉口弥补亏累，任意加增至五六成之多，各烟号求减不允，不得已据情呈诉省主管局，及一区事务处，希冀挽回。徐因此衔恨，于前日（十日）下午九时，硬向天主街天成烟店索取五成之税，并率领仆役八人，恣意骚扰。阖城烟业闻讯，激起公愤，遂于今日（十王一）全体停业，一面电达省局，电文如下：南京江苏烟酒公卖局李局长鉴，丹徒公卖分栈徐经理假名索税，昨晚率众骚扰天成烟号，妨害安全，阖业公愤，本日全体停业。谨电闻镇江烟业公所叩。支（致南京江苏第一区事务处孙主任电同）。未知如何解决也。

（1923 年 12 月 12 日，第 10 版）

烧酒业拒加公卖费额之会议

江苏二区烟酒事务局孙局长到差后，奉财厅长令整理税收，加增公卖费额，常向所属各分栈经理商榷加额办□。前日，第一分栈烧酒业经理邀集南北市各同业开会，宣布新局长面□，十三年度公卖费额应加七万元有奇，各栈均须核实增加，请同业继续负担。经众同□发言，谓上海本为特别区域，与他处情形不同，况征税手续有不便者数点：（一）租界收捐，有违工部局定章；（二）征收公卖，定有规则，今同行之补助费，为维持分栈开支起见，原无定案之可言；（三）洋栈内之高粱酒，向来无捐，今双方订定征收办法，亦属感情结合。况近来火酒在沪充斥，混杂市间，销路上已大受影响。今惟有恳予体恤之不暇，何能额外再增？务请贵经理于孙局长处剖陈困难理由，恳格外通融，俾恤商艰，而安微业。如有不谙商情之人，故意出而妨害我同业者，当视为公敌云云。结果由该经理将种种困难情形向孙局长呈复，请属核示办理云。

（1924 年 6 月 27 日，第 14 版）

请留烧酒业分栈经理之函电

上海县商会，因粱烧业第一分栈经理程兆魁承办该栈代征公卖费，历无贻误，昨特电呈督军、省长，请迅电沪局，仍归该经理续办。原电如下：

南京齐督军、韩省长、朱烟酒省局长公鉴：据上海粱烧酒业征雅堂公所函称，二区烟酒第一分栈经理程兆魁，办理四年，比额迭加，十二年度已增至四万五千元。本年因新局长到差整顿，化私为公，大加比额，同业正在集议。不料有郁姓者，勾结货客，以八万二千元蒙请承办。查各项税费向例应由就地大行商，联络同业认缴，方免遗误，非货客及业外人所能包揽。现同业为公计，请情愿照八万五千元认缴，请由会据情转电等情。查上海为特别区域，毗连租界，公家税收，不易着手，故须本业大行商承办，否则商情难期允洽，认数不免亏短，今该业认额已超过蒙充新商之数，务恳俯准迅电沪局，仍归该业续办，以显舆情。

上海县商会叩（艳）。

又上海南北市烧酒业同业庄恒升等三十余家，联名公呈江苏二区烟酒事务局孙局长文云：

为维持分栈经理程兆魁继续认办，仰祈恩准事。窃烧酒分栈，与同业有联带关系，自程兆魁接办以来，迄今四载，费额迭增，缴款时虞竭蹶，亦未尝稍加税收，凡征税贴照等事，不论路之远近，悉从便利。该经理办事之和平，殊为同业所钦敬。再上海毗连租界，向来南捐北免，营业未免轩轾，嗣经程兆魁与南北南业磋商持平办法，以是南市行家生意，尚不致失败。种种感情，非一时所能结合也。兹烧酒分栈届满之际，乃蒙局长谕令加增巨额，该经理为增额过重，无力负担，屡次邀集同业会商补救之法，商等深恐易人经理，商情未谙，徒滋纷扰，为此统筹增收办法。幸经全体允洽，俾该经理缴款无亏，仍行继续承办。而我业之习惯便利，冀可成全，生计亦不致顿绝矣。为特联名盖章具陈，仰祈局长俯念商业困难，烧酒分栈仍准程兆魁继续承办，以安微业。不胜戴德之至。谨呈。

（1924 年 7 月 1 日，第 15 版）

同和永、同丰裕两酒行来函

敬启者：顷阅贵报本埠新闻栏有北市酒行五家开会议决，情愿遵照公卖章程，按市价值百抽十二之半税缴纳云云。敝行等对于此项会议，并未与闻，深恐传闻失实，用特具函恳请赐刊来函栏内更正为祷。

同和永酒行、同丰裕酒行谨启。

六月十三日。

（1924 年 7 月 15 日，第 15 版）

松江酒商告白

四区公卖连年迭加，至去年官厅曾令为一劳永逸计，将固定比额一次加足，本区酒商已忍痛照缴，兹又变更。前令勒加巨额，商等实力难支，因未承认。不意古历六月十六日，局中令行分栈吊取经理执照联单等件，旋又派人四出到坊，不惟举动乖常，且勒检账册，索盖店章，未免迹近骚扰。事关违背部章，万难轻率遵从，除分函本区各县同业定期集会议决、再行通告外，合将本县各酒商不承认官办缘由，先行登报声明，诸希公鉴。

（1924 年 7 月 20 日，第 1 版）

上海绍酒公会特别启事

本公会自民国十年间，由章平煜等发起，窃念各业皆有会所，惟吾绍业酒，沪上者范围尚称扩大，岂独无之。鄙人有鉴于斯，当时邀集同业筹议，经费荷承，全体同意赞许资助，金虽多寡不一，会员尚称热心，共筹集洋五千一百七十元。当经发起人即购老县前麦家弄一号基地，翻造修筑，布置完竣，并置器具什物，除收数冲付外，尚透支，各处发起人及各会员，垫连息共计洋二千五百四十七元，另均有征信录详明。自民国十年迄今，此款无从筹偿，为此邀集全体共同议决，尚有未入同业公会者，统计十之一二，到货每坛应收补助费二分，其费由吴淞曹家渡南车站等处第六分栈派出之经征员征收。自本年一月一日起，准照实行，恐未周知，特登《申》、《新》两报声明。

上海绍酒公所启。

（1926 年 1 月 12 日，第 1 版）

酒帮船户反对苛捐之宣言

本埠酒帮船户，以酒运来沪，受沿途关卡及各烟酒公卖局额外勒索验照费事。昨特召集船户李德广等百余人，议决一致主张反对。当发出宣言云：窃年来，江浙迭遭兵燹，到处封船，民等以运酒为业，所受影响匪浅，乃近来沿途关卡及增设烟酒公卖局等额外苛敛，民等均系苦力，不堪负担。查民等自江阴装酒来沪，向厘捐局捐统票一张，已尽完全纳税之义务。而沿途云亭、王庄、常熟三里桥、蕴芜、昆山、大泗江、黄渡等处，除原有关卡外，又增设公卖局，每到一埠，该局必强迫要索验照费四五元、六七元不等。计装运抵沪，中间经迭次之苛索，每只船不下数十元之巨。试问民等苦力，在此隆冬，不得已而谋此下等生活，有仁心者，应加以维持，免致冻饿。该局等竟不顾贫民，诛求无厌，任用利徒，额外敲索。当局若再不加制止，民等不堪生活。伏希各界主张公道，俯予援助，则感德无既，特此宣言。

上海酒帮船户全体同启。

（1926 年 1 月 21 日，第 14 版）

酒行公会集议严禁火酒

昨据上海酒行公会消息，江苏烟酒事务局长因近来洋酒日多，拟仿照卷烟特税办法，发行一种洋酒瓶头税，并火酒、酒精等品，包括在内，其用意实欲开禁火酒，俾税源扩充。敝会闻悉之下，曾经一度之召集，开会讨论，咸以敝同业均营纯粹国货，向无兼卖洋酒，若洋酒征税，国货可以推广销路，实可赞成。惟火酒一项，敝会早经反对，此项火酒于人民生命非常危险，亟宜永远禁止。况尚有少数贪利奸商，不免鱼目混珠，因此呈请各官厅从严禁止，杜绝毒物之蔓延。查火酒税百分之五十，酒精税百分之三十，各种花果露酒税百分之二十，其印花黏贴盛储器上，共有五种（一分、五分、一角、二角、五角），同业对此不能不有所讨论云云。（公平社）

（1926 年 1 月 23 日，第 14 版）

上海征雅堂酒业公所吁请免收洋酒税*

全省烟酒事务局通令二区分局，自二月一日实行征收洋酒税，按值抽百分之二十，惟征收专则，尚未颁布。本埠南市征雅堂酒业公所，于前日曾集议一次，以负税累重，不堪再扰，呈省吁请豁免。

（1926 年 1 月 31 日，第 14 版）

上海同义和酒行通告

本行开设上海南市宁绍码头，坐西朝东，历十余年。自运牛庄永义号原浆高粱，并采办各路烧酒，亲自监制各种花露药酒，零趸批发，行销各省，早已驰名。货真价实，有口皆碑，迭蒙二泰酒商公所，与沪绅姚文枏、李钟理先生等所称许。乃近有一般贪利之徒，私将燃料火酒和水冒充高粱烧酒、花露药酒，贬价混售，只图渔利，不顾公众卫生。小行前恐购者不明真相，被其欺蒙，曾经屡次于申、新两报，《台州日报》、《海门商报》、《椒江民报》、《温州大公报》、《黄岩报》及《福建闽报》登载通告，揭破黑幕，谅在各界洞鉴之中。但此种燥烈火酒暗掺其间，对于饮者卫生，实有非常危险，诚恐各埠购饮两方尚未尽知，用再登报通告，诸希公鉴。

（1926 年 2 月 21 日，第 1 版）

上海酒帮船户会开会纪*

上海酒帮船户联合会昨日下午二时开会，讨论议案如下：（一）请免沿途各关卡陋规案。议决：函请酒商公会转呈当局，通饬各关卡，一律照章收费，不得分外索取，以轻负担。通过。（二）维持安全案。主席谓本会会员约数人，常川运酒来沪，停泊苏州河，船只甚夥，每有不肖偷窃铁锚、篷剁及银钱货物等，船户为人运货，遭此损失，无力赔偿，因之逼命者，时有所闻。本会应设法严防云云。顾金桂提议，本帮原有雇用更夫穆三久已病故，可补用更夫张桂芝日夜更巡，绸缪未雨。凡酒船来沪，一次出小洋二角，由更夫自行收取，藉作工资。主席表决，全体通过。议毕散会。

（1926 年 3 月 5 日，第 15 版）

请禁酒船公会勒捐

泰兴、泰县两帮烧酒船，向停舢板厂桥堍，近有流氓宋金榜、李福祥等私立酒船公会，每船勒捐小洋二角。兹由船户顾金贵等，以其妨害酒船营业，报告该业总董杨子亭，具呈淞沪警厅，请求出示严禁，以免扰害。

（1926 年 3 月 10 日，第 14 版）

太嘉宝烟酒公卖分栈启事

查江北烧酒，由上海运入本分栈区域内，其应纳之半费，本与上海第一分栈订立合同，代为征收。现在第一分栈，以火酒充斥之后，费收奇绌，诸感困难，节经函商，变通办法，将此项烧酒应征半费，由本分栈自行征收，以顾比额。业经呈报第二区烟酒事务局备案，兹择定于宝界吴淞港、潭子湾及吴淞镇地方设立稽征处。自四月一日起，所有从上海购买烧酒运入本分栈区域内，务须一律报验缴费，以凭掣给单照，俾可通行销售，为特登报通告，即希太嘉宝各酒商一体查照，幸勿误会，此布。

（1926 年 3 月 31 日，第 1 版）

皖烟酒商筹备大会*

全皖烟酒商人反对烟酒税改组收回官办，今仍在进行中。泗县暨安庆等处，均主张联合全省六十县两业商人，在芜湖或南京开一代表大会，共策进行。昨已致函芜湖总商会及烟酒业征询意见，芜商将复函一致赞同。

（1926 年 4 月 28 日，第 6 版）

常熟・土酒商反对税捐

烟酒稽征委员刘廷钺，自来常任事之后，因整理税收问题，与本邑各土酒商积生意见。在刘委主张本邑酿酒米石，若照每石税洋一元，则一年计算可得万元税收，而酒商方面因税捐太苛，曾一再在醴业公所会议结果，一致反对。所有刘委发出货件表格，置未填报。前日酒业各商推定代表两人，前往稽征处与刘协商，刘即提出条件，交由代表与各同业磋商核复。经同业讨论之下，以刘委有在省认缴税捐三千七百元，一切公费开支及俸给夺四千八百元，如各商能照数填还，则一切酒税任凭各商处理等语，因是议无结果。散会后各商决定重推代表与刘交涉，在未解决以前，对于稽征处人员，概予拒绝。

（1926 年 4 月 28 日，第 10 版）

常熟·酒商会议反对加税

本邑坐贾酒肆，向由同业向税务包认，年缴税洋二千四百元。前年起又增加教育费洋四百八十元，平均按月缴解。今江苏烟酒事务局，将前项税捐收回自办，特委刘廷钺为委员来常征收，已会县布告任事，并分发表式，令各酒业填注牌号及所在地存酒坛数、新酿米数，限三日内送交稽征处备查。各烟业因此问题，特于二十八日上午十时，在醴业公所开会集议，共到酒店代表六十四家，佥谓坐贾酒捐向由同业包认，今刘委分发表格，如系不知产销数目，则此捐既已包认，似可无庸填注。如为增加捐数，则吾业近年米价昂贵，铜元暴跌，亏耗为数不货，原认数尚难维持，何能再言增加。讨论结果公推张美叔、钟夏声、邵治衡为代表，并函县商会商请刘委收回成命，仍照原数包认，以维商业，而恤商艰。议决后即缮函分送，并宣言如不达目的，决计全体停业，议毕旋散会。

（1926 年 4 月 30 日，第 10 版）

常熟·坐贾酒捐问题已解决

本邑酒业各商，近因烟酒稽征处委员刘廷钺加征税额后，曾迭次在醴业公所会议，并推张美叔、邵治衡、钟夏声为代表，屡与刘委交涉，双方相持两月有余。迨日前始由张代表与委议妥，以本年夏季为始，所纳烟酒两税及省教育款，共洋四千四百四十元。至刘委公费问题，前经邵代表面许每月贴洋五十元，刘委坚持未允，现由张代表商妥，每月由酒商担任百元，彼此同意，事遂解决。昨（二十三日）稽征处与醴业公所各派代表，在县商会订立合同，由酒商等凑集款洋一千元，于订约时缴纳。

（1926年5月25日，第10版）

苏州·反对酒栈经理之纪闻

烟酒公卖第三区苏州绍酒分栈，向由绍酒同业承办，公推金君钟为经理，办理已经多年。近有曹某向三区分局长萧禀原增加比较，谋充绍酒分栈经理，已经成熟。事为该业中人所闻，纷起反对。即于昨日下午，在绍酒业公所开会，由同业讨论对付方法，共到五十余人，公推许瑞卿为主席，集议结果以烟酒公卖定章，凡分栈经理须由同业酒商承充，现在曹某既非同业，万难承认，并公决办法如下：（一）呈请省局撤换曹某；（二）请现任分栈经理金君钟暂缓办理移交；（三）倘主管机关有回护曹某情事，同业即一致停酿，再行公举代表赴省请愿，务达目的。当由全体同业在议决录签字后而散。

（1926年7月2日，第9版）

苏州·反对酒栈经理续志

苏城绍酒同业，反对烟酒公卖第三区绍酒分栈新经理，已志前报。兹悉前日（二日），该业全体洽记，王济美等四十八家，又联名电呈南京总司令部、省署□全省烟酒事务所，略谓遍查全国烟酒各项章程，关于酒类分栈，无不载明承办。且绍酒分栈，尤有特别历史，当民国三年，组织伊始，因绍酒商情习惯与其他酒类不同，必须设立分栈，由同业酒商承办，迭求未允。最后由商等备举理由，向军民两长，暨财政总长周、全国督办钮，具呈请愿，当奉部署核准。始于四年，将绍酒划分成立分栈，公举经理，呈请委任。是公栈经理非商不能承办，绍酒分栈尤非同业酒商不能承充经理，定章成案，均可复按。历任前分局长照案办理，定比则恪遵功令，费税则未欠分文，商等何负于国家，必令业外之人，来相鱼肉。今萧局长另委赵炎承办，查赵炎既非同业之酒商，定章成案，固属不符。且绍酒经理，凡京、沪、苏通商口岸，皆由同业承充，遽予变更，碍难承认。况年来绍酒销数停滞，赵炎以加十成比额夺取经理，势必任意苛捐，商等生计攸关，何甘忍受，迫切上呈，伏乞俯念商艰，查案收回成命云。

（1926年7月4日，第10版）

苏州·再电反对酒栈经理

苏城绍酒业，反对公卖局委任赵炎为绍酒分栈经理，已志前报。兹悉赵炎奉委后，连日赴南濠街之绍分栈接事，以前任经理金君钟未办移交，故至今仍未接得。而苏总商会为此事，亦于三日电呈南京总司令部、省署、烟酒事务所，略以各业捐税，亦向章不准业外包揽，赵炎并非绍酒同业，故不独破坏定章，抑开业外包揽之恶例。为税务商情兼顾，应请收回委赵成命以符成案云云。并悉全省烟酒局长蒋篁先，有来苏调查此事之说。

（1926年7月5日，第10版）

绍酒业力争认额

——年缴公卖费一万四千元

绍酒业江苏二区第六分栈主任周传薪，自承办迄今，适届一年期满，当经该同业集议之下，公推王懋堃（北市王宝和店主）为代表赴宁，向烟酒事务署具呈省局长，愿年缴公卖费一万六千元，请核准承办。并声明援照前经理王鹤堂承办时征收每坛一角二分等情。嗣江苏二区烟酒事务局陈局长以旧商周传薪亦呈请加额继续承办，现为南北市同业等得悉，以周商欲加征每坛一角四分，因是大为反对。前日特邀集各执事开会，佥以认税一事，原系顾全同业困难，绝非图利，况周传薪系业外之人，与认税事不无抵触。去年周因向同业额外苛征每坛一角三分，以致大受影响，现在期满，呈由二区陈局长认定税额，年缴一万四千三百元，核之同业公认一万六千元税额为少，而征收上反欲增至每坛一角四分，察其行动，无非图利。惟查前次王鹤堂承办时，税额增多五千元，其为顾全同业困难，仍旧每坛征收一角二分之数，并未增加分文。经该同业共同讨论之下，若果实行增加每坛征收一角四分，则同业势难承认，应以最后之法对付。末后公决，租界方面之同业只得于事后运货，均报洋关，而华界同业将停止进货，以示抵制。闻该业对此颇为坚持，以冀争回同业公认之目的云。

（1926 年 7 月 15 日，第 15 版）

绍酒业反对周传薪继续认税昨闻

绍酒业第六分栈主任周传薪，于认期一年届满后，由南北同业推举北市王宝和店主王懋堃为代表，呈准省局长，认定年缴公卖费一万六千元。旋由旧商周传薪赴上海二区烟酒事务局，呈请陈局长愿加额续认，每坛增收一角四分。该同业得悉后，大起恐慌，曾经邀集会议，共商对付方法，公决一致坚持反对。兹闻该同业以公家饷需浩繁，现正整理各项税率，以裕收入，乃陈局长反匿多准少，实属大惑不解，连日已着手侦查，务得真相。然后由全体同业联名盖章，具呈联军总司令孙馨帅及陈省长，请求彻查底蕴，以免同业引起纠纷云。

（1926 年 7 月 17 日，第 14 版）

绍酒业伙友组织友谊会

本埠南北绍酒业伙友，前因生活程度日高，要求加薪，已得圆满解决。现为联络感情起见，特在绍酒公所开会集议，拟设友谊聊合会，以谋同人幸福。当时入会者达数百人之多，业将正副会长及各职员分别推定。

（1926 年 7 月 18 日，第 16 版）

绍酒同业反对周传薪之呈文

南北市全体绍酒同业因反对周传薪续办后额外苛征事，昨特电呈当局，请示办理。兹录原电如下：

南京孙□帅、□［陈］省长钧鉴：窃以江苏三区第六分栈绍酒业认商周传薪已届一年期满，当经同业集议公推王懋堃（北王宝和店主）为代表，具呈烟酒事务局及二区分局，□照公卖费旧额一万一千元，加增四千六百元，共为一万五千六百元，请为核准在案。并援照前经理王鹤笙承办时征收旧例，每坛征收一角二分，较之周传薪原认之数增至四成有余，而征收税则每坛减去一分，窃为□饷便商，可称兼筹并顾。且周传薪为业外之人，并于认办之后，不循旧章征收，径加征每坛一分之多。当时同业亟谋反对，奈值时局不靖，呼吁无门，爰忍痛承受，而同业已蒙影响无穷，故同业不得不集议公推王商认□之情形也。讵周传薪知同业另举有人，亦愿加额续□，为年缴一万四千六百元之数，遽蒙批准。同业闻悉之余，殊深骇异。向知钧座整顿税源，不遗余力，今烟酒局榷多取少，谅有隐情，并闻周商于认办之后，加征每坛一角四分，是其所加趸数零取于同业，察其行为，无非牟利，病国病商，莫此为甚。同业等生计攸关，万难缄默，为特渎［牍］呈钧座，请求彻查烟酒局榷多取少之故，并饬其公布理由，仍恳训令烟酒事务局照准新认商王懋堃承办，实为公便云云。

（1926年7月19日，第15版）

绍酒同业反对认商会议

沪上南北市全体绍酒同业，反对二区第六分栈主任周传薪认期已满，又呈准上海二区烟酒事务局陈局长继续后，额外苛征，关系同业生计，已联名电呈孙联帅、陈省长，请予彻查。兹闻该同业七十九家，现又继续会议，大要以前曾公议推举王宝和店主王懋堃为代表，具呈烟酒事务局，愿照旧额加增，并援照前经理王鹤笙认办时旧章征收，每坛一角二分。但此次推举王代表认办公卖费，专为裕国便商，剔除中饱之积弊，亦所以维持同业生计起见。故此后无论新旧认商，对于征收一事，我同业七十九家，概照前议，应援向章进行，每坛以一角二分纳税。如果必欲额外苛征者，我同业誓不承认，惟有力谋抵制，以维生计云云。经众讨论良久，末后公决一致坚持。议毕，即行散会。

（1926年7月20日，第14版）

苏州・酒商反对加比

苏属第三区烟酒公卖，为十五年度加比，换由新商赵炎业组织公卖局起征。酒业中人，群起反对，呈诉省局。而省局方面态度非常强硬。现该业商定办法，一面请求商会援助，一面推金家悦等四人请愿省方，如其不得要领，宁牺牲停业云。

（1926 年 7 月 26 日，第 10 版）

苏州・绍酒加税又酿风潮

苏州第三区烟酒公卖绍酒分栈新经理赵炎，经绍酒同业以其并非同业，违章包认，已迭次电省请求将赵撤换，尚未解决。而赵炎接事后，即于前日发出元号通告，暨绍酒公卖价格，将税费照原价增出四分之一。因之绍酒同业更为愤激，遂于昨日开全体会议，共到四十八家绍酒店代表，讨论结果，以赵炎甫经接手，即行横征暴敛，现在对付办法，惟有消极抵制，将各店坊所有存货，照赵炎所定价格，请赵炎及三区公卖局收买，同业商人则另营别业。一面先行列举不承认赵炎为绍酒分栈经理之理由，联名电呈孙总司令、陈省长，呼吁请求救济。闻省署现因迭据电呈，业已派委来苏调查矣。

（1926 年 7 月 29 日，第 10 版）

绍酒业一致反对加增税额

沪上绍酒业江苏二区第六分栈，现因加增税额，凡绍酒旧例北市每甏征收一角二分者，现加征一角四分，南市加至一角六分二厘。故南北绍酒同业闻此消息，昨日午后又邀集全体特开会议，一致反对，末后公决，该分栈如再苛征，同业当然拒却，现在同业所有税额悉照旧额，每甏应缴一角二分，并以纠纷未解决以前，应缴之税款暂送至上海县商会，请代转缴二区烟酒事务局，以待核示。一俟有相当之办法后，方再直接缴税于分栈。随即专函县商会，述明最近状况，并声明该主任必欲苛征税款，恐不免酿起风潮云云。

（1926 年 8 月 12 日，第 14 版）

绍酒业坚决反对增加税额

上海南北市绍酒同业，因江苏二区第六分栈主任周传薪额外苛征，曾经会议一致反对，并函上海县商会陈明理由，以后同业纠纷未解决以前，将应缴税款暂送至该会转缴二区烟酒事务局等情，已纪昨报。兹闻该业于昨日午后，召集南北市全体同业百余家，在该业公所续开紧要会议。由主席宣告开会宗旨毕，次报告周传薪承办该分栈后，突向南北市各同业增加税额，南市每甏加征二分，北市加征一分，但向来并无南北市之分。此次我业一致坚持反对，因同业前举王懋堃为代表，认定比额一万五千六百元，较周商所认之数超过一千余元，而征额仍照旧例，每甏一角二分，丝毫未加。不意周商竟呈准二区烟酒事务局得以承充，比额既低，而征税苛勒。我同业惟有先行辍业，并请南北商会主持公理，并分呈省当局请予维护云云。一致通过，然后散会。

（1926 年 8 月 13 日，第 15 版）

浙绍酒业公所来函

敬启者：阅昨今两日贵报新闻栏内，登有绍酒同业在敝公所内开会集议，反对加费之说。查近数日内，敝公所内并无同业开会之事，传闻失实，特请登入来函栏更正为荷。此致上海申报馆。

浙绍酒业公所谨启。

八月十三日。

（1926 年 8 月 14 日，第 16 版）

绍酒同业否认增税之会议

沪上南北市绍酒同业，反对第六分栈主任周传薪，征收公卖费额外苛征。迭经该同业邀集会议，一致坚持各情，经纪前报。兹闻该同业现悉第六分栈已通告各酒商，务于阴历七月底，将公卖费悉数缴清，不得误听浮言，故意延宕，如再抗延，当然照章办理云云。该同业昨日午后又特开会议，共到五十余家，共同讨论，以第六分栈将用严厉手段收税，其宗旨以南市每甏征收一角六分二厘，北市一角四分，似此额外苛勒，我同业万难依允，应取一致坚持态度，否认苛征。南北市同业惟有以一角二分照付，如果增收至一角四分与一角六分二厘，尤非情理之平，所以誓不赞同。结果全体赞成否认加增，即行一致通过。至五时余散会。

（1926 年 9 月 3 日，第 15 版）

平湖・瓶烧捐转行请示

平湖酒捐局，在本城各酒店征收瓶酒捐，酒业公所以未奉官厅布告，深为疑虑，联名函向商会质问，请求宣示新章，以便遵守。兹闻县商会方面，以征收自行装瓶之印照捐新章，未奉颁发，无从答复，业已据情函转第二区烟酒公卖局请求明白示复，以便奉行。

（1926 年 10 月 7 日，第 9 版）

无敌牌各种酒类招请经理　已奉特准一概免贴印花

本牌各品曾奉农商部、财政部、税务处核准免税，近又呈奉江苏省长暨烟酒事务局，呈奉五省联军总司令核准，凡系无敌牌各种酒类，一概免征洋酒税，免贴印花。如白兰地每瓶本应黏贴印花三角七分，香槟酒及口利沙每瓶应贴印花三角半，葡萄酒每瓶应贴印花一角一分，啤酒每瓶应贴印花五分，薄荷酒每瓶应贴印花三角。现在各地购买无敌牌上述各品，均可免去此项印花税费。是在买主及贩卖店家，实较卖舶来品便宜多矣。又火酒每瓶须贴印花三角，如购无敌牌无水酒精，只售每瓶货价三角，亦可免贴印花。凡家庭中为烹饪之用，及工业界为溶解油漆配合化学药品等用，若购无敌牌无水酒精，则其浓度较之火酒实增三倍，不啻出一瓶之价，得三瓶之用途。各埠洋杂货号及京货食物店如愿经售，请至上海南阳桥无敌牌发行所。电话：中央九三七六。运销外埠，进口、落地、公卖、印花等税一概可免，每销百元之货，可得回佣三十余元，比较批售洋酒其利益为如何，愿请各宝号试为经销，如销不去尽可退还，但有店保即可取货，盍请试之。

（1926 年 10 月 9 日，第 8 版）

苏州·反对绍酒经理风潮平息

原任苏州绍酒公卖分栈经理金钟，前以税额突增而辞职，由烟酒公卖第三区另招业外之赵炎者承乏，致引起反对风潮，各情业志前报。兹悉省峰已核准绍酒同业之控告，而批示发表，将三区中局长萧禀原他调，分栈经理赵炎撤差，另委业内之马承琦、许瑞卿二人为正副经理。马、许现已接手，昨将应缴之第一批税款呈解分局，一场轩然大波遂告平息矣。

（1926 年 10 月 13 日，第 7 版）

旅客携带烟酒者注意

上海烟酒联合会，鉴于近日承包卷烟特税及洋酒营业税等认商在车站轮埠设立查验所，骚扰旅行事，特印发通告云：

径启者：江苏卷烟特税，自归商办以来，在南北车站以及十六铺轮埠等处遍设查验所，旅客如有携带卷烟在五十支以上者，不问案情轻重，任意苛罚，甚至所有旅费，补充罚金，尚虑不足。虽经省处通令承商，不得任凭员司骚扰滥罚，无如承商苛扰如故。而新近烟酒公卖局，又有洋酒营业税之创办，鉴于卷烟特税罚金收入丰富，亦在车站等处同样设立分局，检查旅客箱箧，遇有携带洋酒（即啤酒、白兰地等）一瓶者，即予处罚。设旅客不明定章，亲友偶赠烟酒，反使一番美意，造成二处冤狱，似此纷扰，当局既无法制止，而旅客又多居租界，未明华界情形，往往不教而诛，无故损失金钱，或竟延误要公。本会有鉴于此，用特通告沪上各界，幸希注意，为幸。

（1926 年 11 月 19 日，第 10 版）

苏城烧酒同业启事

敝行等开设苏城，历有多年，所售高粱酒等货，货真价廉，声誉卓著，遐迩咸知。近闻同业中有违背人道，私运火酒，搀水混充饮料，在市兜售情事。敝行等为人道计，为名誉计，早经互相侦察，以冀杜绝其害而后已。本月十八日分栈员司果于南濠街协丰酒行内查获搀水火酒，至三十余坛之多，该行主利令智昏，不顾人道，实为害群之马。除共同具函，环［还］请分栈经理呈请省分局长从严法办外，还希各界同人以后严加注意该行之货，是为至要。

吴万顺、绍记、绎记、钱义兴、恒记、成记、福康泰、张信号同启。

（1927 年 5 月 23 日，第 2 版）

纳税会请交涉违约加捐事

——房捐主张提供银行　酒捐应集中力量

上海租界纳税华人会，对于反对工部局非法加捐，态度非常坚决，前日经委员会紧急会议议决，所有本季公共租界巡捕捐，应依照旧额，请交涉署指定银行代收，汇缴该会，并已预备各项手续进行办理，兹纪各情如下：

【中略】

骤然增加酒捐之反对

该会接到各酒行报告，工部局骤然增加酒捐，即函请交涉员严重抗议，该函云：案据同和药房、万就号、万成号、天吉堂、同德号、广德号、杏花春、广性安等联名盖章函称：公启者：（中略）月之十三日陡然增收酒捐数成，事前既无明白布告，只派一便服员役，沿门口头传说。查《辛丑条约》，凡租界华人税项，未经中国政府官厅之同意者，不能妄加分毫。今英工部局竟违背约章，蔑视国体，第小号等处租界范围，力微不可以抵抗，而对此任意加捐，不容缄默。谨修函奉达，贵会为租界华人纳税指导机关，关于租界华人纳税，当然不限于房捐一项，恳速设法交涉，以谋反对，俾国权公理得以伸张。至英工部局经派员数回催缴，应付与否，尤恳贵会执事费数分宝贵光阴，即刻赐示，俾得遵从，是所切盼等由，并附原捐、现捐数单到会。查此次工部局非法增加巡捕捐，我华市民已一致为保全国家主权计，拒绝交付在案。至于其他各捐，亦均增加，且无标准，任意勒收，如不予以抗议，则此种敲骨吸髓之举将纷至沓来。据函前因，相应抄单转达，希烦查照，迭与交涉，取消该项苛征，实为公感。一面并函复云：接准七月十四日公函，敬悉，查此次工部局非法加捐，自应均在拒付之例，而此种任意妄加，漫无标准，尤应反对。惟是纳酒捐者，事前未有团结，事后又以恐被吊销执照，不得营业为虑，遂致拒付不一。实则如能团结集中力量，当能达到取消目的。应即组织“酒业联合会”或“同业商民协会”，一以救目前，一以免后患，本会当为后盾。兹据前因，除请交涉员力争取消外，相应函达，希烦查照，迅行团结为荷。

（1927 年 7 月 17 日，第 13 版）

浦东白酒全体坊商启事

兹因浦东白酒支栈经理俞瑞卿因事辞职，当由各坊开会，公推陈希哲为经理，沈家禄为协理，主持栈务，一切悉照向章。曾经呈请分栈，并缴保证金在案。讵昨日有业外之朱荫甫，径来浦东，组织支栈。自称已蒙分栈核准，商等闻之不胜诧异。查部章规定，分支栈经理应由同业殷实商人所组织，断不容业外人插足，坊等声明，誓不承认。松记坊、永昌泰、信大合记、新松记、和盛、宏源东记。

（1927 年 7 月 26 日，第 2 版）

粱烧业吁请免增公卖税率

沪上粱烧酒业，昨为政府增加公卖税率事，特在征雅堂公所开会，由梅薇阁主席。佥以我白酒业，自公卖颁行，迄今无形中开放洋货竞进之门，而土货受重税之束缚，营业已一落千丈。若再增加税率，势必生计告绝，同业为苟延残喘，计不得已，即向当道陈述苦衷，恳请暂从缓议云云。经众赞成，当请梅君主稿缮就，刻日电呈，附录原文如下：

呈为商业凋疲，环［还］请从缓增加税率事。窃商民等，前奉二区烟酒公卖第一总栈函称，谓奉钧令，对于烟酒两项，业奉部令，加征公卖费百分之八，向以值百抽十二，现改值百抽二十一，再令饬期在必行等因。奉此伏查纳税为人民之义务，苛税实病民之政策。税重则弊窦丛生，实使蠹吏中饱私囊而已，直接增商民之负担，间接绝贫民之生计。盖我业白酒一项，以本省论，如泰兴、泰县及吴县之泾屠村等处，皆以农产为酿酒之原料，而酿酒之下脚，即为喂猪之食料，而猪可以售钱，则猪粪得以膏田。以此周转，循环不已，贫民赖以为生活，固为天然之营生也。自公卖颁行，迄今土货成本陡增，洋酒就此得逞竞进之门，土货受重税之束缚，逐渐减少，几将绝路。如泰兴、泰县之货，向来销沪年达二十余万担，现已渐减至年销二三万担矣。况公卖为袁政府之疵政，以奢侈之名，行聚敛之实，绝未计及民生之关系，所以民怨沸腾，咸谓垢病。而吾国民革命之三民主义，以救济民生为首题，当此遍地荆棘、民困交迫之际，极宜救济民生为本，从缓增加公卖税率，庶与土货争一线生机，商民等为苟延残喘计，不得不历陈原委。仰祈钧长鉴核，俯赐转详政府，准予从缓增加公卖税率，以维贫民生计，实为戴德。谨呈。

（1927 年 10 月 4 日，第 13 版）

上海特别市商民协会酱酒业业会筹备处通告第一号

本会呈：奉市党部、商民部核准并颁给第九十一号委任状，委任沈维亚、宋鹏臣、沈锦标、陈生大、岑鸿文、李广珍、吴子龄、范东生、陈锦章、张大连、张继昌、臧忠友、朱善昌、陈锡康、袁久浤、王兰生为上海特别市商民协会酱酒业业会筹备员，设立筹备处于邑庙酒业公所内。特此通告。

（1927 年 10 月 14 日，第 2 版）

工统会会务昨讯·组织委员会

调查股：（一）城内绍酒业工会，本设于阜民路绍酒公司内，闻近因经费困难，不能维持，已属无形解散，殊堪惋惜。经调查股派陈秀宏调查属实，抚予以补救办法。

【下略】

（1927 年 10 月 19 日，第 11 版）

酱酒业业会执纪委员宣誓就职

日前，酱酒业会在城内邑庙酒业公所内举行执纪委员宣誓就职典礼，市党部、商人部、市商民协会、市农工商局，均有代表出席监誓，各团体亦有代表参观典礼。到会之会员，亦极踊跃，当由全体执纪委员沈维亚、沈云卿等二十八人为主席团，开会如仪。其誓词如下：余愿以至诚在中国国民党指导之下，遵照市商民协会章程，执行本会会务，并努力拥护本业之利益，与力图改进之方法云。至五时余，礼成。

（1927 年 12 月 13 日，第 11 版）

上海酱业职工会征收特费通告

为通告事。案查酱酒业商民协会公然反抗本会，与受和堂所待遇条件一节，经本会于二日召集代表大会一致议决，提出修改，加惠职工条件二十五则（细则见五日出版之奖报中），誓死力争，要求该商民协会予以承认。维以本会经济枯涩，当场议决，征收特别费每人一元，以利进行，特此通告。（按：征收特别费另有正式收据，并由征收股加盖印章及征收员签名为凭，否则概不生效，希各注意）

（1928 年 1 月 4 日，第 4 版）

酱酒业分会会员大会纪

日前，商民协会酱酒业分会在邑庙酒业公所内举行第一次会员大会，到会者百余人，公推执委张大连君主席，徐豫众君纪录。开会如仪，讨论事项：（一）店规；（二）待遇条件。均议决呈请市党部、商人部、市农工商局暨市商民协会备案施行。至五时许散会。

（1928 年 1 月 5 日，第 15 版）

烟兑业反对卷烟牌照税

本埠南市闸北烟兑同业，前日接得土产烟酒业、机制卷烟业联具名印刷信片，分寄各同业，其大致劝告同业，分类捐纳营业牌照税。昨日午后一时，纷至沪南烟兑同业公会，请开联席会议，到有七十余人。由蒋佩洲主席，报告开会宗旨略云：我业负担税则繁重，营业小而利博征，自卷烟统税以来，生计将绝，似此额外增加卷烟牌照税，负担更重，力难维持，当局不顾商艰，必欲实行，惟有坐以待毙。列席君有何高见，请发表进行云。经众提议对付办法：（一）同业公会并无信片告同业分类捐纳牌照税，应即登报声明否认；（二）同业已纳烟酒牌照税者，不再认纳机制卷烟牌照税；（三）印通告发贴各店门口，上书“已纳烟酒营业牌照税，不纳卷烟牌照税”；（四）如果压迫实行，一致停业。经众赞成散会。

（1928 年 1 月 12 日，第 14 版）

绍酒公所常年会纪

城内麦家弄一号浙绍酒业公所，每届阴历正月初八日，为同业常年大会，讨论同行兴革事业。该公所于前日上午九时至下午三时，特备酒筵，公宴同业代表，稍有争执，卒以公所已成过去之谈，依照国民政府现行规例，公所虽未能一时取消，但须另行筹组商民协会业分会，方符法律手续。嗣由争执之故，暂停讨论，决定改组会，另行召集讨论。惟对绍酒公卖税，全体主张由同业承办，按照前案呈请当局核准。至下午四时始各散会。（大华社）

（1928 年 2 月 1 日，第 14 版）

绍酒业呈报议决案

本埠南北市绍酒业公推王滋圃为六分栈经理后，将同业七十五家共同议决取消公所费一分，并议定六分栈公卖费。北市同业征收每甏一角四分四厘之议案，除分知南北市各同业外，昨又据情呈报缪局长备查，并请转详省局核示。

（1928 年 2 月 2 日，第 14 版）

十七年三月二日第五十九次市政会议议事录

——市政府绝未与卫戍司令部通融经费

【上略】

二、秘书长报告

【中略】

（二）酱酒业分会与酱园业分会争执纠纷，代表张大连来府请愿，由曹科长接见，请其报告。

曹科长报告：酱酒业分会代表张大连陈述，酱园业分会已于三月一日成立，会员大都系酱酒业分会会员并凑而成，请饬令停派代表，退出市会选举，并要求三项办法：（1）请取消酱园业分会；（2）两分会合并组织；（3）两分会一律解散，重行组织。请市府任择其一。

又据农工商局报告，酱酒业分会成立在先，双方争执自奉令查办后，即经多方调解，尚无解决办法，故未呈复。至于禁止会员出席一层，酱园业分会亦经商民协会承认，似未便遽行禁止。

席谓：酱园业系制造者，酱酒业系贩卖者，双方关系密切，自应互相维系，可由农工商局切实调解，并批令该局并案查复。

【下略】

（1928 年 3 月 15 日，第 20 版）

酱业职工会常务会议纪

上海酱业职工会，前日下午二时在本会大厅召集全体常务及各办专人员，同时园坊稽整处亦全体出席，公推沈开华主席、应纯□纪录。行礼如仪，先由主席报告开会宗旨，次由韩星渭同志提议，各常务委员须告假一星期来会办公，并议决要案五项：（一）书记张松寿为正取，彭醒为备取；（二）对于稽查处，先征求酱园、酱酒业双方意见，然后召集负责代表讨论办法；（三）李祝孚同志，无故开除职务，呈请上级机关严重交涉，以达复职目的；（四）前任常务及筹备期内之账目，限三天内交出，否则呈请上级依法诉追；（五）三月以前一概不准长期请假。议毕散会。

（1928 年 3 月 18 日，第 14 版）

工界消息·酒行职工会开会纪

酒行职工会为济南惨案事，前日特开委员会议，当场拟定办法数条：（一）通告各行，各会员一律实行抵制日货；（二）组织宣传演讲；（三）遍贴反日标语、传单。并讨论会务进行各节，至下午五时始散。

（1928 年 5 月 11 日，第 13 版）

杭州市烧酒业总代理处公告

本代理处为统一来货、划一市价、免搀火酒起见，呈准市政府设立在案，定于六月一日成立。此启。地址：湖墅仓基六十九号门牌。

（1928 年 5 月 28 日，第 12 版）

酱酒业会员大会纪

上海特别市商民协会酱酒业分会，于六月九日午后二时，在邑庙会所，召集大会，到会员九十余人。沈维亚主席，张大连纪录。行礼如仪毕，主席致开会词，继由市党部指导委员骆清华及市商民协会张梅庵训话毕，开始讨论议案如下：（一）油类容器粘贴印花案。认为苛捐扰商，坚持力争，并推秦志新、沈维亚二君为代表，与油豆业联络进行。（二）酱酒、酱园二业会合并案。由张大连报告经过情形后，一致议决，服从上级会训令，静候解决。（三）盐务缉私局蹂躏致和号及广东酱园等案。已由市会派陆文韶、吴文渊二委员，面询该局办法，候其复到，是否满意，再议对付。（四）价目称磅亟待整理案。议决：组织一酱业整理会组织大纲，经众一致通过。（五）酱酒业公余社。议决收束，名义取销，物件送会保存。议毕散会，已钟鸣五下矣。

（1928 年 6 月 11 日，第 14 版）

市卫生局调查酒样化验

总商会昨日分函粱烧酒业公所、绍酒公所、驻沪泰兴酒业公所三团体云：接上海特别市农工商局来函，以受卫生局之嘱托，调查市上酒样，以资化验，函请本会将酒业团体名称、地址开示等由。经于即日转复农工商局去复，兹接该局复称，接准大函，开列酒业团体名称地址。兹已分函各该公所，检送酒样，以资化验，仍请贵会通知各该公所赶办前来，用特分函奉达，即请贵所遵照农工商局来文，克日将各种酒样检齐，送至农工商局转交卫生局化验为荷。

（1928 年 6 月 21 日，第 15 版）

烟商反对牌照税会议

江苏二区烟酒事务局，自六月六日颁布，奉令开征烟酒牌照税，概照新章征收，原有酒照，援例不加，以土烟与卷烟合并，改为烟类牌照税，分四季征收。以前分整卖零卖，分甲乙丙丁四种，整卖原额，全年四十元，零卖十六元、八元、四元，每年分上下两期征收新章整卖，全年为四百元。烟商方面，群起反对。本埠烟兑业，迭次会议，呈请国民政府财政部暨主管当局，要求免予增加，未获批复。昨午一时，三区各县烟业，在劳合路二百三十一号会所开联席会议，到有崇明、川沙、太仓、嘉定、宝山、上海同业领袖三十余人，公推上海代表主席。首由沈维挺报告本埠屡次开会经过，继提议案表决如下：（一）新章牌照独增烟类，酒类不加，两类税额相距不远，烟商无力负担，六县同业联合呈请暂缓增加。（二）呈请财政部令饬烟酒事务局，宣布认包税额，公开担负。（三）登报宣言，请各界以公道主张，表示援助。（四）致函各报，请宣布同业会务消息。

（五）召集六县全体大会，定本月二十七日下午一时，仍在劳合路举行。议毕散会。

（1928 年 6 月 26 日，第 14 版）

酱酒业会员大会记

上海特别市商民协会酱酒业分会，于七月十日午后三时，因有重要议案，召集会员大会，到五十余人，沈维主席、张大连纪录。行礼如仪毕，开始讨论议案：（一）油行增加佣金案。经众议决，佣金准予照加，惟除皮亏称必须力谋统一，小笔除皮十五斤，大笔除皮二十五斤，概照天平秤格见出十斤，大连油照牛庄油同、岐山格见无亏，当场推定罗芳槐、秦志新二君，先向酱园联络进行。（二）讨论盐公堂来信案。酱酒号寄售食盐，原为便利食户起见，与盐店性质完全不同，议决，函致盐栈，确定另售斤量，公布章程，以免纷扰。（三）本会与酱园业合并案。议决：悉听上级会办理。（四）上海特别市范围内，酱油应互相通销案。议决：呈请农工商局，转松江运副办理。（五）称磅亟须整顿案。议决：推定吴子龄、罗芳槐、朱舜臣等九人，专办此事。议毕散会，已钟鸣六下矣。

（1928 年 7 月 12 日，第 15 版）

川沙黄酒同业叶永丰等启事

启者：窃我川沙黄酒公卖支栈，向由同业推举张秉彝经理承办。现届十七年度开征之始，并奉部颁照新章实行征收之际，乃时逾一月，该栈经理迄未向主管分栈接洽认定。查我川境黄酒出产，悉销外埠，须照章领贴印照，方可起运，则支栈一日未定，同业一日不能领照营业，事关全体同业影响，嗣经公众会议，惟有另推代表，呈请主管分栈请愿承办。现蒙核准，复经同业议决，公推叶衍琦为川沙支栈黄酒公卖经理，诚恐外间不明真相，用特登报声明。

川沙黄酒业叶永丰暨全体同业谨启。

（1928 年 8 月 3 日，第 3 版）

上海酒行业职工会改选委员会议纪*

上海市酒行业职工会，前日在该会举行改选委员会，到会员三百余人。上午预备会通过章程及待决案，午后二时，正式大会，司仪殷勖哉，纪录金龙侪，由一区党部代表陆衍、二区工整会代表龙沛云、社会局代表徐直监视开票，当场举出执行委员沈安甫、王维新、虞和绅、王以培、胡谷谆、盛德祖、杨思惠、邵廉章、顾吉人九人，候补委员陈湘源、冯观兰二人，宣誓就职，四时摄影散会。晚间举行游艺会，有晨社、合社、朋社、新奇魔术团、武术第一分会、精勤女学、鲜猪业工会各种表演，及该会化妆演讲股之时事新剧，观众近二千人。由市区保卫团第十支队团员到场维护，近邻之公安局第一区一分所第二派出所，亦协助照料，直至午夜二时始散。

（1928 年 9 月 3 日，第 16 版）

绍酒工会整顿捐税通告

上海特别市绍酒公会，为改组公所后，对整顿同业捐款积极办理。昨日该会为规定捐税，通告同业，认定等级，计捐价福字号每月捐洋二元，禄字号每月捐洋一元五角，寿字号每月捐洋一元，喜字号每月捐洋五角。

（1928 年 11 月 15 日，第 16 版）

上海特别市酱园酒二业合组稽整秤价委员会通告（第一号）

为通告事。查得二业商店秤价日见紊乱，若不亟谋整顿，将来何堪设想。本委员会有见于此，故特具情呈请市党部暨各官厅核准成立，从事整理。兹已议决从阳历十八年一月十一日起（即阴历十七年十二月朔日），所有秤价一律收准如故，再有参差，定即从严议罚，务各遵照，毋再紊乱。除派员随时严密稽查外，特此通告！事务所法租界方板桥银河里九号。

（1929 年 1 月 10 日，第 4 版）

土黄酒业呈请裁厘开会记

上海土黄酒业受和堂及敦厚堂全体会员为类似厘金之大捐，呈请裁撤。昨（十六）在邑庙预园敦厚堂开会，到会酒坊二十余家，佥以裁厘加税，瞬将届期，而外业夤缘争夺，开始进行，若不根本裁撤，自后受累更甚。经共同议决，呈请国民政府，请求将类似厘金之大捐裁撤，并将其原文列下：呈为捐税重迭，蠹国病商，请求分别裁撤，而符一物一税事。窃查裁厘加税，中外商民，认为不易之定议。然在军阀秉政时代，国乱如麻，政蠹弄权，弊窦丛生。虽中外商人，函电纷驰，唇舌俱敝，均无效果。兹幸国府扫荡军阀，奠定国基，裁厘加税，毅然实行。全国民众，莫不额手称庆。良以商民呻吟于厘金恶税之下者，不知凡几。即以土黄酒一业而论，公卖税之外，尚有大捐，即产销税等名目。查大捐一项，江苏全省，只上海一隅，揆之一物一税之义，未免政令纷歧，在苦贫吏夤缘，竭泽而渔，包商舞弊，狼狈为奸，苛捐未除，新税复增，与人民渴望相反，商业负担更甚。国家之收入无几，中饱之弊窦日深。是以前曾呈请财政部将类似厘金隶属二区烟酒事务局之大捐，立予裁撤，以苏商困。前曾奉批复，着烟酒事务署查照复核在案，迄今数月，未见明文。裁厘实行，瞬息将届，而类似厘金之大捐，撤消无期，为此情迫，不得不将实在情形，沥陈钧府，务乞俯准立予裁撤，不胜待命之至。受和堂及敦厚堂全体会员谨呈。

（1929 年 1 月 17 日，第 16 版）

酱酒业分会会议纪

上海特别市商民协会酱酒业分会，于上星期日（即一月二十日）召集紧急会议，乃因天雨人数不多，改开谈话会，由张大连君报告议案：（一）南市及英法二租界发票账单，实贴印花，各业大概均已认定。吾业亦拟仿行，事关同业切身利害，不能漠视。后经讨论，议决二十七日再开会员大会，无论风雨，必须出席，否则本会不负责任。（二）报告办理第二届选举情形。因所投之票，不足法定人数，进行非常困难。讨论结果，将选举票与会员录核对，如有未选者，劝令补选。大约下星期日即二十七日选举大会，亦可开成。（三）本会财务委员陈生大君出缺，曾经任会员等提议开会追悼，后经家族方面力辞作罢。惟闻夏历十二月十七日，在寿生庵开丧，凡吾会员大可自由参加。议毕散会。

（1929 年 1 月 24 日，第 15 版）

无锡·苏各县酒业联会成立

江苏各县酒业同人，近因财政部拟组织整理烟酒税务委员会，重订划一税则，改革征收方法等情。爰由无锡、武进等六县代表，于三月十八日在锡开各县酒业联合会筹备会。业已筹备就绪，于昨日（十五）起，在本邑东门外酒业公所开成立大会，计到上海、江宁、武进等四十二县代表一百零四人。上午十时许开会，公推无锡代表俞蕴青为临时主席，致开会词并报告筹备情形。次由各县代表相继演说。至下午一时由主席宣告休息，至三时继续开会，当经推定泰兴张策清、泰县汤文白、吴县张宝书、武进高咏霓、无锡俞蕴青等五人为主席团，全体通过。旋由各代表讨论章程，公推上海贺祥生等十一人为审查委员，将章程详加审查后，再行修改，全体通过。议毕散会。

（1929 年 4 月 17 日，第 10 版）

无锡·全省酒业联会在锡开会

江苏全省酒业联合会于前日起，在锡假东门外本邑酒业公所开会，其情已志本报。兹悉昨日（十六）下午三时许，举行第一次大会。到上海、江宁、武进、东台等三十五县代表一百零八人，仍推无锡俞蕴青主席。依照议程开始讨论，当经通过议案十四件，兹择要摘录八件如下：（一）审查会报告本会章程草案。公决：暂缓讨论。（二）江宁烟酒商联合维持会提，烟酒登记实有窒碍，请明令取销案。公决：呈请财政部核示办理。（三）太仓酒业公会提，请求财政部撤消酒税坐价税案。公决：呈请财部核办。（四）泰兴酒业公所代表张策清提请财部划一酒税，通行全国，不得重征案。（五）泰县、姜堰等处提议，请求财部令饬杨由关撤消征收酒税及二五税案。公决：以上两案合并办理。（六）嘉定酒业代表黄荣生提，请财部禁绝火酒案。（七）无锡酒业公所代表俞锡麟提，请财部准酒商代表出席于整理烟酒税委员会，由代表大会推举案。（八）江宁烟酒联合会维持会提，请财部保护土产烟酒方法，规定划一税率案。以上各案，一并通过。各案讨论终结，继续二读章程草案，经修正通过。并公决依照公卖区域，即照章散票，正式选举执行委员二十一人、候补执委五人、监察委员七人、候补监委三人。选举毕，因不及开票，由主席当众声明，将票匿封固，准今日开票。又此次酒业联合开会，因感受重税之痛苦，故各县酒商，多有不期而集者。而烟业向与酒商有联［连］带关系，故开会后，各县酒商纷纷请求加入，各县酒业代表一致表示欢迎，惟恐与酒业联合会之组织发生影响，作一度讨论，最后决定烟业已莅锡之代表，一律欢迎列席。此后应由江苏全省烟业联合会组织后，再由两联合会合组全省烟酒业联合会。

（1929 年 4 月 18 日，第 9 版）

无锡·反对征收酿酒捐

无锡烟酒牌照税经征员杨安仁，自接事迄今，瞬将一载。近有新安乡酿酒各户朱世安、朱世珍、惠祖祺等，列举杨安仁之种种劣迹，及违法殃民各款，分呈中央控告。并将各项证据摄影附呈，请求迅予撤职，依法严惩。

（1929 年 4 月 23 日，第 9 版）

各团体开会并志·沪南烟兑同业公会昨开常会

沪南烟兑同业公会，昨午一时开常务会议，到有委员裘塘林、柴雅生、王奎元等多人，由张颂吉主席。提案如下：（一）中国卷烟厂公会来函，为组织中华国货卷烟维持会，请一致参加，共襄进行，以利国货前途案。（议决）公推张颂吉出席参加，通过。（二）沪北烟兑业联合会来函，谓江苏二区烟酒牌照税，因前承办人将满期，有人向税务处自愿加额承包。如果实行，我业小本经营，难以负担。（议决）呈请当局，援照原章，暂缓变更，以恤商艰。（三）夏锦彪报告，江苏二区烟酒事务分局发起调查烟酒商登记事。曾委沈菊屏设所办理，嗣因各省区多数反对，且因成绩不佳，现已撤消，故前次议案可毋庸再办。（议决）通过。（四）本会改组后，向市政府社会局登记注册一案，手续将告完竣，但少数委员照片尚未汇齐。故上届议决，呈请社会局，请求展缓一月。兹因限期将近，应如何办理。（议决）再行通知各委，着即日送来，以便呈报社会局云。议毕散会。

（1929 年 5 月 9 日，第 14 版）

苏省烟酒业代表赴京请愿

——十三日在首都聚集　十四日开第一次执监会

江苏省烟酒业联合会，于四月十五、十六两日在无锡东门外酒业公所开第一届代表大会。佥以各县提案异常重要，均关系该两业前途之生死存亡。特由大会公推全省烟酒业联合代表陈尧阶、张策清、汤文向、张纯卿、蒋斗辉、陶冠时、陈孕寰、陈仲滋、张玉墀等九人，会同该会当选各执监委员，定期赴京，向财政部及全国烟酒税总处切实请愿，分别施行，俾烟酒两业得以早日解除痛苦。最近经该会主席委员俞蕴青将大会议决案，分别整理，归纳为请愿大纲七项。计：

（甲）关于烟酒两业者四项。

（一）修改登记章程。

（二）蠲除重迭杂税。

（三）保护土产烟酒。

（四）参加整理会议。

（乙）关于酒业三项。

（一）严禁火酒混销。

（二）取缔偷酿私酒。

（三）同业总包酒税。

并经根据大纲拟定请愿呈文，与各请愿代表及执监委员往返函商，决于本月十三日全体赴京，在首都西城大旅社集合。先开请愿会议，交换意见，继赴财部卷烟税总处切实请愿，不得结果不散。

俞君前日接苏州代表来函，以风闻财部最近召开烟酒税整理委员会，对于此后烟酒税之认包，已决定采用招商投标法，以标额最高者承包。佥以依此办理，税额必将因竞争而愈高。两业商民，势难负担，认为此事亦关系两业前途主巨，故主张定期五月十六日在苏州召开会议，详细讨论，预谋应付办法。俞君接函后，亦认为不容忽视。当以此次请愿全体执监委员均将聚集首都，决于本月十四日假首都总商会召集第一次执监委员会讨论此事，以免各委员跋涉往返，同时并拟乘便讨论各项会务，以利进行。昨日俞君已函复苏州代表查照，并致函首都总商会，商假会厅，同时分函各执监委员。请届时准期出席会议。

附录：《苏省烟酒业联合会成立宣言》

慨吾烟酒业久困恶税之下，生机将绝。今幸当局组织烟酒整理委员会，最近宋财长复在汉演说，谓政府对不良税已有具体办法。际此千钧一发，正吾业生死关头，爰有江苏全省烟酒业联合会之组织，参加者计有四十七县代表一百四十余人，业于四月十五日正式成立，推举执监委员，讨论进行事宜，洵为空前盛举。具见困极思伸，痛苦同感，同人等集议结果，一秉总理遗教，上固国家之税源，下谋商业之恢复；既不欲有所觊觎，亦不甘久受非法压迫，惟以事实为根据、公理为依归。此同人等惟一目的，深望当局详加考虑，予以容纳，拯吾民于水火，保国产于垂亡。勿谓财源减少，趑趄不前，须知苛税大抵供军阀之急需，在国家统一之后，合全局而论，不特不增加收入，而实妨害。若果蠲除苛税，商业必可振兴，或以酒属消费品，而必寓禁于征，是又片面之说，未可据为定论。盖酒为调味要需，吾人固不可一日无也。此次各代表原提议案，谠言宏论，无非为吾人同业解除痛苦，谋共同利益。兹特归纳众意，约举五大问题，分述如次：

（一）修改登记章程。在整理税制之初，以登记为入手办法。用意至美，商民固无不遵从。第所订章程殊欠适当，即如烟酒每年出产数量，必欲确定登记，在事实方面断乎不能。盖每年制造之多寡，本无一定，须视年岁之丰歉、资本之厚薄，与其他关系，以定增减。若一经变更，即须处罚。窃恐罚不胜罚，商民将何以自从乎。吾人非反对登记，而登记章程窒碍之处，不得不请求修改耳。

（二）蠲除重迭杂税。一物一税，为今各国通行之税制。未闻有异地同类重迭征收，而犹不得通行无阻者，即在国内他种货物亦未有若是之甚也，独吾酒业受此苛待。如甲省既纳公卖产销费，至乙省复须重征；沿途运输，必纳统捐；设肆营业，又须牌照。本产本销，更有坐买。如此重迭税费，商民限于经济之压迫乃不得不收缩范围，或停止营业。而舶来品税率，仅占百分之三二五，且得通行全国无阻，以致外货充斥，国产沉沦。吾人今兹目的，即请求当局能维持财部威信，遵照旧案，迅将统捐、牌照、坐贾、门销、常关等税，同时取消，一道征收，通行全国，不再重征，减轻商民之负担，增加舶来品之税率，庶使喘息稍定，元气渐复，我苏省数十万酒商得维生计。

（三）严查火酒。年来各地奸商，专以火酒冒充饮料，影响商业者犹小，关系生命者实大。此辈奸商殊堪痛恨，第是火酒用途广大，既不可禁止，复不能查验。倘得政府予以相当权限，设置查验机关，并将火酒一律加色，以资验别，或可稍杀刁风也。

（四）出席整理会。整理方式，贵乎切实，尤要在洞悉商民之痛苦、症结之所在。而欲探讨此中利弊，莫过于征询商人之自身。今各委员悉属政界，虽延专家，难免隔阂，而无实际。况以民权主义而论，吾人当然有参加之可能，或必要也。

（五）同业联合认缴税额。全省产销数量情形，惟各县同业，洞明真相。既不容业外滥认苛征，亦不准任意隐匿。若能全省联合，公开认缴税项，照章预缴押金，各县按额分摊，在官厅可节省征收经费，在同业获纯粹自办之益，利国便民莫甚于此。

以上各点，全苏同业，众意佥同。除由本会详叙理由，分别呈请财部核示，俾苏十余年之痛苦外，谨此宣言。

（1929 年 5 月 13 日，第 9 版）

财政部查禁烟酒业联合会

南京公安局姚局长、镇江民政厅缪厅长勋鉴：本月十二日上海《新闻报》登有苏酒业代表请愿一节，内载无锡函：江苏全省烟酒业联合会正式成立，并有主席、执监委员等名称，决定于十四日假南京总商会召集第一次执监会议，并载有第一届大会宣言等情。查开会集社，非经过法定手续，不得自立名目、设置机关。该会未经内政部、江苏省政府核准咨照本部有案，竟创立机关名称，公然宣言，意在干预行政，势将影响税收，难保无土豪劣绅、反动份子，从中勾结假借，希图捣乱。亟应请贵局厅即行通饬查禁，至烟酒商人对于烟酒有请求事项，尽可由各县各该业推举代表，向该管区局或省局陈述意见，转呈本部核办。特电奉达，即希查照办理见复，至深公感。

财政部。元。

（1929 年 5 月 14 日，第 10 版）

苏省烟酒商请愿无结果

——财部诿烟酒署管辖　烟酒署诿只知奉命

江苏全省烟酒业代表曹葛仙等九人，于前日来京，预备向工商、财政两部及全省烟酒公卖局请愿，要求统一烟酒税率，废除苛捐杂税，改订烟酒登记办法，以维国货而恤商艰。今日各代表又互推曹葛仙、俞锡麟、高右铭、乔延备等四人为总代表，携请愿书分赴上述各机关请愿。先至工商部，由次长穆藕初代见，旋工商司长张轶欧亦出见，各代表陈述来意，并上请愿书。穆等对各代表请求甚表赞同，谓烟酒现已将消灭，亟应提倡，如再受摧残，则恐不能复振。财部对于我国烟酒税，本部亦认为过重，对于诸位请求极表同情，诸位之请愿文，当由部长详为批阅，加具意见，咨请财部，在可能范围内为商民除痛苦。旋至财部，由陈秘书代见，谓此事属烟酒署，最好至烟酒署。各代表即至烟酒署，乃自署长以及秘书、科长，均无一人在署，不得已再赴财部，仍由陈秘书代见，谓此事俟部长返京，当详加考虑，俾得有一妥善办法，务使国库商民两者有利益，烟酒署长秦景寿现不在京，下星期二返京，诸位最好再来一次为佳，可以直接讨论云云。至此各代表复至烟酒局，局长亦不在京，由汤科长代见，谓本局系奉令执行，商民痛苦虽知，但无法解除，各代表要求代为陈述意见，向财部要求，汤允俟局长返京代达，各代表乃即退出。（华闻社）

（1929 年 5 月 19 日，第 8 版）

嘉定·反对家酿苛捐结果

本邑烟酒公卖支栈，以认额繁重，纷向各乡户苛征家酿酒捐。各村长群起反对，纠纷月余。十九日市行政局开行政会议，提出讨论调解办法，群以家醺酒收捐，本以补助酒捐之不足，烟酒支栈任意苛征，殊属非是。议决函复该支栈，全市总认五百元，如支栈已向各村醺户收过者，开明户名捐数，送交本局，在总数上划扣，余多发还原户，已认定后，支栈毋庸派员下乡，以免骚扰，并呈报县政府备案。兹黄市长已酌定每图缴捐六元，训令各村长，向醺户平均□［分］派。

（1929 年 5 月 22 日，第 9 版）

烟兑业会议烟酒牌照税

沪南烟兑同业公会，昨午三时，开临时会议，到者兼营酱酒同业五十余人，公推张颂吉为临时主席。行礼如仪毕，由主席宣告开会宗旨，略谓：今日为酒业纳烟酒牌照税，亦改为四季征收，而酱酒业曾于十四日邀集同行，在邑庙酒业公所开会，否认四季缴纳，我同业兼营酒类者均已完纳。为特请求本会集议，欲与酒业一致承推，鄙人为主席，不得不将该会消息，报告诸君酒业之议案：（一）请所长暂缓催征；（二）呈请商整会转恳当局，援照旧章征收，并召集酒业各团体开联会议，取决办法；（三）通告同业，暂缓缴纳新税，听候联席会解决云，诸位有何意见，请尽量发表，俾便追随。当由沈本立、柴雅生等相继发言，本会会员，兼营酒业者，应静候酱酒业会议解决，如果酱酒业能仍照旧章，应请所长待遇一律。议决，即派张、沈、柴三君，面谒江苏二区全区烟酒牌照稽征所长杨耀，当蒙所长接见，三代表当陈述同业苦衷，并要求所长与酒业待遇同等。杨所长答云：烟酒本属同类消耗，自应一律，惟部订税额，总计素以酒重烟轻，故上年先增烟而后增酒，以示平均。本届改为四季征收，决不再致变更，且酒业缴税已十居七八，并希转知贵同业，从此对于烟酒两业之待遇，应不分歧。各代表遂兴辞回会报告毕，至七时散会。

（1929 年 7 月 17 日，第 14 版）

江阴·烟酒商呈控非法稽征

江阴烟酒稽征分所主任高云程，现因非法征收，被酒商万新、德余、恒泰祥、同和、森昌、陈协升等号，以高凡经过酒类、恐产地报税不足（产地每担纳税七角五分），稽查后，在黄田港照票时，不论已未完足，每担须征费一角二分，再加教育费一成，印照费每船二元，不分大小船只，收开河费一角一分（照例大船一角、小船五分）。复在泗河云亭设立巡船，如经过酒船，均照上例收费，后又须收照票费二角。种种苛细横征，实属病商，向县党部及财厅呼吁，要求将高云程撤换而恤商艰，未知能照准否。

（1929 年 12 月 4 日，第 9 版）

沪南烟兑同业定期开会

沪南烟兑同业公会，迭据同业报告，时被洋土广杂货税□所稽查，在途扣留洋烛肥皂，非法勒罚，请求转呈上级，会［曾］电中央政府财政部，请予迅即查办撤消，以苏商困。又奉江苏第二区全区烟酒牌照税稽所公函内开：准上宝印花税局函，依照部订烟酒牌照章程应贴印花，请转知该业商人，自行实贴。继接商整会两次来函，略开：（一）已准登记给予登记证者，应有请求代达保障之责。既享权利，应尽纳费之义务、规定本会担任丙等。（二）奉市社会局函，准工商部令，本市农工商业团体，如未经注册者，务须依照暂行规则备具手续，呈请本局注册备案后，方得保障，俾安生业。（三）职工会来函，据各工友催促调查职工待遇条件，准贵会函请停止，在此新旧年关，转瞬将届告竣。但组织评价委员会，应由资方主动，愿当协助进行，互相联合，华租界一致办理，共谋维持劳资生活，以安社会幸福。该会据此，事关重要，即通告各会员，定一月十五日下午一时，集议解决云。

（1930 年 1 月 13 日，第 14 版）

土黄酒作同业公会成立

本市敦原堂酒业公所，自奉商整会令改为土黄酒作同业公会，即积极进行。昨日在会所内举行改组成立大会，到市党部代表朱亚揆、社会局代表盛俊才、商整会代表孙鸣岐。当场选出郑文远、方忠恒等七人为执行委员，即席宣誓就职。

（1930 年 6 月 16 日，第 16 版）

烟兑同业公会昨开执委会*

烟兑同业公会，昨日举行第十三次执行委员会，到委员十余人。开会如仪，主席报告办理各项经过情形毕，次讨论各项如下：（一）市商会来函，核准本会填报资本总额，嘱为照章遵缴会费，以便给发证明尽案。决议：本会定于限期内照缴。（二）市商会□［检］送，同业公会分办事处，组织简则，经已呈奉市社会局核准，函请查照案。决议：应由秘书处，分函南北市同业查照办理。（三）近因洋价日跌，市面紊乱，前订同业价目单，亟应重行议订案。决议：由秘书处通告，定本月十一日召开评价委员会评议。（四）烟酒牌照稽征处带征南北市同业关税库券百分之八，办理已久，应行查对征收数价案。决议：应请南北市经办人员，径向该所各自查封，报会核夺。（五）国历年终转瞬将届，业奉政府一再明令，遵照实行案。决议：由本会切实通告各同业，一体遵行，并于价目单内摘要说明利害，以免仍效旧习。（六）南市各同业提议，报载四中全会决议，民国二十年一月一日，实行裁厘，改办营业税，以轻商民负担，行将届期，对于同业迭遭类似营业税之牌照公卖费，重征扰累痛苦，实属不堪已极，应如何议请当局撤消案。决议：应先会同北市同业，妥具详细理由书，再行议定进行办法。余略。

（1930 年 12 月 10 日，第 16 版）

烟兑业议请撤消烟酒牌照及公卖

华界各区烟兑商店，类多贩买烟酒杂货，鉴于烟酒二项税费重征而苛扰，为特集议公决，拟具意见，递交执委会，并征求酱酒号同业公会联名声请撤消，照录如下：

（一）致烟兑同业公会执委会函云：敬启者：近阅报载，四中全会议决，于民国二十年一月一日，实行裁厘，改办营业等项新税，减轻商人担负。法良意美，同深欣幸，惟是新税成立，旧有类似之者，当然淘汰，庶不致重苦吾商。其类似营业税者，厥有二项，一为烟酒公卖，一为烟酒牌照。谨将其重征扰累之情形，缕述于后，祈鉴及之。查烟酒商人，贩运之永旱烟，以及土、黄、白、绍酒等类，各于出产之地，均已分别纳税。商人贩运来店，售卖另须缴纳公卖，否则即须多倍处罚，此为重征明证，商人疾首痛心，相率敢怒而不敢言。且公卖名称，即营业之意义，至如牌照一项，其扰累为尤甚。

（甲）商人新设一肆至所领照，定章毫无使费，该所例须加收一元二角，美其名曰申请注册费。宝山分征所，则变本加厉，遇有商人，兼营烟酒二项，报领牌照，各加一元二角。

（乙）逾期加收催征费（即督促费），章定烟类零甲种八角、零乙种六角、零丙种四角、零丁种二角。酒类情形相同，是自逾期之日起（即一四七十等月之十一日），至终了之日止（即三六九十二等月之末日），照章除纳正项之外，加收前款，以示惩儆。而该所擅自添入（按月递加）之四字，即可于每期之首月，逾限加收一成，次月加收二成，末月加收三成，前项收入之款，纯为包商中饱。

上所述之二端，遇有大商明了税章者，该所即予通融，免收各费。其对于小商无知识者，加以恐吓，非达其婪索之目的不休，积威之下，无可告诉。此外，尚有征收人员在外私收小费、不令捐照，及徇私包庇、抗不领照等事，以致奸商充斥，市价紊乱。大商正当营业转受其困，且核诸该所，历来填给烟酒两商代牌照，而用之收据上，载有“俟调查营业与税额相符，准予倒换牌照”一语，确已证明牌照税之为营业税矣。故改办营业税，对于前列二税，予以裁撤，以征实惠，而免苛累。愚见所及，合行缕陈，函请贵会查照，希将此项意见，致函市商会转呈财政部核准施行，实为烟酒两业全体之幸云云。

又酱酒号同业公会函云：径启者：敝业以报载四中全会议决，定期二十年一月一日实行裁厘，改办营业等新税，而对于类似之者，自应请求裁撤，以免苛累。昨特觉具意见书函送敝会执委会，请其核议转函市商会，核呈当局，兹将书稿抄录，送请车裁主稿，通知敝会联衔上呈，以收共同奋斗之效。仍盼见复是荷。此致上海市酱酒号同业公会主席张大连先生。上海市烟兑同业公会沪南办事处启。

（1930 年 12 月 11 日，第 14 版）

烟酒公卖牌照之意见

本市酱酒号同业公会，关于提议撤消烟酒公卖费及牌照税之意见，昨复烟兑同业公会沪南办事处函云：径复者：接奉贵会公函，并附稿件，内开：关于四中全会议定，裁厘后改办营业新税类似之烟酒公卖，及烟酒牌照等税，概应免征，而符一物一税制度，所指弊窦，均中肯要。敝会于十四日会员大会，提出讨论，佥谓此事关系重大，断非一纸空文所能见效，当经议决意见数则，抄奉贵会，至希察核，一得之见是否可行，尚祈赐教为幸。

此复上海市烟兑同业公会沪南办事处、上海市酱酒号同业公会主席委员张大连，抄录议案如下：（一）先从上海烟酒有关各业征求同意，联络进行（除贵会与敝会外，如水烟业、掷卷烟厂业、烧酒业、地黄酒业、酱园业、绍酒业等）。（二）上列团体意见一致后，即用上列各团体名义，通函各省各县烟酒业团体，联络声援，以厚实力。（三）至必要时，召集全国烟酒商开一会议，推出代表，非达目的不止云。

（1930 年 12 月 17 日，第 14 版）

烟酒牌照税所对于库收之声明

——函复烟兑同业公会

江苏二区全烟酒牌照税稽征所，昨复本市烟兑同业公会函云：径复者：顷准贵会函开：近据多数会员来报告，冬季捐领牌照，带征百分之八关税短期库券，前经贵会商得税所同意，由会代收汇总，换领正式库券，按段分派，敝号等已将所领库收交存贵会。乃近有税所征收员来号声称，此项库收换领春季牌照时，可以缴还所中，十足抵数，为特报告，请予发还，以便到期应用，等情前来。据此，查此案前经敝会与贵所接洽妥协，现在各该会员所报是否属实，相应专函奉询，希即查照，克日见复，以释群疑而免误会，是所至盼，等由准此。查敝所向各商号带征短期库券时，所发库收为数零星，碍难换领正式库券，当由贵会代收汇总换领。早经与贵会协议在案，所称敝所征收员，向各号声称，此项库收换领春季牌照时，可以缴还所中，十足抵数一层。敝所征收员等，从无此项言论之发表，想系贵会员等听闻误会，相应函复，希即查照，转致贵会员等以释疑窦，此复为荷。云云。

（1930 年 12 月 20 日，第 16 版）

沪南烟兑业代表会议

沪南烟兑同业，昨开代表会议。由裘唐林主席报告开会宗旨，略谓：沪南北及租界三同业团体，奉商整会函令合并，改组为上海特别市烟兑同业公会，业已接到图记一颗，文曰上海特别市烟兑业团体整理委员会，应即召集选定之整理委员十五人，议订日期，俾便努力一致，开始整理工作，冀图成立，协谋公众福利，诸位如有高见，请即提出公决。次由书记报告提案：（一）夏季烟酒牌照税费，限缴将届满期，查征收处未经登报通告，尤恐同业忘却逾期。议决：通告同业，于四月十日内自投该所缴纳，以免增督促费负担。（二）商整会函催缴纳总理铜像费，查本会负债累累，在此合并改组时期，难以劝募。议决：据情函复。（三）整委会启用印信，及负责各项保管事宜，议决定本星期五，通告全体整委，于是日下午二时至劳合路会所集议公决，以便着手整现。议毕散会。

（1930 年 4 月 8 日，第 16 版）

酒菜馆同业公会昨开执委会*

酒菜馆同业公会，昨日下午二时，开第十一次执委会，主席程克藩。开会如仪，报告来函毕，讨论事项：（甲）市商会来函：奉行同业公会之业规，拟请社会局备案。核准已未入会之同业，一律遵守案。议决：照办。（乙）市党部训令民众团体，应举行统计例表呈报案。议决：照办。（丙）自成立会起，将往来文件及账略、造册报告各会员案。议决：付印，一俟印就，分送各会员查照。（丁）张一□常委辞职，于第八次议决，准予辞职，应照补案。议决推黄翰良充常务委员，致函该委员查照。（戊）从略。散会。

（1931 年 1 月 12 日，第 14 版）

绍酒同业公会昨开会员代表大会*

绍酒同业公会五日下午一时，开第二次会员代表大会，出席者七十余人，主席丁锦生。全体行礼如仪，主席恭读总理遗嘱及报告开会宗旨并会务经过情形，市商会金代表训词及演说，与报告提案：（一）本会经常等费不裕暂由执委十人负担垫用。议决：预算目前需要一百六十五元，一律签字认定，通过。（二）征求会员入会，交常务委员办理之。（三）会务渐多，常务委员每日值日到会办事。议决：通过。（四）抗缴月捐，提出警告，嗣后再若延宕，呈请上级，按纪律处分。议决：通过。（五）关于行规，已由文书科拟定草搞十二条，交常务委员会审查，印发全市，征求会员意见。议决：通过。散会，七时矣。

（1931 年 1 月 12 日，第 14 版）

烟酒业今日开联席会议

本市烟兑同业公会、酱酒号同业公会，依据上年国民政府四中全会议决裁厘，改办营业新税，将类似之苛税杂捐，一律废除，以示体恤商民，改轻负担，而维营业生计。兹查该业于清末帝制时，始行征收烟酒牌照及公卖等费税，由包商承办，勒令缴纳，苛扰重征，垄断中饱，幸此党治之下，待遇得予平等。该业代表张颂吉、程耕历二君，作首度之进行。今日下午二时，召集双方执委讨论妥善办法，以求于税于商，两获裨益云。

（1931 年 1 月 18 日，第 16 版）

酒菜馆业同业公会开会纪

酒菜馆业同业公会，一月二十五日开第十二次执委会，主席程克藩。开会如仪，报告来函毕，讨论事项：（一）市商会来函：同业公会加入商会为会员，应缴会费。商会法之规定，以资本总额为标准案。议决：函催各会员，即日报告资本额，到会办理。（二）市商会来函：实业部奉令，颁发商标法，依据本法制定施行细则四十条案。议决：存查。（三）市商会来函：本会会员证书，俟报告公会资本总额后，方可发给案。议决：即日缴纳会费。（四）市商会颁下经收营业税办法大纲案。议决：存查。（五）市商会来函，检定度量衡，推行制造案。议决：存查。（六）黄翰良委员来函：再辞常委职案。议决，照准。（七）黄翰良委员来函：拟订办事细则及制备调查表两案，已举黄委员办理，来函推卸等案。议决：仍函请办。（八）李满存来函：坚辞委员之职，并负粤帮缴费之责案。议决：挽留。（九）粤菜酒楼茶点工会来函：国历休假五天，除二天休假不计，已经同意发给三天双工案。议决：通告粤帮各会员查照。（十）杏华楼菜馆来函：为解雇店员，发生纠纷，要求呈请援助案。议决：依据请求转呈社会局鉴核。余从略。六时散会。

（1931 年 1 月 27 日，第 14 版）

绍酒同业公会昨开常会*

绍酒同业公会，七日上午十时，开第四次常会，全体执委一律出席，主席丁锦生。行礼如仪，主席报告上次议案：（一）工作报告。关于抗交月捐各号，由主席提出具体相当办法。（二）社会局立案表手续完毕，市党部立案表格，及会员名册，星期二呈送。（三）提案、行规规则，请各执委参加意见后，嗣下次会议，集中改正，备呈党政机关，及市商会备案。（四）经费不敷开支，因各执委见嘀丁锦生同志，关于十年增加征收项下拨助二百元，及曹家渡征收项下拨助一百元，以度目前开支，议决。（五）关于本公会房屋，向土地局呈报一切手续，推王品三同志负责办理。（六）市商会来通令二号第二五四、二五五号通过。一时散会。

（1931 年 2 月 9 日，第 12 版）

各业请免除或减轻营业税·酒业

酒业为营业税事，昨由众酒行同业公会呈财政部、江苏财政厅、上海市政府，并函本市各业公会研究税则委员会，略谓：近阅报载，江苏省颁布之暂行营业税章程，有槽坊一业，征千份之十之规定。所谓槽坊业者，是否即指酿酒坊家而言，或系专售油酱酒类之店铺，俗亦指为槽坊者。然以上两种商店，均已由中央征收烟酒营业牌照税，且酒行素不酿造，全特坊家运来，转售与零沽铺户。乃专售油酱酒类之商店是同□货，已纳中央三次之牌照税矣。若再将槽坊业列入地方营业税范围之内，是不啻迭床架屋，重复征收，实与部纲大相抵触，而商家层层□［担］负，力有不逮，国产酒类，恐亦将大受影响，殊非先总理注重民生之至意也。事关酒商生计，为特呈请将苏省营业税所列之槽坊一业，纠正摘除，并请于订本市营业税时，对于槽坊一业，免予列入，以免重径，而维部章。

（1931 年 2 月 12 日，第 9 版）

绍酒业同业公会会议纪*

绍酒业同业公会，昨日上午十时，在本公会聚餐会，出席会员九十六人，在未聚餐之前，由丁锦生发表，公会应有两事，须先行开会讨论。于十时正式开会，主席丁锦生。行礼如仪，指导吴国昌律师。（一）关于同业公会应办行规，为行规细则二十三条，由第二次会员大会审查，交执行委员会□［转］送市商会修改在案，宜先行推举行规委员，当时推定薛德意、陆松高、郑和春、傅永春、孙光奎五人为规行委员，一致议决，通过。（二）本公会拟将每年聚餐节省两次，备西药，并请义务中医潘子伯、德医王国瑛负责办理本会义务医生，并送诊给药，不日由执行委员会提出具体办法，立即开诊。议毕散会。

（1931 年 2 月 26 日，第 14 版）

上海市汾酒业同业公会通告

本会前经呈准党政机关许可设立，并奉令组织备会，限期组织成立。现筹备事宜业已就绪，谨定于三月八日下午一时，假天后宫桥市商会开成立大会，除将大会日期呈报市党部及社会局外，凡我会员，务须于是日准时到会为要，特此通告。

（1931 年 3 月 6 日，第 4 版）

烟酒牌照须贴印花

上海市烟兑同业公会沪南办事处，昨为烟酒牌照仍须贴用印花事，特通告同业各商号云：为通告事。案准江苏二区烟酒牌照税稽征所函知，以烟酒牌照，照章须贴印花，以每元一分计，幸勿规避、漏贴，以符定章而免处罚等由前来合行通告，希各宝号一体知照。凡两种照一张贴印花为二分，依此类推，分别购贴，幸勿玩忽，致被查罚云云。

（1931 年 3 月 7 日，第 16 版）

汾酒同业昨晚欢宴各界

上海市汾酒业同公会定于本月八日开成立大会，在此成立期间，为联络情感，并要求扶助及指导起见，因于昨日下午六时，假四马路同兴楼欢宴各界，席间由会负责人报告该业公会情形，并希望各界时加指导，旋即宾主尽欢而散。

（1931 年 3 月 7 日，第 16 版）

汾酒公会成立大会

上海市汾酒业同业公会于三月八日下午一时，假市商会开成立大会。到市党部、社会局、市商会代表、各界来宾暨会员等共三百余人，由谭炳勋主席领导行礼并致开会词，谢振东报告筹备经过情形，市党部代表致训词，各界来宾演说后，即由主席团提案：一、本会会章，业已草就，除呈请市党部民训会审核外，特提请公决案；二、组织仲裁委员会案；三、会员戴鸿第妨害同业营业，应如何解决，请公决案；四、兴办教育案；五、本会组织分区办事处案；六、厘订行规，矫正营业上之弊害，以期营业发展案。旋即选举职员，由市党部代表朱亚揆监选，结果谢振东、邹玉清、曾翰仙、萧子标、谭炳勋、叶鼎垣、谷秋生、曾广慎、冯国钧、陈馥秋、刘笃文十一人当选为执行委员，次多数廖连生、李泉源、陈厚生、毛绍先、周明俊当选为候补委员，并发成立大会宣言。以时间已晚，即摄影散会。

（1931 年 3 月 10 日，第 11 版）

上海绍酒业同业公会联席会议纪*

上海市绍酒业同业公会，前日下午一时，开第六次执常联席会议，主席丁锦生。行礼如仪，报告上次议案及会务进行讨论：（一）关于二十年春季月捐开始征收案。议决：即日征收。（二）各执委之垫款无着，将前由豫丰泰存中国银行长期四百元之款提出偿还，议决。（三）义务医生案。议决：照行。（四）本公会执照，拟改最近新式案。议决：照办。（五）纳税华人会函照推举代表二人，当推定高长兴、陈锦云、言茂源、丁锦生为代表。（六）薛德意同志报告，各号调查情形，及和茂生为人会经过事实。（七）公记价目不一，派薛德意办理。以上七件，一致通过，议毕散会。

（1931 年 3 月 23 日，第 11 版）

烟酒两业代表会议纪

——讨论烟酒牌照税问题

华界烟酒两业商人，前为牌照税务，向由业外人承办，完全为营利性质，逐年增加比额，垄断操纵，剥削同业，历受痛苦。该业两会迭次召集联席会议，已于昨日下午二时假宁波路三五七号烟兑同业公会，举行烟酒两业全体代表会。计到酱酒业四十余人，烟兑业三十余人，征雅堂代表朱似荣等七十余人。公推陈良玉主席，报告经过情形，经众讨论，公决：先行函请市商会援助，并推定程耕历、范东生、陈蔚文、张葆康、陈良玉、沈维挺、钱文达、王成栋八代表持函同赴市商会，照发并议决重要两案：（一）该税准由两业请求会，请求市商会据情转电财部及烟酒处局，业经公开认办，以免操纵；（二）该税如果仍由包商承办，两业另订办法，誓不承认。一致通过，议至六时散会。

（1931 年 4 月 1 日，第 11 版）

烟酒业请愿公认牌照税之部批

本市酱酒烟兑两同业公会，前据该两业各会员要求同业，担任公开认办江苏二区烟酒牌照税，以免业外垄断，解除两业痛苦。早经该两业推出代表张大连、陈蔚文、程耕历、范东生、□德宝、沈维亚、陈良玉、沈维挺、沈其祥、钱文达、裘唐林、滕致祥等分呈财政部及印花烟酒税局，共同请愿，兹已奉到财政部印字第一二三零六号，批示呈悉，已令行江苏印花烟酒税务局查核办理矣。

（1931 年 4 月 3 日，第 10 版）

烟酒两业将开大会

酱酒烟兑两同业公会，前接各商号函称，江苏二区烟酒牌照税包商，向新开店铺迫缴注册费洋一元二角，（又日声请）每季捐领牌照，如逾期十日须加督促费，每税二元加征二角，（又日催征）再逾十日，按级递加。同业痛深切肤，为特要求开会，集议公开认税办法。现经该两业会议决，已各推代表具文赴京请愿，共同认办，悉遵部订旧例办理，已奉财部批示。该两业会于昨日下午二时，在宁波路开代表联席会议，到有张大连、陈蔚文、程耕历、沈维亚、滕致祥、王成栋、杨秉彝、沈维挺、钱文达、裘唐林等甚，众公推陈良玉主席，开会如仪。次报告开会宗旨及经过情形，继讨论各项进行，并定期召集两业全体会员大会，俾得共同承认，解除两业痛苦提议各案，一致通过，散会。

（1931 年 4 月 5 日，第 16 版）

烟酒业续呈认办牌照

本市酱酒烟兑两同业公会，曾经各会员要求公开认办牌照一案，接奉财部批复后，昨又具呈江苏印花烟酒税局关局长文云：呈为奉部批示，恳求钧局矜恤核准，以苏商困而慰众望事。窃属会等前经两业会员等请求公开认办牌照税，曾将历受痛苦情形具呈财部核示，并推派代表赴京向钧局请愿在案。兹于本月二日，奉财政部，印字第一二三零六号□［内］开：呈悉。已令行江苏印花烟酒税局查核办理矣，此批。等因。属会等奉批之下，同深感激，具征财部暨钧局洞悉商情，优加体恤，诚以烟酒牌照税，两业公□认办，极为正当。而对于包商制度，完全营利性质，实为病商政策。兹再续呈缕陈。查烟酒两业商人，设肆营业，照章领取牌照，并无规定使费，而二区烟酒牌照税所，定例加收一元二角，美其名曰申请注册费。他如宝山分所，对于两业兼营之号各加一元二角，此为苛征病商之一；再如逾期纳税，省章按级规定，该所擅自逐月递加，首月则加一、次月则加二、末月则加三，此为苛征病商之二；历届税所，均于每季开征之前先期登报通告，俾众周知，并于照上加盖所址，以便商人依限，赴所纳税，免受加罚痛苦，近今税所开征，既不通告，所址又不注明，致使商人无从探访，欲依限而不能，此为苛征病商之三；此外尚有征收人员，任意婪索，弊窦丛生，小店受害最多，无可伸［申］诉，因之包期将届，两业商人，均要求属会等请愿公开认办，解除痛苦。迭经属会等召集执委会议多次，佥以烟酒牌照税，由两业缴纳，免受业外操纵，决议分呈请愿，将江苏二区、全区烟酒牌照税，按照十九年度之税额，共同认缴。前经代表等面陈各节，蒙钧座采纳刍荛，感涕莫名。兹奉部批前因，理合具文续呈，环［还］请钧局，俯念商艰，迅予核准，以顺舆情，不胜感激待命之至。谨呈。江苏印花烟酒税局局长关。

（1931 年 4 月 10 日，第 10 版）

土黄酒作业工会昨开成立大会*

土黄酒作业工会昨开成立大会。主席王炳奎，初定下午二时。嗣因市代表出席浦东区卷烟业工会指导民选事宜，延至三时三十分开会。主席报告毕，随即选举，结果：王炳查、郁水桥、仇阿亨、胡阿尧、余仁怀当选为理事，施增方、陈宝荣、陈裕怀当选为监事，沈杏金、胡全福当选为候补理事，毛有法当选为候补监事。

（1931 年 4 月 20 日，第 10 版）

绍酒业同业工会会议纪*

绍酒业同业公会，昨日下午开第七次执常会，主席丁锦生。行礼如仪，报告上次议案：（一）提议，市商会通知二十年度会费，由各执委设法筹备；（二）本业行规，由吴律师拟择十四条，通过，缮呈市社会局修核；（三）新会员证，除呈报上级外，按公会纪律照给；（四）牌照税问题，联络其他公会，一致行动；（五）本公会会所，完全办公所用，呈请市商会转财政局，免予房捐案；（六）二十年出席代表，推定唐培荪同志；（七）陕灾急赈募捐，各执委一律负责劝募；（八）本公会领到社会局第六十二号证书，又图记一颗，呈报党政备案；（九）章万润破坏价目数次，不受调解，且不入会，有害同业业务，除呈报上级查彻［彻查］，再行相当对付；（十）转运公司运费顿加，各执委提出不愿，通告全市会员，按照原价给付，否则由本公会提交上级办理。以上十件，一致决议通过，尚有各件，时间关系，不及议决，保留下次再提，七时散会云。

（1931 年 5 月 5 日，第 16 版）

烟酒牌照未贴印花之处罚

——公会请缓执行

本市华界各烟兑商，及酱酒杂货等号，对于烟酒牌照印花，均有漏贴，被局查罚。业由该商等函请两同业公会援助，转恳税局，从宽处理。烟兑业公会，昨由主席陈良玉，并南北两办事处主任钱文达、王成栋，同赴印花税局，面陈漏贴误会情形，要求优予体恤，当荷允准，再付审查。业经该会专函市公安局，暨各区所文云：径启者：案查本届印花税局，派员检查印花，敝业多数会员，以烟酒牌照为税所颁发，盖有部印，系属官物，致生误会，未贴印花，实繁有徒，按照税章，自应处罚。惟是小本营生，觅利微薄，受此巨罚，困苦难堪。业经敝会函请印花税局，优予体恤，从宽处理，已荷鉴纳，再付审查。前有贵区所管辖内被罚之敝业各号，应请贵局长俯念商困，并请转饬各区所暂缓执行，除分函外，合行函达，希即查照是荷。

（1931 年 5 月 10 日，第 15 版）

绍酒业同业公会会议纪*

绍酒业同业公会前日开第八次执常会，主席丁锦生。行礼如仪，报告上次议决案：（一）市商会二十年会费设法解送；（二）市商会代表出席唐培荪按表填送；（三）陕灾急赈，各由执委募捐七十元，不日收齐，汇交市商会，转陕灾赈区；（四）新器度量衡，一律照公例呈请社会局指示方针；（五）新会员证书，推章琴舫同志收发；（六）公会经常费向同业按货征抽，预先向上级备案，提交常务委员办理；（七）公会经济报告，仍照上年征信录；（八）章万润乱业规不服调解，再请市商会核夺；（九）协大月捐手续，应函知照行；（十）废历端节在即，每年旧习，赠送雄黄酒，通告全市会员，一概不得有此，发通告劝告。议决通过，散会。

（1931 年 5 月 27 日，第 12 版）

绍酒业同业公会会议纪*

绍酒业同业公会，六日下午二时，开第九次执常紧急会议，主席丁锦生。行礼如仪，报告上次议案：（一）关于代表大会，暂不决，待下次执常会议决，再定日期；（二）押款甚急，二十年度会费，迄今未纳，照属案议决进行；（三）本年春夏月捐，限月底结束，提交执委会审查，以便编造征信录；（四）大东门金凤祥，自行跌价，且未来会声明，情理不合，由公会函诘，令该号明白答复；（五）通告会员布置转运事；（六）闸口运费俟前途确有把握，再行布告。议毕，散会。

（1931 年 6 月 8 日，第 10 版）

粱烧酒行同业公会昨开执委会*

粱烧酒行同业公会，于昨日下午二时，开全体执委会议，主席黄裕明，开会如仪，由主席报告，旋经议决：（一）烟酒公卖商办应如何表示案。议决：联合土黄酒业登报一致反对外，应揭穿内幕，呈请监察院、财政部、省局控告制止，以维政府明令，实行官办之旨。（二）本市划一度量衡新制日期已迫，本业应如何办理案。议决：即日通告同业，限日报告需要新秤数量，以便汇定。（三）筹募江西急赈案。议决：推黄裕明、贺祥生、张观寿、倪冠周、石友卿、张哲明、朱卿堂分别劝募。（四）本市商会会员大会，即日开会，本会有否提议案。议决：推黄裕明拟定。议毕散会。

（1931 年 6 月 26 日，第 15 版）

上海市粱烧酒行土黄酒业同业公会敬告江苏全省烟酒两业同业公鉴

查苏省烟酒两业公卖，向有同业商人认办，今庚当轴改变政策，实行官办，取消包商。近闻上宝烟酒局长奉委之后，仍与烟酒各商分别接洽，化名混充稽征员，规定比额，缴纳证金，局长坐收其利，并将比额有规定淡旺之说。似此情形，试问是何名义，实令人百思不得其解。本公会等认为，是此不彻底官办，我两业同业万难承认，惟有揭穿内幕，将来尽情向上峰控究撤［彻］查，以维官办之政策，幸两业商人一致进行，不胜翘企之至。

（1931 年 6 月 28 日，第 9 版）

土黄酒业同业公会会议纪*

——联合粱烧同业公会　要求公卖官办

土黄酒业同业公会，为二十年度公卖收归官办事，昨在邑庙豫园开全体大会。公推郑久远主席，当由主席报告，闻上宝烟酒局长自委任以来四出招徕，上海市所有稽征所，仍由商人包揽，规定比额，缴纳证金，明为收归官办，实则仍是包商。当经一致议决，联合粱烧同业公会，登报否认，若不实行官办，将来揭穿内幕，尽情向上峰控诉云。

（1931 年 6 月 28 日，第 20 版）

绍酒业同业公会会议纪*

绍酒业公会，昨开第十次执常会，主席丁锦生，讨论各案：（一）二十年市商会会费，由公会月捐项下拨交，不足由主席负责，向押款内动支，财政部廿年关税短期库券，公会无力承认照复。（三）新制度量衡，因检定所未曾准备此种倡提，由公会托孙光□同志，着锡工在五日内，来会估议价目成立后，着该锡工至检定所登记，提分以一两、二两、四两、半斤四种，照新度分合算。（五）公实事尚在考虑未决。（六）闸北转运加价一节，是日该通达昌代表徐梅生、联泰代表王联奎列席，讨论酌加，以解会员负担，经核二代表签字。（七）公会量契，在碑记下取出，呈请土地局掉换新契。

（1931 年 6 月 30 日，第 14 版）

粱烧酒行业存照发生问题

——公卖局代表无确实答复　将呈请各机关请求救济

上海市粱烧酒行同业公会，因上宝烟酒公卖分局，对于各行存酒印照未能照章发给，特于昨日下午二时，召集全体会员，开紧急会议。到该会会员三十余人，上宝烟酒公卖分局代表周朝璋、方琴伯，主席贺祥生，开会如仪。由主席报告开会宗旨，略谓：自上宝烟酒公卖分局开办迄今已有四日，各行具领存酒印照，局方未能遵章发给。今日上宝烟酒公卖分局代表出席本会会员大会，应请出席代表予以解说，以释群疑。继由局方代表周朝璋发言，略云：局方不发各行存酒印照原因，由于前二区白酒公卖稽征所，未曾办理移交，故无从根据发给印照。次由张观寿、朱卿堂、贺祥生相继发言，略云：上宝烟酒公卖分局与二区白酒公卖费稽征所，同为国家征税机关，商人前在二区白酒公卖费稽征所所纳之公费，当然有效，国家机关，无中断之理，一方既已开办，一方当然业已移交，存酒印照，局方违章不发，商家因之停业，损失实大。次由局方代表方琴伯发言，略云：关于存酒印照事，应由局方与行方催前任移交，以便有所根据。由贺祥生、朱卿堂答复云：关于移交问题，系局方与所方责任问题，商人无权干涉，至稽征所何日移交，更非商人所知，请局方即日派人调查各行存货，发给印照，否者，商人停业，损失太大，只有登报声明，呈请救济，至此局方代表声明退席。乃开始讨论：（一）上宝烟酒公卖分局，不发存货印照，该局代表，久无确实答复，妨碍营业，有违定章，应如何办理案。议决：甲、呈请国民政府、财政部、省局请求救济；乙、致函该所交涉；丙、登报声明根据定章，说明本会主张。（二）报载福记酒坊等，记明士黄酒公卖价格数目，恐后任仍有浮收等情，本会应否有所表示案。议决：登报声明，如有变更向章，本会当坚决反对。（三）同德永酒行代表徐庆荣来函，将牌号移转与李广珍，并加惠记，请求登记案。议决：该号欠费，如数缴纳后，予以登记。议毕散会。

（1931 年 7 月 6 日，第 11 版）

梁烧酒行业反对烟酒公卖包酒

——尊重中央决议　反对包商

上海市梁烧酒行业同业公会，因上宝烟酒公卖分局局长汪璧，招商包办白酒公卖费稽征事宜，并擅自增加公卖价格，特于昨日下午二时召集全体会员讨论救济办法。到该会会员卅余人，主席黄裕明。开会如仪，由主席报告开会宗旨，略谓：苏省烟酒公卖自民四以来，乡间由各同业商人认办，本年政府遵奉决议，并为剔除中饱、整顿税政起见，一律改归官办。乃上宝烟酒分局局长汪璧，自到任以来，即招商包办各稽征所，本业白酒稽征所，自商人吴钧包办后，即将公卖价格增为八元，高粱酒类费，一律照原价加二成五。为特召集同业，共同讨论办法。次由石友卿、张观寿、朱卿堂等相继发言，略谓：政府明令官办，上宝烟酒局局长，乃招商包办，掊克税收，非青天白日旗下官吏所应为，吴钧于白酒公卖价格六元五角时，预算包办，今无故增为八元。本市向用磅秤，与各地估量不同，商人吃亏不少，擅自增加公卖价格，以肥包商。本业为尊重中央决议案起见，反对包商，继即议决：（一）上宝烟酒公卖分局，违法招商包办稽征所，本会应登报宣传真相，呈请主管机关反对案；（二）略；（三）邵维高冒充白酒稽征所稽查员，滥拘同信昌酒行担酒，呈请市公安局请求彻查严办案；（四）通过本会会议规则办事细则案。议毕散会。

（1931 年 7 月 12 日，第 14 版）

酱酒号业同业公会会议纪*

酱酒号业同业公会十二日在城内酒业公所举行常年大会，到会员三百余人，张大连、范东生等被推为主席团，顾聚初纪录，上级到社会局、市党部、市商会各委员指导。行礼如仪，主席报告毕，开始讨论：（一）推行度量衡新器案。议决：各种吊提由会雇匠制造，申请检定所核准，转发各同业，各种秤类，亦由公会转定发给。（二）全市新器划一后，应由公会评定各货价目案。议决：推定范东生等十五人为定价委员。（三）烟酒牌照税，由会承办案，全场一致承认，如有亏蚀，甘愿按照分摊。（四）讨论营业税办法案。议决：先由各同业填表到会，以便转报。（五）业规修正，提交大会通过案。议决：通过。（六）会务紧张，应否分设办事处案。议决：设闸北、虹口、浦东三办事处，推定范东生、陈锡康、沈锦标为该三办事处主任。（七）执行委员缺额，应否补选案。议决：以次多数递补，并征求会员等各要案。议毕散会。

（1931 年 7 月 14 日，第 16 版）

绍酒业同业公会会议纪*

绍酒业同业公会昨开第十一次执常会，主席丁锦生。行礼如仪，报告上次议决案，提案：（一）新制锡提，函请市商会王委员，请转饬各节；（二）公卖税额事，保留，待下次会议再决；（三）唐委员培荪继续震豫绍酒有限公司；（四）苏庄绍酒每坛提一分，归丁主席负责承认；（五）闸口转运认提公费事，陶惠三同志负责催交，手续由公会向党政机关备案；（六）王厚德请假一月，假期内由顾仁夫同志代理；（七）大神会照办，发通告；（八）会计股报告账目，二十年度征信录付印；（九）牌照税绩期进行，关于牌照同样行业，连日互相接洽。以上九件，一致通过，散会。

（1931 年 7 月 14 日，第 16 版）

西烟、汾酒、梁烧酒、土黄酒、皮丝烟同业公会为牌照事敬告上海宝山烟酒两业同业注意

上宝两县烟酒牌照税向由包商认办，前经烟兑、酱酒两公会呈请，取消包商等情，已蒙上峰准许，故将二十年度烟酒公卖及牌照税一律收归官办，并为取消认商中饱起见，公卖及牌照税照原额均稍增加，此乃化私为公之意，故对于各商店征收不得有所变更。今牌照税稽征分局，将上宝二县牌照税已准由烟兑、酱酒二公会联合包办，并扬言照原税额附增二成云云。查该两公会前为包商制呈请起消，今竟甘冒不韪，自作包商，操纵认办，不但自相矛盾，且违背上峰收回官办之意旨，至私行增加二成，有违法令。上峰增加比额，系取消包商中饱，并发给分局开支，故不得加诸商店，题目固须认清，切弗为浮言所蒙。凡我同业应纳秋季牌照税，如依旧额征收，自当照纳，如欲增加二成，只得暂缓纳税，盖国税固不容违抗，而非法增加，亦法令所不许，只有联合各同业公会，呈请上峰解释，再为遵纳，俾免受欺，幸各注意。再者兹闻该两公会承包上宝牌照税之上海支所，对于前往领照者不给正式牌照，而予以私印之收据，以为规避呈缴存根之狡计，且一律浮收二成，收据上并不载明字样，如此违法妄为，从中

舞弊，显然可见，愿我同业万勿受其愚弄，以免意外损失。

（1931 年 7 月 18 日，第 7 版）

镇江·牌照税加增反响

本邑烟酒牌照税取消包制，改为官办，税额未减，反较前增加。烟业同业公会，前已发出通告，停止缴税。酒酱业同业公会，昨亦派员与该税所交涉，在未确定以前，亦暂停纳税。

（1931 年 7 月 16 日，第 10 版）

镇江·烟酒商反对苛征

镇江烟酒商民因烟酒牌照税稽征所苛征扰民，特于昨日下午三时，在县党部大礼堂开全体会议，到有四百余人，王兆如主席，议决四案如下：（一）大小烟酒商公推常委三人，向烟酒税直接交涉；（二）一致主张，照旧纳税，尚可勉强承认；（三）倘交涉不能圆满，再召集第二次大会；（四）各烟酒商门首，均贴静候公会解决字条，以示一致。

（1931 年 7 月 18 日，第 11 版）

烟酒业反对包税会议

——议决二项

本市梁烧酒业、绍酒业、土黄酒业、皮丝烟业、汾酒业、酱园业、西烟业、烟叶业、旱烟业等公会，为烟酒牌照税认商包办及私行增税，违背上令，苛扰商民，于昨日（十九日）在西门方斜路吉平里汾酒业同业公会内，续开紧急会议，议决：（一）由各公会联衔，请市商会转呈省局，取消认商包办制及私增；（二）由各公会通告各会员，将牌照交会汇总完纳，并推定由汾酒业公会起草领衔，由各公会互选职员一人，共同负责进行，以一行动，不达取消目的不止云。

（1931 年 7 月 20 日，第 12 版）

首都纪闻

【上略】

〔南京〕沪市酿酒业同业公会呈财部，请免征国货酒类牌照公卖等税，以杜洋酒侵入，部令批驳不准，并令苏印花烟酒税局照章办理。（五日专电）

【下略】

（1931 年 8 月 6 日，第 8 版）

酱酒号业检查日货

酱酒号业同业公会，二十七日午后三时，召集重要会议，议决各案：（一）对日经济绝交，工作紧张，应速进行案。议决组织检查日货委员会，推定沈锦标、诸德宝、陈锡康、张继昌、张肇康、胡德林六委员，担任检查日货，注意品目如下：（甲）酒精；（二［乙］）酱色；（丙）洋瓶。（丁［二］）组织救国义勇军案。议决：先征求南北二队，每队以五十人为额，闸北由张大连君担任义务训练，南市教练员设法聘请。（三）由会印发标语传单，唤起同业尽力救国案。议决：通过。（四）报告募得水灾赈捐总数，截至本月二十七日止，共计洋四千二百零五元八角，刻正赶办结束，俾将款解交水灾委员会，以应急需。（五）祥和号挟嫌开除店员案。议决：呈请社会局，要求复职。等各案而散。

（1931 年 9 月 29 日，第 11 版）

汾酒业公会议案

汾酒业同公会昨召开救国紧急会议，谢振东主席，一致议决，即日成立检查日货委员会，推邹玉清、萧子标、刘笃云、李泉源、冯国钧、沈桂乔、周胡俊、杨翘生、廖连生、苏炳臣、陈馥秋为委员。

（1931 年 10 月 6 日，第 13 版）

粱烧业同业公会昨开会员大会*

粱烧酒行业同业公会，于昨日下午召集同业，举行会员大会，出席会员黄裕明、贺祥生、张观寿、倪仰周、石友卿、张哲明、席葆初等三十余人，主席黄裕明。开会如仪，由主席报告本会办理救国义勇军原因，及本业各行职员，已分别加入义勇军市保卫团经过后，即开始讨论，议决事项：（一）发给各会员会员证书案。议决：通过。（二）烟酒公卖局嘱转致各会员登记案。议决：由公会向会员同行调查填报。（三）土黄酒公卖费增加价格案。议决：通知各会员，应仍照向章一角六分、三角二分，缴纳公卖费。议毕散会。

（1931 年 11 月 7 日，第 16 版）

酒菜馆业同业公会常会纪*

酒菜馆业同业公会四日下午三时，召集第十九次常会，主席程克藩。讨论事项：（一）市商会协收代缴营业税办事处来函，为营业税填报表展缓已满，来员接洽催报案。议决：再行通告各会员与非会员，从速填报，一致遵办。（二）抗日救国会来函，为复本会检查组成立并施行检查案。议决：已交检查组办理，分别检查，售余之日货，所余封存，听候处置。（三）抗日救国会来函，为仇货样品标明以免混用案。议决：通告会员。（四）本会总务科请假两星期，暂由邵在杭、张绍平代办。（五）拥护统一和平会议，对内屏除私见，一致实行，共御外侮案。议决：通过。余略。六时散会云。

（1931 年 11 月 7 日，第 16 版）

汾酒业反对加成稽征

汾酒业商人，以烟酒牌照稽征支所，本期换照，意欲额外增加两成，该商受此压迫，奔走呼号，请求该公会据情交涉。闻已迭请市商会转函该局，迅饬上海支所，照旧征收，与宝山县一律办理，毋得两歧，静候明白答复云云。

（1931 年 11 月 17 日，第 16 版）

绍酒业同业公会昨开会员代表大会*

绍酒业同业公会昨日下午二时召集第三次会员代表大会，会员出席者六十五人，主席丁锦生。提案：（一）征求会员加入公会案；（二）业规经社会局修正，拟推定调查员，当推定十一人潘阳生、王宗灿、钟高升、周纪生、薛得意、方长生、柳炳生、沈信渔、胡顺茂、单少亭、余福安为业规调查员，当日未及就职；（三）公会经常费，于二十年七月一日，免征月捐，由稽征支所，在公卖项下，每坛抽一分，拨交公会，以作经常费；（四）救国基金设法募集案，除当时由各会员承认外，请各执委向各号劝储，以待急用；（五）关于闸口转运绍酒来沪，提加运费案，议交执行委员会讨论酌量办理；（六）义勇军俟人数充足后，再行议举。以上一致通过，议毕散会。

（1931 年 11 月 25 日，第 16 版）

如皋·乡民反对酒捐风潮

掘港西乡乡民，近因反对陈金山征收家酿酒捐，贴出传单，鸣锣聚众，约定二十四日齐赴茶庵庙焚香立誓，一致拒绝征收酒捐。事为该乡乡长查出，据情报告毛区长核办。毛区长据报后，以值冬防时期，鸣锣聚众，殊属非法，乃将为首之卢旺带所，以备开导，免生事端。不料至二十四日午后，西乡乡民集合数百人，涌至区公所，将议场座位及窗格玻璃捣毁大半，并殴□团□两名，公安分局殷局长带队前往维持秩序时，头部亦被扁担打肿，幸经殷局长及区公所职员婉言开导，乡民始云（放）回卢旺而散，现区公所正侦查首举者，以备呈县法办。

（1931 年 12 月 1 日，第 10 版）

绍酒业同业公会会议纪*

绍酒业同业公会，昨开第二十次执常业规调查员联席会议，主席丁锦生。行礼如仪，提案：（一）社会局核准业规十一条，《申》、《新》、《民》轮登封面广告三天，由丁主席负责办理；（二）业规调查员证书就职后再发；（三）闸口运费案，今年内召集该公司交涉清楚案；（四）公会经济，每次开会，将账公开算核，支配领取，财务委员照旧；（五）业规主任选王聘三同志负责办理；（六）财政部颁发江苏省烟酒商登记，克日通告，全市会员据实呈报。以上六件，一致议决通过。

（1931 年 12 月 18 日，第 12 版）

上海市绍酒业同业公会业规施行通告

本公会呈请社会局核办业规十一条，于二十年十二月三日，奉社会局第一六三五四号批令：呈件均悉。据送业规准予备案，除转呈实业部、市政府，函知市党部、市公安局、各法院暨登载上海市政府公报外，仰将前项业规，轮流登报，《民国日报》、《新闻报》、《申报》各三天，并印发同业一体遵照。

（业规）

（一）本业规由上海市绍酒业同业公会订定之。

（二）本业规凡属本市同业一致遵守，无论会员或非会员，如有破坏者，即行呈请官署从重究办。

（三）同业须遵照本市工商业登记规则之规定，于开始交易前，径呈社会局登记。

（四）同业售酒价目，每年据春秋二季，由本公会议上呈社会局后刊印价目单，加盖本会图记，发给各同业，实贴店内，遵照出售，不得增减前项议定价目。实行日期：春季三月一日为始，秋季九月一日为始。同业不得提早展迟。

（五）同业中如有（1）新开张，（2）地址迁移，（3）更换牌记，（4）成立纪念等情之一者，得举行减价赠品以及其他类似事宜三天至七天，但须将起讫日期于事前三日内通知本会。如遇特殊情形，得于事前备具理由，申请本会妥筹补救办法，或径呈社会局核准之。

（六）同业酒提须用本市规定之量器，所有放账不得折扣。

（七）同业如有远背业规者，按照左［下］列规定呈请社会局核断后再予执行：

（1）初犯者警告，（2）再犯者处十元以下之罚金，（3）三犯者处五十元以下之罚金，（4）四犯者处百元以下之罚金，（5）屡戒不悛者另议处置办法。

（八）同业如发觉他同业有违规情事，应负立即报告本会之实。

（九）收得罚款除提给原报告人三成酬劳外，除由主管理官署指定用途。

（十）本业规遇有事实上发生窒碍时，本会得呈现请修改或径由社会局令饬修改之。

（十一）本业规自呈现奉上海市社会局核准之日施行之，一为本公会除经第三次会员代表大会推举各区调查员负责，倘有偏远一时不及调查者，凡同业会员亦当有据实报告，各会员或非会员有意破坏者，一律照罚不贷。切切！此布。

绍酒公会启。

（1931 年 12 月 21 日，第 4 版）

造酒业职业工会召集组长会议*

二十四日召集组长会议，主席王炳奎。行礼如仪，讨论事项：（一）组织维持会务委员案。议决：推吴阿棠、何阿裕、毛干根、孙贤庆、陈阿顺、韩裕庆、岑奎元七人为维持委员。（二）取缔非会员案。议决：期限一月一日，非会员须一律入会。（三）高、韩二人退会案。议决：函资方停止工作。（四）各会员所欠会费案。议决：限一月八日以前缴清。（五）要求资方年终应给工友双俸案。议决：函资方照给。（六）维持委员会会议案。议决：每星期四、星期日召集之。

（1931 年 12 月 25 日，第 10 版）

无锡·吊酒征税农户请愿

县属第十三区（即新安乡）华大房庄一带农户，平日将泥酒烂麦、酿造酒类，充作饷猪原料，酒类牌照税局向不征税。最近，烟酒牌照税征收处主任宝鲁沂，在华大庄设立支所，向农户收取吊酒税，但与税章不合。前日该处农户七百余人，手执旗帜，出发游行，向第十三区公所请愿，由区长朱正心接见，代表等提出四项要求：（一）减轻公卖费；（二）制止非法苛捐；（三）即日撤消该支所；（四）严惩宝鲁沂。朱区长当允，呈请上级照办，代表等认为满意，即兴辞而出。

（1932 年 1 月 10 日，第 12 版）

烟酒牌照税收宽限一天

江苏上宝川崇启烟酒牌照税稽征局，以本届春季税收，自一月一日开征，至十日止为限满，如逾过限期，照章须加征罚金。查一月一日系国历元旦休息，上宝两支所，并经烟兑酱酒两公会来函，请求宽放一天，以昭公允，而示体恤。该所准如所请，已函复该会，准予宽限一天，如于一月十二日捐领者，即须加征罚金云。

（1932 年 1 月 11 日，第 11 版）

烟兑同业反对增加牌照税

上海市烟兑同业公会沪北办事处，昨日下午二时，为烟酒牌照税非法增加二成事，特召集全体委员开会，王成栋主席。议决：（甲）本会以保障同业利益为主旨，函达公会，若此项烟酒牌照税是公会办理，应请将账目详细报告是否合法，以资宣布；（乙）如非公会名义举办，则本处受同业之报告，亦宜依法保障云。

（1932 年 1 月 17 日，第 15 版）

上海市粱烧酒行同业公会催收账通告

溯自暴日人［入］寇淞沪以来，所有本公会各会员经放本外各埠，各园、坊、酒肆、绍酒店等所欠往来贷款，为数颇巨。虽有少数已经给付，而大多数仍都观望，延不给付，似此情形，殊于营业前途已处绝境。业经本公会召集委员会决议，凡各园、坊、酒肆、绍酒店所欠本公会各会员往来货款而未清偿者，希限于三月底一律如数结清，俾维血本，嗣后凡蒙赐顾于市面未恢复前，概叨现交，以资周转，尚祈原谅，伏希公鉴。此布。

（1932 年 3 月 17 日，第 3 版）

虹口区酒商要求豁免战期酒捐

——函纳税会转函工部局交涉

梧州路老福来号致纳税华人会函云：

径启者：自一二八战事爆发，我虹口区商民首当其冲，虽未罹炮火之惨，而数月来日军之残杀惨害，无异区战。居民均避难一空，全区陷入混乱，市面萧条，迄未恢复，故工部局乃有免收战期巡捐之举，嘉惠商民，至堪钦佩。不意昨得工部局咨照，谓春夏两季之酒照，仍须纳捐，嘱令敝号于三日内往局领照等语。窃思此番沪变，暴日以租界作根据地，而工部局并不设法制止，致全市居民均蒙绝大损失。在战期内，虹口全市休业，所谓营业之酒照者，几等于废纸，因此在情理上，我业之战期酒捐，自应与巡捐一律豁免，岂能例外？为此函请贵会主持正义，伏乞转向工部局迅予交涉，务达豁免目的，俾轻损失而维商艰，是为至祷，临愿不胜盼切待命之至。敬上纳税华人会执事先生大鉴。

虹口梧州路老福来号启。

五月二十一日。

（1932 年 5 月 22 日，第 14 版）

虹口区战期酒捐工部局允免二月

——但酒业仍拟要求免捐一季

虹口区酒商福来号等，前因要求豁免战期酒捐，曾函纳税华人会，请转向工部局交涉等情在案。现悉工部局已允以苏州河以北全虹口区之酒捐，均照巡捐同例豁免一月，故已连日派人纷往各店号，收取春季之其余一个月酒捐。闻各酒商虽均照付，但仍认为不能满意，故于前日（二日）特再函纳税会及酱酒业同业公会等，请坚决要求达豁免一季目的云。

（1932 年 6 月 5 日，第 19 版）

烟酒业今日开联席会议

——讨论烟酒牌照变更税额

本市烟兑、酱酒、粱烧、酱园等业四公会，因阅报载，苏省烟酒牌照税，收归省办，经财部认可，秋季开征一节。于六月底财厅接收，并委李、俞为正副局长，变更税额，加重负担，该同业群起惶骇，纷纷向该会诘问，闻该会昨已发出通告，定今日下午二时，在宁波路四八七号召开联席会议，电部请示云。

（1932 年 6 月 5 日，第 19 版）

烟酒业团体电财部请示牌照税问题

本市烟酒业四团体，为牌照税收归省办，变更税额，加重负担，于昨日开联席会议决，如果秋季实行征收，惟有表示一致反对，即发快邮代电云：

南京财政部长宋钧鉴：阅支日报载，苏省烟酒牌照税收归省办，经财部认可，秋季开征一节，不胜骇异。查烟酒牌照税，系属国税，向隶钧部直接征收，所有税则各省一律，即使收归省办，应由钧部正式公布，方足以昭核实，且税则又何能妄加变更，究竟其中情形如何，殊难悬揣。属会同业，群起惶骇，纷纷向会诘问，谨特代电，呈请钧长迅予赐示，俾明真相，而释群疑。

上海市烟兑业同业公会、酱酒业同业公会、粱烧酒业同业公会、酱园业同业公会叩。微印。

（1932 年 6 月 6 日，第 15 版）

虹口区酒商定期集议

——要求豁免酒捐一季定十二日开会讨论

此次自一二八事变以后，虹口区全市商业完全停顿。至五月一日，始得勉强开市，休业三月有余，直接、间接损失甚巨。曾经纳税华人会请求工部局，豁免巡捕捐等在案。兹酒业继起，要求豁免酒捐一季，由纳税华人会、酱酒号业、同业公会等，致函工部局交涉，迄今未奉正式答复，但究应如何进行，闻该酱酒业，为谋集思广益计，定于本月十二日午后二时，在城内邑庙酒业公所内，召集虹口区酱酒同业，讨论进行办法云。

（1932 年 6 月 11 日，第 15 版）

酱酒业奉到部批

酱酒号业同业公会，前因上海土黄酒稽征支所勒提货物、擅更税制一案，呈请市商会，分电江苏印烟税局、中央财政部彻查在案。该业昨奉财政部批示云：财政部印字第三六四号批：上海市酱酒号业同业公会呈一件，呈为江苏印花烟酒税局，上海土黄酒稽征支所，主任林锡涛，胁迫商民，滥用职权，仰恳查明，撤职严究，以息众怒而维政誉由。呈悉。此案现据上海市商会电请查办，业经一并令饬江苏印花烟酒税局，派委查明上海土黄酒稽征支所主任林锡涛，是否确有纵吏苛索藉端扰累情事，据实呈复核夺，仰即知照。此批。

（1932 年 6 月 12 日，第 16 版）

酱酒业请免虹口区酒捐

——工部局无圆满答复　议决再行继续力争

酱酒号同业公会前因虹口区会员福来等联名具函到会，请转函工部局，要求豁免战期酒捐一季，当经据情转请豁免。该会刻接到工部局复函，略谓须将应予免税各号，列表具报，再行核议，措辞甚为游移，仍无圆满答复。该会特于前日在城内酒业公所内，召集虹口区酱酒同业开会讨论，到二百余人，当据报告实行免去酒捐二个月者，已有升泰丰、义康、老福来等数十家，付过春夏二季酒捐者为数甚多，应谋如何补救，经众讨论，议决继续力争。其要求各点如下：（一）根据巡捕捐豁免区域，作为酒捐豁免标准；（二）已付春夏二季全季酒捐者，应在秋季酒捐内扣除；（三）填发秋季酒捐捐票时，应将豁免之数扣去，而免收捐时争执；（四）填报免捐表格，由酱酒业同业公会查填，交纳税华人会转送工部局核夺等云。

（1932 年 6 月 15 日，第 11 版）

绍酒同业公会改选会

上海市绍酒业同业公会，于十六日下午三时，开第一次会员改选大会，出席八十余人。主席丁锦生报告改选意义，继由会员票选当然执委丁锦生、张少华、周肇浚、庄诚道、王聘之、宋锦荣，新选执委陈镜云、孙孝惠、陆松高、周锦荣、薛得意，当选随时宣誓就职，由市党部代表何元明监誓毕，因时间关系，一切议案交执委会办理，七小时散会。

（1932 年 6 月 18 日，第 16 版）

虹口战期酒照捐工部局允予酌减

——纳税会转复虹口各团体

虹口区各商民团体联合办事处，前为请免该区域战期酒照捐，曾经致函纳税会，转工部局豁免去后，兹纳税会业已得复，谓请开列地址，允酌与办理。该会据函，转复虹口各团体联合办事处云：

径启者：关于请求豁免战期虹口区域内酒照捐一事，前经本会迭次转函工部局办理。去后，兹接工部局复函，译开：奉五月二十五日及六月二日大函，为转虹口各酒商请求豁免沪战期间各项执照捐，并抗议收捐员带有巡捕，认为恫吓由。查本局所施行之救济计划，对于酒商及其他各商待遇，无所轩轾。兹因该酒商似有误解之处，特将收取照捐办法申述于下：

凡春夏两季，其照捐有未付者，先由收捐员前往收取，如捐户一时不能照付，该收捐员不得强其全数缴纳，只能将该案呈捐务处核办，捐务处当依救济计划所定办法，在该捐户停止营业期中酌与减少。现各酒商照捐，尚未酌量核减，大函尚为本局收到该同业请求救济之第一函，兹请该会将各该酒商地址开列下示，当依各个情形，酌与办理，至所云收捐员随带巡捕一事，该巡捕本为征收肩挑小贩执照捐人员之一部，与各酒馆无涉。在征收小贩照捐事务稍减之数日，该项人员即奉派兼收酒商照捐，所带巡捕，仅为对付逃捐小贩之用，此后为被免误会起见，凡小贩收捐员，暂兼他项公务时，当不许其随带巡捕也。相应函复，即希台洽等由，准此相应函达，即希查照，将各酒商地址及门牌号数，详细开单送会，以便转送办理为荷。此致。

（1932 年 6 月 20 日，第 10 版）

闵行两公会致财部电

闵行酱酒、烟纸两业公会电财部云：

急，南京财政部钧鉴：苏省烟酒牌照税，财部省方，各有文告，宣示启征。商民以纳税为应尽之义务，无论部办、省办，均应完缴。徒以政令纷歧，无所遵从。是项照税，如仍由部办，应咨请省府，将已设稽徵局所，即日撤消；倘已许省府自办，亦应迅将所属征收机关，令饬结束，商民始有适从，并乞批示祇遵。

上海县闵行酱酒业同业公会、烟纸业同业公会叩。佳印。（致省政府电稿大致相同，从略）

（1932 年 7 月 11 日，第 14 版）

烟酒业五团体电请解释牌照疑义

本市烟酒业各公会，对于本年度上宝二县牌照税骤增比额，及选委局长之资格疑义，分电署局，请予解释。采录原文云：

财政部税务署谢署长，暨江苏印花烟酒税局蒋、梁局长钧鉴：上宝两邑，自罹战祸，商店歇业，实居多数，交通虽已恢复，营业仍然清淡。前阅报载，财部核准钧局参照历年征解散目，酌定比额，规为七万七千六百廿元。而有王耀其人者，认增至九万一百廿元，比较二十年度骤增二成以上。商民闻信，惊惶莫名，查烟酒牌照税，自十七年年度改为四季以来，比额逐年增，商民困苦不堪。本年度对于烟酒二业应纳税额，属会等正拟请求酌减，以苏商困，乃包商为牟利计，肆行增加巨数。此项加额，将来正式开征，是否加重烟酒业商之负担，固一疑义，抑有进者，查选委规则第二条，稽征分局长应选人，应具有左列资格之一：（甲）现为烟酒业商者；（乙）曾充烟酒费税经征人员，著有成绩者。考核既属若严，审查当更明确。无如现任之上宝烟酒牌照税分局长王耀，遍查烟酒二业商人中并无斯人，此不合于甲项资格，已无疑义；如谓其合乙项资格，则其曾充何处经征人员，是否著有成绩。烟酒业商，群疑莫释，应请钧署令饬该局蒋、梁两局长明白解释，以昭大公。总之，上宝两邑业商，战后余生，不堪剥削，理财者固宜整顿以辟税源，经征者亦须揆情以恤商艰，否则发生纠纷，于税于商，两无裨益。属会代表业商，心所谓危，不敢安于缄默，为特联名电陈，素仰钧长公正廉明，对于此案，自必有所纠正也。临电迫切，伫候批示，无任盼祷。

上海市梁烧酒业同业公会黄裕明、土黄酒业同业公会方忠恒、酱酒号业同业公会张大连、酱园业同业公会陈蔚文、烟兑业同业公会陈良玉同叩。宥印。

（1932 年 8 月 27 日，第 16 版）

市府批烟酒业防止加税

本市烟兑、酱酒、酱园、粱烧酒行、土黄酒作、绍酒、汾酒、旱烟、酒菜馆业等九同业公会，前因烟酒牌照税增加比额，曾经联名分呈市政府及市公安局，为请防止承办商人，任意加税一案。兹录该会奉到市政府第三一八号批文云：呈悉。既据分呈公安局，仰候该局呈转核办可也。此批云。

（1932 年 9 月 20 日，第 15 版）

江阴·全县酒商反对增税

江阴烟酒公卖费，因比额陡增。局长高熙□原额须加捐七成，全县酒商，经水灾军事之后，商业凋敝，各坊户所酿酒额远不如前，特开同业大会，决定推林肇祥、吴献庭等向局方接洽，承认照加一成半。否则一致忍痛停止酿酒，以示坚决。二十四日接洽结果，因局方对于上年度费税，究竟可征若干，无案可稽，至增加一成五之数，一时无从答复，须先行调查上年度各坊号缴费数目，始能决定。各代表未能满意，须再开会讨论，局方亦以烟商如不允加至七成，亦决不软化，已规定申请书，即日布告酒商，必须到局填就，始可开酿，否则以私酿论罚，并须照章严办，一面派员分赴城乡各号，检查陈酒，以便科税。

（1932 年 9 月 27 日，第 9 版）

无锡·官商争持烟酒税比额

苏省烟酒牌照税，于七月间曾发生部省争办。迨后决定仍归部办，各县征收局长，亦于八月间分别委定，先后赴各县设局征收，按月报解。锡地牌照税额，全年为三万九千八百七十五元，较去年只增加五元，由总局委邑人陈鹤年为局长，在万前路设局征收。无如岁歉之后，丝厂又失败，烟纸店闭歇者，有二三百家之多，是以牌照税亦为之减少。核计税收，不足比额甚巨，是以陈局长迭与烟酒商人磋商，酌量增加，或将等级整顿，以裕税收。而各烟酒商人，亦因不堪负担，联名致函商会，请为转函税局，减收税额，但局方表示，无论如何，须征足比额，而烟酒商人，则坚决反对，官商争持不下。

（1932 年 9 月 30 日，第 9 版）

烟酒牌照税纠纷讯

——九团体召开联席会

上宝烟酒牌照税稽征分局，本年度冬季牌照变更办法，烟酒小商店，向捐二元之照改为四元，倍额征收。该业因战后余生，营业清淡，正拟申请各该公会，要求减轻税额，乃该局不加体恤反而实行加倍征收，实属违背财政部税务署之批令，详情已纪各报。烟兑、酱酒、酱园三业，为避免加征计，均将税款委托该业三公会代向税局换领。业由烟兑业公会，于四日函知该分局，定今日上午十一时，推派代表，赴局缴税领照，并于下午五时，假宁波路四八七号会所，开各团体联席紧急会议。烟兑业公会为召集人，昨已通告酱园、酱酒、绍酒、汾酒、粱烧酒行、土黄酒作、酒菜馆、旱烟业等各公会，讨论定期召集各该业会员大会，解决纠纷云。

（1932 年 10 月 6 日，第 11 版）

上海市酱酒、绍酒、粱烧酒、烟兑、旱烟、酒菜馆、酱园、汾酒、土黄酒业同公会为牌照税倍额苛征宣言

窃吾烟酒两业设肆营业，应领牌照，向例每年两期纳二元者，年仅四元。自十七年度烟改四季，十八年度酒改四季，商人纳税较前已属倍增，只因国课攸关，不得不勉力负担，以尽天职。况上宝为特别区租界免课，华界征税显分畛域，待遇不平，痛苦更甚。故自改征四季以来，局方以每期原额之等级，为按季征税之标准，历年沿革已为成例，即非隐□，又何整顿。历任局长均按沿革办理，税收未见短绌，商情亦称融洽。本年改选委制，部局规定比额，参照历年征解数目，此亦根据沿革施行征收方法，商人纳税领照，当然仍按原额。果欲倍额征收，则其比额亦当较昔倍解庶足，以□实税收，并可剔除积习。若论牌照税章，向按年度核计，自十七年度部订颁行，二十年度修改，已阅四届年度，纳税征收均无变更。且本年度秋季既按额征收，冬季仍循旧章，此亦一定不易之理，断无中途变更之办法。今上宝烟酒牌照税稽征公局长王耀（即变相之包商），违背署令，利令智昏，不恤商困，不循旧章。于冬季之始，各业商人赴□［局］领照，均遭威胁，倍额苛征两业，受其倍加者，计有史记等五十余户。小商无力负担，群向公会请求救济，经由本会等联席会议，决定办法四项：

（一）呈请财部税署，税局体恤商艰，饬令分局仍按比额之沿革维持，纳税之原额，不得有所变更；

（二）该分局长资格不合于选委规则第二条甲、乙两项，任事以来一味压迫，只顾包额，不恤商情，应请当局撤职，遴委合于甲、乙两项资格人员充任；

（三）本会等依据会章接受会员委托，代领牌照税款送交该局，既已拒不收受，即日汇送市商会保管，其有尚未送交本会代领之牌照，即于本月九日以前各业自行送会，以便第二批解交市商会，免受逾期处分。向局领照，应俟前项解决后，由本会通告知照，免为该局压迫或诱惑等情；

（四）本会等接受会员十分之一以上之请求，定期召开会员大会，解决此案纠纷，应俟本会等通告施行，全体通过，除再□呈市党部、市社会局、财政部、税务署省总局，并函市商会续行详陈外，诚恐同业等不明真相，或被包商颠倒是非，淆惑听闻，特将详情披露，维希公鉴，并盼各界主持正义，赐以援助，俾息纠纷而彰公道。谨此宣言。

（1932 年 10 月 9 日，第 5 版）

烟酒业调解牌照纠纷纪

本市烟兑、酱酒、酱园、粱烧酒行、土黄酒作、酒菜馆、绍酒、汾酒、旱烟等九同业公会，昨假市商会议事厅，举行会员大会。到有各该业会员暨市党部代表何元明、市商会代表孙鸣岐等五百余人，卷烟厂公会代表沈维挺后到。公推陈良玉主席，宣告开会，行礼如仪。（一）主席报告上宝烟酒牌照，因增比加税，发生纠纷，为时已久，经由邬挺生先生出任调解，敦劝双方，上顾税收，下恤商艰，拟定通融办法，以每季向捐二元、四元之照，按额酌加三成，八元以上者概不增加。当经各该业执监委及税局代表，均得同意。特于今日召集诸君到会，将纠纷经过及接受调解之情形，详细报告，以资明了，而免误会云云。次由市党部及市商会两代表分致训词，末茶点散会。

（1932 年 11 月 11 日，第 15 版）

无锡·乡民结队游行抗税

本邑烟酒牌照税稽征分局长陈鹤年，以城乡各区制卖烧酒吊户，统计有一千余家，每年制出烧酒总数达三万担左右，公卖费税，年征二万余元，而以新安乡为最多。上年七月间，曾由前武［无］锡阴烟酒牌照税分局，呈准总局，照章征税，讵新安乡团正莫永森等，近忽聚众结队游行，散发反抗标语，强行抵制。惟各吊户制卖烧酒营业情形，照烟酒营业牌照税暂行章程第□条第二项之规定，应各照章按等纳税，现在已纳税之吊户，皆纷纷起而效尤，即其他各商亦有同等待遇之表示，当经呈请总局长，行文本邑县政府，切实晓谕商人协助征收。蒋局长据呈后，昨特训令陈县长，晓谕商民，一律遵章纳税，不得藉词违抗。

（1932 年 11 月 21 日，第 7 版）

纳税会请工部局解释酒店给照办法

——中外待遇不同殊失事理之平

公共租界纳税华人会，昨函工部局云：

径启者：据大夏饭店函称，兹因关于公共租界中区西菜馆请领酒照一节，曾向工部局交涉。据司事者面称，除现有各酒店已领有执照外，以后新开菜馆不准援例请领云云。查此种办法，既不公允，其流弊亦甚多，兹略举疑点如下：（一）已领得之执照，是否可以转让；（二）已领得之执照，是否可以世袭；（三）已领得之执照，是否有期限；（四）发给执照与国籍是否有关系。盖因执照如可转让，则迹近专刊。如可世袭，则变成私产。又如执照不定期限，则卖酒权利，永归一二人之手。今外籍菜馆，皆领有执照，且互相邻近，而对于华商独故予留难，岂得为事理之平？倘工部局果因维持地方秩序起见，特加慎重，亦尽对于卖酒时间加以限制。例如每日六时以前不得卖酒云云，等情到会，查此种酒照发给方法，实属可以发生该饭店所定之结论。中外待遇，如果不同，尤失公正机关一视同仁之原则。据函前情，相应函请贵局从长考虑，并予以满意之解释为荷。此致上海公共租界工部局总办。

（1933 年 1 月 8 日，第 13 版）

各业公会控印花税局之部批

本市各业公会，前以上宝印花分局徐致诚苛扰商民，特在上海商社召集联席会议。议决呈国民政府各院部，请予撤职严惩。兹悉该社昨接财政部批示云：呈悉。查检查印花，即所以促进实贴，执行时如果不按手续，致涉苛扰，自属有干厉禁，亟应严行取缔。惟来呈所控上宝印花税分局，骚扰各节，未据切实声叙事实，亦未检送确据，无凭核办。姑令知江苏印花烟酒税局，随时督饬，妥慎办理可也。此批。闻该社近日接到各公会寄来上宝印花税局长扰商证据颇多，一俟搜集完竣，再行呈请核办云。

（1933 年 1 月 12 日，第 10 版）

反对派警征牌照税

上宝烟酒牌税征分局，最近对闸北酒菜业及烟纸店征收烟酒牌照税，定例分二元、四元、八元、十六元共四种，以益利商号等四十一家，延不领牌照，特函市公安局，请求嘱令各该管区可派警协助劝告。但市民联合会第二十五分会执行委员韦郎轩、张一么等五人，昨代表闸北七十二家商户，呈请市公安局，略称：此项烟酒牌照税，系商人承包，冀图牟利，以肥一己之私囊。在过去二十年份，乃由商人杨秉彝及顾某等集股承包，且闸北居民灾后禾苏，生活艰苦，不堪设想。北四川路越界筑路各处，均不征收。故沪北商号，未便独异，请免予派警征收照费，以恤商艰云。

（1933 年 1 月 12 日，第 10 版）

土黄酒业遵用新制市秤

本市土黄酒作业同业公会，改用新制度量衡器具一案，曾经请求社会局，分令本市酱酒、酱园、绍酒、汾酒四业公会通告会员，于本年一月份起，外埠运沪之酒，亦应按照市秤计数。该会昨奉社会局第七五五二号批示云：呈悉。查本市遵用新制度量衡器具一案，迭经本局剀切布告，限期实行。该业遵奉国家法令，改用新制度量衡器具，自应依法保障所请。分令本市酱酒等四同业公会通告会员，自本年三月份起，外埠运来之酒，应按市秤计数一节，准予照办。并已分令本市酱酒、酱园、绍酒、汾酒四业公会一体遵照矣。仰即知照此批云云。

（1933 年 2 月 3 日，第 16 版）

上海市酱酒号业同业公会业规公布

案奉上海市社会局批示社字第七七六六号内开，略谓：呈件均悉，据送业规准予备案。除转呈市政府，函知市党部、市公安局、各法院，暨登载上海市政府公报外，仰将前项业规轮流登载《申》、《新》、《晨》三报封面广告，并印发同业一体遵照。切切！此批。等因。奉此，用特登报公布业规，附后：

第一章　总纲

第一条　本业规由上海市酱酒号同业公会订定之。

第二条　本业规以维持增进同业之公共福利，及矫正营业之弊害为宗旨。

第三条　凡在上海市区域内经营酱酒号业者，无论会员与非会员，须一律遵守之。

第二章　定价

第四条　同业门售、整售价目，由本会执监联席会议议定，价目单呈请社会局核准，并送请市商会备案后，通告各同业遵照，以资划一。

第五条　各货价目除酱货、土黄酒外，其余市面随时涨落，由本会随时拟定价目单，通告各会员，其手续与第四条同。

第六条　同业应用政府规定之度量衡器。

第七条　同业中如有：（一）新开张、（二）地址迁移、（三）更换牌号、（四）成立纪念等情形之一者，得举行减价赠品及其他类似事宜，以三天为限，但须将起讫日期于事前三日备具事实理由通知本会。

第三章　营业

第八条　凡在上海市区域内经营同业者，须依下列各项办理之：

（甲）遵照工商业登记规则，径向市社会局呈请登记；

（乙）如开设新店，须于开张三日前通知公会；已开设者，应于业规核准公布一月内补行；

（丙）须向公会领取业规、价目单。

第九条　同业不得私进含有暴劣性之酒精、醋精、酱油精等搀和混售，妨碍卫生。

第十条　同业中如有发生特殊情形，而致妨碍业务者，得备具理由，申请本会妥筹补救办法，或径呈社会局核夺之。

第四章　雇用人员

第十一条　同业雇用之告员，非事前商允，不得挖用。

第五章　处罚

第十二条　同业中如有违反本会业规，经调查属实者，得由本会依左列规定拟具制裁办法，呈请社会局核断。

（一）违犯第四、第五、第十一条者处十元以下之罚金；

（二）违犯第六、第七、第八条者处五十元以下之罚金；

（三）违犯第九条者处一百元以下罚金；

（四）违犯至二次以上者，得另拟制裁办法，呈请社会局核断。

第六章　附则

第十三条　本业规遇有事实上发生窒碍时，得呈请修改，或径由社会局令饬修改之。

第十四条　本业规经会员大会之通过，呈请社会局核准后，公布施行。

（1933 年 2 月 14 日，第 6 版）

上海市酒菜馆业同业公会批准业规施行通告

本会奉市社会局社字第六八三八号批令，内开：呈件均悉，据送业规准予备案。除转呈市政府，函知市党部、市公安局、各法院，暨登载上海市政府公报外，仰将前项业规，轮流登载《申》、《新》、《晨》三报广告各三天，并印发同业一体遵照。切切！此批。等因。奉此，查本会经费，关系于本月十九日会议决定各登一天外，业规已发各会员遵照，如有未接该项业规者，希来会领取可也，计开如后：

第一章　总纲

第一条　本业规由上海市酒菜馆业同业公会订定之。

第二条　本业规以维护增进同业公共之福利及矫正营业弊害为宗旨。

第三条　凡在上海市区域以内经营酒菜馆业者，无论会员与非会员，均应一律遵守本业规。

第二章　营业

第四条　同业须邀照本市工商业登记规则之规定，于开市交易前，径呈市社会局登记，并通知本会登记各项，如有变更，亦应照上项手续办理。

第五条　凡同业停止营业或顶替改换牌号，除呈请市社会局外，须函知本会备查。惟受□者加入本会为会员时，应照章填具志愿书。

第三章　学徒

第六条　雇用学徒入店时，须有相当介绍及担保学期，不得遇三年期内非经辞歇，他号不得录用，惟经本店经理许可者不在此限。

第七条　在学徒期满之后，有不规则之行为者，随时可以开除。

第四章　雇员

第八条　固业间不得私挖雇员。

第五章 附则

第九条 本业规如有事实上发生窒碍时，呈请修改或径由市社会局令饬修改之。

第十条 本业规自呈奉上海市社会局核准备案公布日施行。

会所劳合路二百卅一号

（1933 年 2 月 23 日，第 5 版）

镇江·烟酒税风潮解决

镇江烟酒牌照税局，因比额过巨，不能赔垫，向商方磋加。而烟商大同行，表示反对。兼因市面衰弱，生涯清淡，力难增加，双方各述困难。经该业公会主席胡锡五，拟兼筹并顾办法，并请由商会从中协助调停，周旋两月之久，刻已妥善解决，一致均缴税领照，以符手续。

（1933 年 3 月 26 日，第 11 版）

拟组全省联合会

本市烟兑、酱酒、酱园、土黄酒作、粱烧酒行、菜馆、绍酒、汾酒、旱烟业等九公会，因各县对于烟酒费税问题，拟请减轻负担一案，昨已分致镇江等十县两业公会征求意见，联合署名，召集全省各县烟酒业代表开联席会议函云：

径启者：案查烟酒费税，自二十一年度改选委制，业外应选，横增比额，加重负担，以致引起纠纷。虽经调解息争，然吾两业感受痛苦，至深且巨。兹查年度将届期满，敝会等正拟筹商救济方法，其目的在国课使之充裕，商民免其苛扰，谋正本清源之计，为一劳永逸之举。乃近迭接宿迁、崇明、宜兴等县烟酒两业同业公会，函商组织全省烟酒业联合会。经由敝会等于本月二十七日，假宁波路四八七号烟兑业公会，开第十三次联席会议，以事关全省，必先联合数县共同召集，方足以昭慎重。当经议定，分函费税比额巨大之镇江、江宁、吴县、无锡、武进、常熟、吴江、泰兴、南通、泰县等十县烟酒业同业公会，征求意见。俟经答复后，再行定期联合署名，函致全省各县烟酒业公会，推派负责代表，组织全省烟酒业联合会共同讨论改善方法，庶可解除痛苦，永息纠纷，当经全体通过。除分函外，为特专函奉达，即祈贵会查照。对于此举，如荷赞同，希于一星期内赐复，俾便敝处酌定日期，会衔通函，分致各县召集会议，以期一致而昭慎重，无任感荷。

（1933 年 3 月 30 日，第 11 版）

苏各县烟酒业纷起响应请改善费税

本省烟酒费税，承办者不恤商艰，年增比额，每以加重业商负担，时起纠纷。本市各烟酒商，正拟设法改善。乃宿迁等三县两业公会，函邀苏省各县集商于前，拟就交通便利之地，为发起召集。沪烟酒业九公会接函后，以事关重大，即经联席会议决，先行征求比额较大之十县为发起。分函后，已得多县复函质成。本市烟兑业同业公会，昨又接到□［昆］山县烟业、酒业、卷烟业三同业公会联衔函云：径启者：查烟酒费税，自改选委制以来，吾烟酒两业所受痛苦，不堪言状。现年度将届期满，若不预为设法解除痛苦，将来受害伊于胡底。敝会等正拟分函全省各县烟酒业公会，一致函请贵会及镇江、江宁等公会，就其交通便利之地点，主持一切，负责筹备，组织省联会手续等事宜，以便召开全省烟酒业代表大会，而期早日成立，藉解倒悬，俾安营业。顷阅上海某报载，贵会已分函镇江等县烟酒业公会征求意见，发起召集组织。诵悉，曷胜钦佩，足征贵会关心商困，明鉴于先。对于此举，敝会等极端赞同，为特专函奉达，并希贵会查照，鼎力办理，是所至盼云云。

（1933 年 4 月 12 日，第 10 版）

烟酒业联席会议纪

本市烟酒业九团体，前晚开联席会议，公推陈良玉主席。（甲）报告各县来函，赞成组织省联会，并已有数县代表来沪接洽。（乙）表决通函各县烟酒业公会，各推负责代表一人，先行函复汇编名册，作为筹备委员。（丙）俟多数答复后，定期举行筹备成立会，以便呈请社会局，转呈实业部注册。当经全体通过，聚餐散会。

（1933 年 4 月 19 日，第 10 版）

苏省烟酒业联合会近讯

——无锡烟酒业详述痛苦

江苏各县烟酒业，鉴于历年费税增比，不堪负担，互相分函联络，组织全省烟酒业联合会，共奋精神，团结一致，以求解放。由本市烟兑业等九公会担任筹备以来，甫经旬余，已荷各县同业公会函电，赞同参加者众，其情迭志前报。兹据无锡两业来函详陈费税痛苦，特录如下。烟兑、卷烟二公会函云：

径复者：前奉大函，内开各节敬悉。查此项税款，官厅视为利，历年增比，罔惜商艰。自民国十九年以还，主管部署屡以解除商民痛苦，两相号召，究其实际，凡总分各局更迭一次，即我烟酒商人增益负担一次。更变本加厉，敲骨吮髓，使我烟酒商人，有求生不得之苦。贵会洞见症结，发起全省烟酒商人联合会，以期团结一致，力谋正当，请求减轻商人负担，洵属扼要之图。敝会等遵经召集联席会议，佥以事关切肤，不敢稍存犹豫。业经议决，函复贵会，用表同情，并请速予召集大会，奉函前因，相应函复，至祈查照为荷。又酒医店业公会函开：查烟酒业备受历年税额之频增，以致营业清淡，敝地同业感受痛苦，莫堪言状。年来，两业商人实有难于维持之势，因此相率歇业者比比皆是，设不共谋补救，解除痛苦，将来负担，必致日益加重。兹阅报载，敬悉贵会等发起筹备组织江苏全省烟酒业联合会，并分函各县烟酒同业公会征求意见等云。查本年税费征收年□将届期，敝地同业正拟会商补救办法。兹悉贵会等提议此举，深表赞同，即蒙首先发起，敝会是当忝附骥尾。务请贵会等主持一切，积极进行，并盼随时指示，俾可遵循，是所至祷，特此函达，即希查照为荷云。

（1933 年 4 月 21 日，第 10 版）

烟酒业筹组省联会续讯

——武进等县代表已推定

苏省各县烟酒业同业公会，前由宿迁、崇明、常熟、无锡、江宁、镇江等县两业公会，分函筹组省联会，拟请减轻烟酒费税一案。本市烟酒九业公会准即开始筹备，联名通函全省五十九县烟酒业各公会，征求推定代表，以凭列名造册，筹备进行，详情已志前报。该会于前日接得武进烟业、酒酱业等两公会复函云：

径复者：兹准函开：烟酒业为维护国课税收，挽救同业危困起见，组织烟酒业同业公会省联会，及贵会联席会议各案，敝会阅悉之下，殊深赞同。按烟酒费税，时起纠纷，苛扰商民，敝处亦在所难免。兹经敝会开会议决，一致通过。俟开成立会时，敝会准派代表列席，共襄进行。兹先抄具敝会负责代表姓名、籍贯，相应备函奉远，即希查照，造册呈报。（余略）闻烟业推姚建三，酒酱业推屠熙莩为代表云。

（1933 年 4 月 23 日，第 12 版）

烟酒业筹组省联会

——各县推出代表续志

江苏全省各县烟酒业筹组省联会，经由沪烟酒业九公会允予函邀发起，连日各县复函加入者，颇称踊跃。兹将各县烟酒业推出之筹备代表汇列如下：溧阳烟酒业李学熙；宜兴烟业郁驯鹿，酒业徐彬如、吴濂隐；武进烟业姚建三，酒业陈海如、屠熙莩；吴江酒业陈咏呈；丹阳酒业林务卿；昆山烟业葛得云；崇明酒业程芝生。

（1933 年 4 月 27 日，第 9 版）

酱酒业公会发起整顿门售市价

本埠上海市酱酒业同业公会，昨开执监联席会议，由陈锡康主席讨论整顿门售市价一事。佥谓营业凋衰洋价奇长，而同业方面，只知竞争，不顾牺牲。若长此□［以］往，将来同归破产，若不急起挽救，以维持前途，所以对于整顿市价，确实势不容缓。试观沪市各业，均有同业价目一致的组织，吾酱酒业何独不然。况业规既已公布，自可遵照业规办理。于是议决，着手整顿，于一星期内评定价目。先印发同业价目单，定六月一日开始调查，纠止紊乱，俾趋一致。闻稽查科已组织完备，推定韩星渭为该科正主任，聘请沈家宾、翁玮甫二人为副主任。

（1933 年 5 月 23 日，第 10 版）

杂闻·酱酒业整理市价委员会成立

上海市酱酒业整理市价委员会，于昨日下午二时在邑庙豫园路酒业公所内，由正副主任召集全体工作人员，开正式成立大会，议决开始办工。全体稽查员十余人每天分区出发工作，定于本月三日上午九时宣誓就职，并邀请酱酒业领袖到会参与典礼。

（1933 年 6 月 3 日，第 14 版）

沪宁苏烟业、酒业同业公会联合会紧要启事

查敝会等遵依工商同业公会法第十四条之规定，分组烟业、酒业同业公会联合会。业经呈奉上海特别市党部备案许可，并依法呈请市社会局核准，所有筹备手续业已告竣，订于本月十二日上下午十三时开正式成立会。除先快函通知宁市及苏省各县烟业、酒业同业公会推定之代表依期来沪出席，并遵章分别专电呈函实业部、市党部、市政府、市社会局、市商会派员莅临指导外，再登报通知，务希代表诸君均于大会前一二日到达沪埠，通知敝会，领取入场券及代表佩徽，以资凭证而昭郑重。尚有未报各县烟业酒业同业公会代表，亦希按照每一业公会推出一人至三人于大会前二日报到，俾便登记参加，以符整个之意而免向隅之叹。事关公共福利，幸勿漠视放弃，谨此奉启，惟希公鉴。

（1933 年 6 月 5 日，第 5 版）

酱酒业同业公会昨开会*

——讨论衡器问题

酱酒业同业公会组织整理市价委员会特设稽查科正式成立以来，昨日续开执监联席会议，讨论整理问题。略谓新制衡器，本市实行多时，同业领用者，固然不少，而仍用旧器者，亦颇不乏人。兹经联席会共同议决，除切实通告未曾遵用新衡器之同业克日领用外，并拟于本月十二日下午二时，召集会员开谈话会，征求会员意见面询利便。庶几全体融洽，其办法尚且称周到。

（1933 年 6 月 7 日，第 12 版）

酒菜馆同业公会昨开常务委员会*

酒菜馆同业公会，昨日下午三时，召集第二十八次常务委员会，主席程克藩。讨论事项：（一）邵月润委员来函为拟具代领执照案。议决：候开会员大会时，共同讨论。（二）纳税华人会来函：为四而楼、宴宾楼两会员关于卫生处检查案。议决：致函会员查照。（三）市商会来函为本市工商业汇编刊物代销案。议决：本会购一册。（四）市商会来函为华界电话加价事，今有免加、少加、分界加等由案。议决：通告华界会查照。（五）讨论华次电话加价请制止以苏民困拟提案案。议决：照市商会来函，嘱提议案，备函合并各同业公会联署，请大会公决通过。

（1933 年 6 月 7 日，第 12 版）

沪宁苏烟业、酒业同业公会联合会宣言

夫人民之集团在求民权得有保障。先总理云：凡人一生最大需要有二，曰保，曰养。保即自卫，养乃觅食。设自卫乏术，即觅食无方。其道有在，其理甚明。吾烟酒两业同业公会为人民集团之一，值兹国家多事之秋、农村经济破产之际，商业凋敝已达极点。欲保固有商业地位者，非运用自卫力量不足以资保养。回顾原有团体，或偏居一方，或僻处一隅，各不相谋，无联络团结之可言。是以沪宁苏烟业酒业联合会之组织，实为急不容缓之举。

惟吾两业既依法各自正式成立联合会后，当力矫历来不健全之积习，勿以私人操纵全体，勿存偏见贻误大局。应本互助精神，巩固团结，群策群力，增进福利，竭尽智能，解除痛苦，是为吾两会纯正之宗旨，愿各循此光明大道以进者也。

近来社会上之见解，多视烟酒为消耗品，不予保护，不惜加重税捐为寓禁于征之意。此种主张根本错误，查国产烟酒质地纯良，为各国所赞许，且为农业副产品之一。即使消耗成诸事实，试问能否戒绝不食？如曰不能，则摧残过甚，代之者必为外货乘隙而入，国粹精华势必扫尽无遗。且藉此生活者，直接、间接不知凡几，实与国计民生商业社会均有莫大之影响。故国产烟酒非但不应不予保护，尤应尽力提倡，以资发展，庶能与外货相抗衡而保国产之地位，愿各坚决意旨，迈步以达目的者也。

国家税源取之于民，施之于政。人民纳税固为应尽义务，以裕国课。政府办理，亦当体恤民困，以养元气，一物一税，世称良制，苛条烦文，迹近病商。招商投标，行同市价，命令早经厉禁，额外浮收，中饱舞弊。刑法立有专条，故合法国税，人民乐于捐输。意外负担，当局应切实改革。愿各认定目标，不惜艰难以赴者也。出品研究，优胜劣败，为自然不易之定例，在上缺乏提倡指导之设备，吾业亦无整个建设之计划，因陋就简，日渐退化。际此商战剧烈时期，万无不求进步之商品，能占胜利者，货无比较，必无进步，不合潮流，终归淘汰，亟应实地考察，交换智识，采最新之方法，力求改革。俾国产烟酒与外货并驾齐驱，亦足挽回利权于万一，愿各努力合作以副期望者也。综核吾两会使命责任綦重，在此国难期间，适烟业、酒业同业公会联合会成立之时，惟希振作精神，阐扬正义，庶不辱全省烟酒商人托付之属望，而符整个团结之意旨也。凡吾两业共同起图之，谨此宣言，伏祈公鉴。

（1933 年 6 月 10 日，第 6 版）

沪宁苏烟酒两业联合会讯

——明日开成立会今日开预备会

江苏各县烟酒两业公会，为谋增进福利、解除痛苦、整个团结起见，筹备以来，瞬经三月，一切手续业已完竣。兹奉市党部给证许可，并核定名称，曰沪宁苏烟业同业公会联合会，其酒曰沪宁苏酒业同业公会联合会。其指沪宁为上海、南京两市，苏为江苏全省。经社会局转请实业部备案核准，该两业联合会依法组织，定本月十二日，烟于上午八时，酒于下午二时，假市商会议事厅，同日举行，开成立会。届时并请上级各机关派员指导，监选执监各委。前曾分函各县代表，定今日下午三时，假宁波路四八七号开预备会议，推定大会职员云。

（1933 年 6 月 11 日，第 12 版）

沪宁苏烟酒两业昨同时成立联合会

——联电中央请勿变更烟税率

沪宁苏烟业联合会及酒业联合会，业已筹备完竣，并呈准市党部许可。昨特假市商会大礼堂分别举行成立大会，兹志如下：

烟业联会

昨日上午九时开成立大会，到会者江苏全省各县代表五十余人，市党部何元明、社会局宋钟庆、公安局苏舜臣、市商会王延松。由陈良玉、沈维挺、张素侯、郁驯鹿、王兆如五人为主席团，报告筹备经过毕。由上级代表相继致辞，旋即通过会章，并票选陈良玉、张素侯、郁驯鹿、沈维挺、曹葛仙、王兆如、蒋祥卿、裘子桢、姚逮三、王文卿、王颂芬、王春山、张颂吉、朱伯轩、刘鼎新等十五人为执行委员，苏荷青、罗讱之、阴辉芝、柳赓甫、李学照、苏云臣、张炳元、黄文卿等七人为候补委员，夏吉甫、陈瑞麟、徐熙春、李仙涛、王芝生、陈士豪、刘铸人等七人为监察委员，戴琢庵、李子森两人为候补监察。继议决各案如下：（一）改善烟酒牌照章则；（二）绝对拒绝投标制，反对业外人承办烟酒各项税务；（三）烟酒新税则，在未公布前，电呈院部署，请求仍将旧章加以修改，避免一切病商苛扰制度。

酒业联会

下午一时开会，到江苏全省各县代表六十余人，市商会代表王晓籁，由张大连、黄裕明、陈蔚文、程克藩、夏苏焕、徐鉴泉、陈伯英七人为主席团，报告筹备经过毕。由市商会主席王晓籁致词，略谓希望同业团结，提倡国货，杜绝外货侵入。旋即票选张大连、陈蔚文、黄裕明、方忠恒、戴琢庵、金家悦、陈伯英、张俊人、丁锦生、金云阶、顾祝云、刘德之、夏孙焕、明幼庵、宋星绥等十五人为执行委员，孙剑农、贺祥生、朱卿堂、金菊卿、程克藩、高右铭、朱润之等七人为候补，陈福康、王白章、王焕之、邵月润、谢振东、谢楚玉、钱小庵为监察委员，沈维亚为候补。当即宣誓就职。

联电中央

该两业代表大会昨电呈蒋委员长及行政院、实业部、立法院文云：

（衔略）近闻总务署对于二十二年度烟酒税率，变更章则，撤消公卖，改为土烟叶特税，及土酒定额税。非特税额骤增，且于酒每斤为起点，苛细扰商，无微不至。公卖行之已久，人民尚相安于无事。今遽加变更，无异恢复厘金状态。如果一旦实行，不仅陡增负担，抑且动辄得咎，恐将土烟土酒扫灭殆尽，是不啻提倡外货，摧残国产。况值此商业农村经济破产之时，救护惟恐不及，何忍再事苛扰。瞻念前途，惶急万分，除将窒碍详情推派代表另文呈请外，转此飞电，仰乞钧鉴，俯赐矜全，仍照旧章办理，以安商业而维民生，不胜迫切之至。

沪宁苏烟酒两业同业公会联合代表大会叩。

（1933 年 6 月 13 日，第 12 版）

酱酒业公会开会纪

本埠上海市酱酒号业同业公会，为整理市价事，于本月十二日开会员代表大会，到者达一百八十余人。市党部特派张达夫列席指导，市商会派袁鸿钧为代表，公安局方面亦派警保护。开会如仪，由陈锡康主席、周乾昌纪录，其重要议案：（一）为评定价目，一律遵守。（二）设主稽查科，并制定稽查证，以凭调查。（三）定本月二十日，同业一律休业一天，以表示整顿开始。讨论甚久，迨议决通过，已钟鸣五旬，始振铃散会。

（1933 年 6 月 14 日，第 11 版）

沪宁苏烟酒业两联合会昨举行首次执监会议　同时选出常务委员及主席

沪宁苏烟酒业同业公会两联合会于前日成立，执监各委当即宣誓就职。总与全省五十余县烟酒两业一百余公会，各代表合摄一影，以留纪念。是晚七时，齐赴福州路假座同兴楼，设宴款待，并邀请来宾，到有华商卷烟厂业同业公会主席邬挺生、包赓笙，雪茄烟厂同业公会主席滕致祥等百余人，宾主联欢，至九时许散。昨日午后三时，假宁波路四八七号烟兑业同业公会，举行第一次执监委员联席会议，并票选常务委员及主席委员，结果选定陈良玉、郁驯鹿、张素侯、沈维挺、曹葛仙五人为常务，陈良玉为主席；烟业选定张大连、陈蔚文、戴琢庵、金家悦、金云阶五人为常务，张大连为主席。所有各县代表要求改善烟酒费税提案多件，依据大会公决，交执监委会提议，经众决定，明日提付讨论云。

（1933 年 6 月 15 日，第 10 版）

沪宁苏烟酒商拒缴烟酒牌照税

——推六代表晋京请愿撤销

沪宁苏烟酒两业同业公会为反对烟酒牌照税及新制定额税等，业曾召集各代表，在沪举行联席会，成立沪宁苏烟酒同业公会联合会。现悉该会刻已公推金云阶、曹葛仙、戴琢侯、黄裕明、郁驯鹿、黄文卿于明日赴京请愿，要求撤销该项捐税，否则亦须改低税率，以轻负担。据该会某委员语国民社记者云，烟酒牌照税，历年增加，已与部章规定不符。加以征收机关，又不一致。且烟酒两项，土酒则已分纳产销公卖捐，卷烟又纳统税，对于牌照税名目，实为叠床架屋。现在请求目的未达以前，已决议将应纳之税，按照本年夏委原额等级，送交各该地商会，暂为保存，以候解决。至新制空额税，条例苛烦，类似厘金如实施纠纷尤甚，故应请政府予以取消，而苏商困云。

（1933 年 6 月 18 日，第 14 版）

上海市酱酒业同业公会整顿市价休业一天通告

径启者：敝会为整顿同业市价起见，于代表议定本月二十日同业一律休业一天，表示整顿开始。幸各遵守，谨此通告。

上海市酱酒号业同业公会通告。

（1933 年 6 月 19 日，第 2 版）

酱酒业今日休业

上海市酱酒号业同业公会，为整顿市价，特定今日（二十日）全市同业休业一天，以表示整顿之开始。且更闻该会所设之稽查科，派视察队，驾汽车分头视察，以督玩忽。此后该业对于门售货价，须一律遵照同业公议价目单出售。其挽救同业之意甚深，而用心亦良苦。倘果能一律遵守，则往日弊病，庶几有瘳。是诚该业一线之曙光，将来之福音，但愿划一不乱，于该业深致厚望焉。

（1933 年 6 月 20 日，第 12 版）

沪宁苏烟酒业请愿改订总章

〔南京〕沪宁苏烟酒同业联合会请愿代表团，二十六日续赴财部请愿，请求撤消烟酒新税章，另定妥善办法。并分呈中央党部行政院等，请饬制止施行。据某代表表示，如不能得到圆满结果，各省烟酒商将一致停业，以示坚决。（二十六日专电）

（1933 年 6 月 27 日，第 8 版）

沪宁苏烟酒业代表晋京请愿

——令饬制止新订税额

沪宁苏烟酒业同业公会联合会为财政部税务署新订烟酒定额税，准备于七月一日起征收，特推曹葛仙、郁驯鹿、戴琢庵、金云阶、黄文卿、黄裕明等六代表赴京向各主管机关请愿。兹探得该代表等已就宁市委托李三无律师撰词，具呈中央党部、行政院、立法院、财政部，请求迅予令饬制止。其原文云：

呈为税务署准备非法征收土烟酒税，吁请迅令制止，以重国法，而保民权事。窃自国民政府建都南京，国产烟酒沿用公卖旧制，行之数年，商民尚无不便。比闻钧部税务署，计□废止公卖制度，拟定土酒定额税等章程，并定本年七月一日施行。沪宁苏烟酒业同业公会联合会，因事关国家法律、人民权利，推定葛仙等代表沪宁苏同业来京请愿，恳请停止施行。并具文呈候核夺在案。按吾国宪法尚未制定，现为国家根本大法者，训政时期约法是已。查约法第二十五条，人民依法律有纳税之义务。法律云者，系指依一定之程序，提出法律案，并呈由政治会议决定原则，移送立法院。经由该会之程序通过，国民政府公布者而言。法规制定标准法第一条、立法程序、纲领，第一条、第二条、第五条第二项，均经著有明文。烟酒公卖制度，在训政时期约法公布施行前发生，自属无庸置议。约法公布施行以后，任何国家机关，欲改革任何捐税，固非经过立法院程序制定法律依照施行不可。税务署拟定章程，征收土酒定额税等，既曰章程，顾名思义，当应经过立法程序；既未经过立法程序，其非合法产生之法律可知；既非合法产生之法律，无论章程之内容繁苛重复，轻重失平，异想天开，追溯既往，奇谈怪状，直欲将烟酒商人一律置诸死地，事实上无法可以推行。而其根本既非法律，人民即绝对无服从义务可言。藉令合法制定法律，人民犹得斟酌纳税之能力。各方事实，陈述意见，供立法者事前之参考，安得不顾一切，闭门造车，欲以自由拟定章程，代替国家至尊之法律，强人民以服从之理。葛仙等维护法治精神，不愿政府自陷于不义，理合据忱上达，表明态度。沪宁苏全体烟酒商同业对税署此次拟定之非法的土酒定额税，土烟叶特税章程，决不承认。并请钧部尊重国家法律、人民权利，迅即令饬停止施行，以免发生事变。万一税务署竟悍然不顾，一意孤行，必欲强制，依照新定章程征收，则沪宁苏全体烟酒商人，犹有人心，犹有血气，一致拒绝缴纳，坚持到底，不惜任何牺牲。想钧部必能维持国家威信，法律尊严，不致听任税务署□预从事，激成不幸事件也。垂涕陈词，仰祈采纳，事机紧急，不暇择言，无任屏当待命之至。除分呈外，谨呈中央党部、行政院、立法院、财政部。

代表：曹葛仙、郁驯鹿、戴琢庵、金云阶、黄文卿、黄裕明。

（1933 年 6 月 29 日，第 11 版）

沪宁苏烟酒业联合反对新制税章

——返沪代表再向税署税局请愿　分电院部制止县警协助苛扰
通知各地同业拒缴坚持到底　绍酒业公会昨召集紧急会议

沪宁苏烟酒业联合会，因税务署撤消公卖收税，拟订定额新制，定于七月一日施行。该会等以此项新制，条文苛烦，处罚甚重，实行以后，对于两业商运，利害攸关，故于前日特开两业常务委员临时紧急会议。胥以相距新制实施之日，甚为急迫，对于应付手续，刻不容缓，乃决定仍推赴京请愿返沪之六代表，继续赴税务署及税局请愿，面陈苛烦事实，要求将该项新制废止。并分电中央党部、立法院、行政院、财政部，吁请迅予令饬沪宁苏属市县府，制止公安局协助缴税，以免冲突。兹探录各方电文，分志如下：

分电各机关

南京中央党部、立法院、行政院、财政部钧鉴：窃属会等前以税务署非法制定土烟酒税章程，条文苛烦，罚金綦重，绝灭商运，惨无人道。业经属会等于文日专电，并派代表曹葛仙、金云阶、郁驯鹿、黄裕明、戴琢庵、黄文卿等人赴京请愿。当荷钧部院延见，该代表等陈述新制苛烦事实，辱承采纳，允加修止，又经专文呈请废止在案。讵意事隔一日，消息传来，出人意外。闻昨《新闻报》载：财部廿七日令苏、浙、皖、豫、鄂、闽七省印花烟酒税，土酒定额税务，依限于本年七月一日开办云云一则，不胜骇异。查该署非法制定新税章程，业经依法胪陈，且属会等公推代表赴京，实为沪宁苏属全体烟酒商人请命，原因该署非法新制，手续苛烦，处罚綦重，绝对不能承认；如果强制施行，势必激成事变，谁阶之厉，孰负其咎。属会等以危害沪宁苏全属烟酒两业商运，谨特飞电陈明，仰祈鉴核，迅赐电令该署废止新制，以免激成不幸事件。无任感戴，并盼电复，以慰舆情。

沪宁苏酒业同业公会联合会主席委员张大连，常务委员金云阶、戴琢庵、金家悦、陈尉［蔚］文，沪宁苏烟业同业公会联合会主席委员陈良玉，常务委员郁驯鹿、张素侯、曹葛仙、沈维挺叩。艳印。

呈税务署文

由六代表请愿，而呈税务署文云：呈为恳请废止土烟酒税章程、免征土烟酒税以恤商艰而免纠纷事。窃查国产烟酒，向以公卖抽税，施行十有余载，商民尚无不便。近闻钧署计划，废止公卖，拟定土烟业特税及土酒定额税章程，定于七月一日施行。属会等因事关两业负担，危害生计，推定曹葛仙、金云阶、郁驯鹿、黄裕明、戴琢庵、黄文卿等六人，代表沪宁苏全体同业到京，分向中央党部、立法院、行政院、财政部请愿，陈明新税苛烦，请求停止施行，并专呈财政部核示在案。该代表等返沪报告，立法院见陈秘书，行政院见陈参事，财政部见杨秘书长，代表等详陈新制，条文苛烦，罚金甚重，一旦实行，不仅陡增负担，手续稍一不慎，即罹法网。行见土烟土酒，扫灭殆尽，不啻提倡外货，摧残国产。际兹农村经济破产之秋，救护又恐不遑，何忍再事苛扰，请求迅予令饬废止，以恤商艰。当荷各上级机关负责人员，答以此案由税务署主办。向该署详细陈述，以定行止等词。因是代表等返沪，报请鉴核办理等情前来。据查属会等公推代表赴京，实为沪宁苏全属烟酒商人请命，原因钧署拟行之土烟酒税新制，手续苛烦，处罚甚重，绝对不能承认。如果强制施行，则沪宁苏属全体烟酒商人，犹有人心，犹有血气，当然拒绝缴纳，坚持到底，任何牺牲，在所不惜，势必激生事变，谁阶之厉，孰负其咎。属会等防祸患于未然，止危害于将临，故不得不奔走而呼号也。据报前情，除饬该代表等晋谒陈述外，理合其文呈□，仰钧长鉴赐延见，采纳刍荛，素仰钧长公正廉明，定必毅然废止前项新制，以恤商艰，而免纠纷。时机迫促，急不择言，不胜惶悚待命之至。谨呈财政部税秘署署长谢。又呈江苏印花烟酒税局局长，内容相同，兹从略。

函各县同业

径启者：案查本会等因税务署废止旧章，另订新制，定于七月一日实行，事关两业负担，危害生计。当经推派曹葛仙等六人为代表，赴京请愿，并分呈各上级机关请求废止新制在案。兹据该代表等返沪报告，立法院见陈秘书，行政院见陈参事，财政部见杨秘书长，详陈新制苛烦事实。当荷各上级机关负责人员，答以此案由税务署主办，应向该署详细陈述，以定行止等词。该代表等因是遄返，于本日下午二时，趋赴税务署及烟酒税局请愿。虽未得有圆满，已由该署局负责人员，面允磋商修改。惟是实行之期已届，诚恐各县稽征分局，逢迎音旨，强制施行，则吾沪宁苏属烟酒商人，犹有人心，犹有血气，当然拒绝缴纳，坚持到底。任何牺牲，在所不惜。本会等为防祸患于未然，止危害于将临。除已分呈沪、宁两市政府及苏省政府，并分函各县政府，令饬公安局区所等暂缓协助，以免纠纷扩大外，合亟专函奉达，即希贵会查照。对于本案在未奉立法、行政两院及财政部明令解决以前，如有税方率警苛扰情事发生，先行报请就近商会援助。一面飞电报由本会据理力争，以达解除痛苦之旨。附去致县政府公函一件，即由贵会等推出代表面递，以便接洽也。此致某县烟酒业同业公会，计附公函一件。

呈省市府文

呈为陈明税务署非法制定土烟酒税章程，定期实施，恐有强制行为，激生事变，仰祈钧府令饬公安局区所暂缓协助，以恤商艰而免纠纷事。窃属会前闻财政部税务署，对于二十二年度，烟酒税率，变更章则，撤消公卖，改订土烟叶特税及土酒定额税，条文苛烦，罚金甚重。一旦实行，不仅陡增负担，手续稍一不慎，即罹法网。行见土烟土酒，扫灭殆尽，不啻提倡外货，摧残国产。际兹农村经济破产之秋，救护犹恐不及，何忍再事苛扰。业经属会等大会决议，推定代表六人赴京，分向中央党部、立法院、行政院、财政部请愿，废止该署非法新制。兹据该代表等返沪报告，已得各上级机关许可，俟该署新定章程呈送院部，依据院部有审核修正之权，加以纠正等词。因是代表等返沪，报请察核办理，等情前来。据查该署新制，手续苛烦，处罚甚重，绝对不能承认。如果强制施行，则沪宁苏全属烟酒商人，犹有人心，犹有血气，当然拒绝缴纳，坚持到底。任何牺牲，在所不惜。惟恐该署锐意孤行，令局函请公安局所属区所，派警威胁，必激成事变。谁阶之厉，孰负其咎。属令等防祸患于未然，止危害于将临。除呈沪宁市政府，并分函各县政府外，谨特具文呈请，仰祈钧府鉴核，迅赐令饬公安局通令所属区所，在本案未奉立法、行政两院及财政部明令解决以前，遇有税务署及烟酒税局函请派警，暂缓协助，以恤商艰而免纠纷。仍乞批示祗遵，实为公便。又致各县政府函，内容相同，兹亦从略。

绍酒业会议

绍酒业同公会，昨日下午召集第二十六次紧急执常会议。主席丁锦生、全体执委行礼如仪，提案：关于税务署变更公卖，改为土酒定额税，新订税章于七月一日施行。议该项章程苛烦，税增数倍，商民何堪重负。况受战事影响，尚未恢复，该署遽行苛细章程，吾业营生绝望。全体执委一致议决，通电首都财政部、行政院、立法院、蒋委员长，请求缓行苛征，以恤商困。除呈请部院外，并备文呈请税务署、市政府、市商会，正义保障，公会为民众团体，应尽天职，公理力争，永矢勿护等云。议毕散会。

其呈行政院电文云：

行政院钧鉴：近闻税务署对于苏、浙、皖、赣、闽、鄂、豫七省历年施行酒公卖制度，完全取消，另颁土酒定额税章程四十条，及土酒定额税率表，定于本年七月一日起实行。查该章程条文烦苛，不合商情。该税率表征税过重，民力难负。一旦实行，势必国产渐灭，舶酒畅销，民生堪虞，社会何安。应请钧院长速予制止，暂缓实行，迫切叩祷。

上海市绍酒业同业公会艳叩。

（1933 年 7 月 1 日，第 18 版）

烟酒业反对新税制

——昨又分呈部署吁请　请商会工部局援助

沪宁苏烟酒业联合会，及粱烧酒、土黄酒、绍酒、酱酒、酱园五业公会，为财部税务署二十二年度废止公卖抽税，另订定额新制，条文苛烦，罚金綦重，群起反对，各情已志前报。昨该会等又分别电呈财部税务署及印花烟酒税局等吁请修改新章，以昭平允。兹分录原文如下：

烟业呈文

沪宁苏烟业联合会呈财部税务署、印花烟酒税局文云：

南京财政部税务署署长、印花烟税局钧鉴：窃属会据会员宜兴、南京、吴县、武进、丹阳、无锡、六合、溧阳、金坛、高邮、东台、铜山等烟业同业公会代表郁驯鹿提出意见书内开：谨按土烟业特税章程第二条之规定，每市秤一百斤，征收国币四元一角五分，不知何所标准。若以熏烟而论，大都系由外商采办上等烟叶熏制，实为名贵卷烟制造之原料，售价至少每斤国币三元至十元不等。而国产土制烟丝烟叶每百斤产区价格，不过二元左右者，实居多数，制成之土烟丝，每斤售价，至多三角至四角。售价既属悬殊，烟叶优劣应分，本条均课以每百斤四元一角五分，确有苦乐不匀之概。查公卖费章程烟叶纳费，估价分级征费，似尚平允。现近年卷烟畅销，土烟丝无人问津，营业日见衰败。假使特税第二条不加修改，不但土烟商不堪负担重税，且于产区农民，次烟毫无出路，影响国计民生颇巨。应请贵会转呈财部鉴核，俯察下情。对于估价须分三级，或定为甲级六元、乙级四元、丙级两元，按级课税，方足以昭公允而维农商生计等情。据经属会察核，该代表等所陈意见，确系各县实在情况。对于特税章程第二条，亟应加以修改。且该代表等于晋谒请愿时，曾经陈述，蒙允参酌核办，理合据情电陈，仰祈钧长鉴赐修正，以维商业而昭公允，实为公便。

宁苏烟业同业公会联合会叩。陷印。

酒业呈文

梁烧酒、土黄酒、绍酒、酱园五业公会呈税务署、烟酒税局文云：

呈为推派代表，陈述新制苛烦吁请废止，仰祈鉴赐采纳，以维商运事。窃属会等近闻钧署税务署对于二十二年度废止公卖抽税，另订定额新制，条文苛细，罚金綦重。既已加重负担，又复密布法网，酒业各商，群情惶骇。经于本月二十九日属会等联席会议，佥以此项新制实施，不啻绝灭商运，如果强制施行，绝对不能承认，坚持到底，牺牲不惜。公决：各推代表二人或一人，联合请愿，吁请废止。经众公推梁烧业朱士荣、梅薇阁，黄酒业方忠恒、金菊卿，绍酒业周锦荣、宋锦荣，酱酒业韩星渭，酱园业陈蔚文、宋星绥为请愿代表，全体通过。理合联衔具文呈请，仰祈钧长鉴核，采纳刍荛，废止新制以维商运而免纠纷，无任公感。除函市商会及沪宁苏烟酒业同业公会联合会请求援助外，谨呈财政部税务署长谢、江苏印花烟酒税局长梁、罗。

函商会等

五公会又联合会市商会市商会函云：

径启者：窃敝会等近闻财政部税务署，对于二十二年度废止公卖抽税，另订定额新制，条文苛烦，罚金綦重。既已加重负担，又复密布法网，酒业各商，群情惶骇。经于本月二十九日敝会等联席会议，佥以此项新制实施，不啻绝灭商运。如果强制施行，绝对不能承认，坚持到底，牺牲不惜。公决：各推代表二人或一人，联合请愿，吁请废止并分函沪宁苏烟酒两业同业公会联合会及市商会，请求援助，全体通过。查本案前经敝会等于市商会贵会召集会员大会时，临时动议，提请核转在案。除分函外，为特专函奉达，务祈贵会主持正义，赐以援助，迅予据情力争废止，以维商运，无任感荷。此致沪宁烟酒业同业公会联合会、上海市商会。

函工部局

致公共租界法租界工部局函云：

径启者：窃敝会等以财政部税务署二十二年度烟酒税率，变更章则，废止公卖抽税，另订定额新制，条文苛烦，罚金綦重。租界商人，向因负担营业牌照，捐率巨，故于公卖纳税至微。现订新制，骤增巨额。且既加重负担，又复密布法网。敝业等商人，群情惶骇，经于本月二十九日，敝会联席会议。佥以此项新制实施，不啻绝灭商运。如果强制执行，绝对不能承认，坚持到底，牺牲不惜。惟恐该署锐意孤行，合饬苏、浙、皖统税查验所派员请求贵局，派捕威胁，势必激成事变。谁阶之厉，孰负其咎。敝会等防祸患于未然，止危害于将临，为特专函奉达，务祈贵局查照，维念敝业等平素负缴纳酒牌照之义务。在本案未解决以前，遇有该查验所函请派捕，暂缴协助，以恤商艰而免纠纷。仍乞惠复，以慰舆情，无任公感。此致上海公共租界工部局、法租界工部局。

（1933 年 7 月 2 日，第 16 版）

沪宁苏烟酒业同业公会联合会紧要声明

本联会成立以来，适值税务署颁行未经立法院通过之土烟酒税新制施行，本联合会以其条文苛烦，罚金綦重，任实施绝灭商运。迭经电呈吁请废止尚未解决，难保不有人假借本联会名义秘密行动，图个人之利益，陷两业于沉沦。为特登报声明：凡联会对外一切文件以及代表接洽等项，均有正式书面盖章签名负责，否则任何条件接洽，本联会绝不能承认。尚祈党政税商各界明此真相，勿受欺蒙，以杜物议而彰正义。此启。

（1933 年 7 月 15 日，第 9 版）

土黄酒作同业公会昨日召集会员大会

——议决对付新税办法三项

本市土黄酒作业同业公会，昨日上午十一时开第二届会员代表大会，到会代表二十六人，市党部代表张达夫、市商会代表袁鸿钧、沪宁苏烟酒业联合会代表张大连。主席方忠恒因病，推韩星渭为临时主席。主席报告开会宗旨后，讨论新税条文妨害本业业务实居多数，应如何请求改善以资救济，请公决一案。经众公决，办法三点：（一）对于新税妨害本业各条，应行修改；（二）特别印照仍须保留；（三）容器数量，应请按照原斤折合市秤。如不能达到目的，全体作坊，一律停运停酿。由本业公会致函本市酱酒、酱园两业公会，通知会员，停止取运寄作货物。一面详述理由，函请沪宁苏烟酒业联合会据理力争；一面通函造酒职工会，使其转知各坊原有职工，停止工作，另觅生计。并呈函市党部、社会局、市商会主持正义，赐以援助。誓不达到目的，甘愿牺牲营业，以求最后胜利。全体通过，至下午一时散会云云。

（1933 年 7 月 31 日，第 12 版）

烟酒新税又一反响

沪宁苏烟酒业同业公会联合会昨电南京财政部长、财政部税务署长、湖北印花烟酒税局局长云：

窃属会本月三日准湖北武穴市商会敬日代电开：案据本市烟酒三业同业公会主席朱承农、徐铸卿、李宴何呈称：呈为陈明税率与商情不敷情形，仰祈分别核转，以苏民困事。窃烟酒二项，向由公卖抽税，现奉财政部税务署于二十二年度废止公卖税法，另定新制，条文苛细，处罚綦严。曾经沪宁苏烟酒两业商人佥以此项新制施行，不啻灭绝商运，已向行政、立法两院暨财政部联名请愿，已蒙允予参酌办理，并荷税务署函复沪商会转知烟酒两业商人内开：如事实确有为难，自可从长计议。俾税收商情两能兼顾，足见此项新制尚有酌量变通余地。奈新任广济烟酒两局所，遽尔一再分别通告，限令烟酒商人按照新章实行。且于前任已纳税之货，并令限期列报照章补税，违则罚办。兹将其通告之办法与商情确有为难之重要情形，分陈于下：

查其通告内，限令土烟店将所存烟叶、烟丝、烟筋分别列报，违即罚究，而其口头则又吩谕须按新章补税，已完之税，容呈省局再议。谨就烟行论，原系代客买卖，如代境内店家购办烟叶，当先报验纳税，其叶始敢离行。如叶已进店家，当系早经完税。至于烟叶出口，非经缴纳国税、发给税票，其货亦绝对不能放行，当无偷漏之可言，亦无现税补税之必要。就税率与货价论，他省所产上等烟叶，向由洋商采办，价值较高；而广济烟叶，价值最高不过十元内外，其有仅值一二元不等，只可制造土烟，若照市秤每百斤征税四元一角五分，是税率已经超过货价以上。至于乡农存行另［零］星烟叶，皆是觅主求售，既不内走外运，当无成立买卖行为。甚有甲行难售，随时转送乙行托卖者，不但无列报之必要，更无列报之可能。

再就丝烟商店所存之烟叶而论，进店时已经纳税，曾如上述，且又完纳刨税，复纳营业照捐。原订税章对之烟店商人，无不负担殆尽。惟称烟筋一项，叶系附筋而生，进店时当然并重纳税。且烟筋仅只可作柴薪，有何列报必要。况查土烟叶特税征收章程第七条，土烟完纳特税，刨成烟丝，供人吸用者，暂免征收烟丝税。而该分所通告，限将所刨烟丝及烟筋分别列报，曰非违苛税，究竟用心安在？

再就广济土酒稽征分局通告而论，在此停酿时期，则将所存之酒限期售尽。售时又须另按新章填证纳税，方准放行。不知此项米酒，当于酿时已经纳税，取有税票，何能再税？酒为存酒，设或限内不能售完，因此即干罚办，未免冤抑太甚。况同一政府，同一税收，既税之酒，不能照常出售；既完税，不能认为有效，不惟商人无所适从，自亦有关税政前途威信。至新章内载，如须暂定制酿，应呈报省局。对缸封灶一节，业于停酿时已将灶门掘毁，尽可派员清查。况迩来水匪为灾，营业异常凋敝，商人困苦不堪，一旦存酒不予放行，是制酒商死命。曾经属会根据沪宁苏烟酒商人请愿情形，请以武汉三镇烟酒繁盛之区为先例，恳于新章尚未确定以前缓征，俟窒个通行以后再为实行，不但不蒙核准，指令竟谓轻听奸商教唆，致干未便，大有强迫施行之势。案关税政商情，两有窒碍。烟酒原料，均系产之农村，税法似此苛细，直接虽为累及商场，间接影响座户，更非浅鲜。属会休戚相关，未敢缄默，理合具文呈请钧会，俯赐鉴核，从速分别电请层宪设法救济，并请分转沪汉商会并商联会暨烟酒联合会等处，请予核转层宪，以恤商艰而苏民困，至为公便等情。据此，查政府一方对烟酒两项另定新制，原为统一税率，而在商人一方所陈困难各情，亦系属实。除分别呈转外，相应电遵贵会查照，准予核转南京、湖北各财政行政机关，务请设法救济，俾税务商情，统筹并顾，无任感祷，等由到会。准此，查此案自税务署颁布后，属敝会迭据全体会员声请条文整碍，手续紧迈。据经专电分呈请予修改在案，准电前因，除电财政部税务署、湖北印花烟酒税局外，谨特据情转电，务祈钧长鉴赐设法救济，准将该项章则，量予修改。庶税收商情，两能兼顾，而纠纷不致扩大矣。

沪宁苏酒业同业公会联合会主席委员张大连，常务委员戴琢庵、金家悦、金云阶、陈蔚文，沪宁苏烟业同业公会联合会主席委员陈良玉，常务委员张素候［侯］、郁驯鹿、沈维挺、曹葛仙同叩。支印。

（1933年8月5日，第12版）

上海市酱酒号业同业公会停业宣言

溯自税务署废止公卖、试行定额税以来，酒业同人惴惴不安。原以稍增税额，固愿忍痛接受，如若手续麻烦，动辄得咎，则商人畏之如虎。况是项定额税，偏重理想，按诸事实，窒碍难行。当局亦明知不能推行尽利，故条文规定，按照各省情形，另订施行细则，为之救济，足以证明定额税章程，并非一成不变。且税务署一再表示，容纳商情，尽可从长计议。办理税收者，应如何秉承意旨，体察下情，庶税收商情，两得其益，断非巧使手段欺蒙一时所能奏效。惜用非其人，一意孤行，偏听一二酒业败类之挑唆，将正当法团之公意一概抹煞，致有绍酒业、土黄酒业相继停酿之不幸事件发生。而土黄酒业议决之案，与酒酱业有切肤之痛。经执监会议决，于八月四日召集会员大会提出讨论。经议决，除对于第一点停运问题完全接受外，并议决联络酒业各公团一致力争。如无效果，酒之来源既绝，实行一致停业，静候解决。想变更税则之用意，原为剔除积弊、整顿税收，决不愿以一二人铸成大错，置亿万人生计于不顾。万一风潮扩大，发生不幸事件，有碍地方治安，谁负其责？务乞主持公道，为民请命。爰特谨告全市酱酒同业，所有寄存各作坊之酒一律停运，存货售罄，一致停业，以示坚决，谨此宣言，维希公鉴！

（1933 年 8 月 8 日，第 7 版）

土黄酒改征定额税全市酒厂停业

——工人解雇昨向党政请援

国民社云：财政部税务署自呈准中央，将苏浙等七省烟酒税率变更为卷烟特税及土黄酒定额税后，商方颇表不满，表示反对。本市土黄酒业同业公会业已决议，一致停运停酿，暂行停业，并将全部造酒及酱业工人解雇，静候交涉解决。惟工方以一旦失业，生计堪虞，因于昨晨，由造酒业职业工会推举王炳奎、祁靖泉等十余人分至市党部、社会局请愿援助。市党部方面由民运科干事何元明接见。据工方报告，此次被全体解雇，事前由土黄酒业同业公会于七月三十一日公函造酒业工会，略谓：因加税太重不能维持，经公会决议一致停业，故将工人一律解雇等语。现全市造酒工人将近千余均受失业，请求代为交涉。何干事即允候与社会局会商后再定办法。旋工方又至社会局，由第三科王先青接见。对于资方反对加税而开除全体工人认为非法，允派员调查，再行设法交涉云。

（1933 年 8 月 10 日，第 11 版）

烟酒定额税风潮扩大

——土黄酒绍酒两业已停造停运　酱酒业决俟存货售罄亦停业

财政部税务署废止烟酒公卖，改为定额税。自于七月一日实行后，虽经烟酒业暨市商会等团体一致力争，要求救济无效。土黄酒业实行停造停运，绍酒业决俟存货售罄，亦一致停业，风潮渐扩大，兹志详情如下：

绍酒停运

绍酒业同业公会以烟酒公卖制，已行之二十年。今税务署竟颁布新章，废止公卖，增加税额，以致各会员由浙江绍兴起运各地之绍酒均遭扣留，损失不赀。强迫贴照完税，实为变相之厘金。经公会一再力争无效，以致无法营业。经公会决定实行一致停止，将浙绍之绍酒运往各地，并将停运经过报告联合会请求援助。

土酒停造

土黄酒业同业公会以税务署新章定额税，凡造成之酒，即行贴照，增加税额，以致营业大受打击。经再三力争无效，不得已于八月一日起实行停造，并报告联合会请求援助。于是浦东各土黄酒作一律停业，造酒工人生计发生恐慌。造酒业工会，前日特备呈向市党部社会局请愿，要求救济而免工人失业。

酱酒停业

酱酒业同业公会停业宣言云：溯自税务署废止公卖试行定额税以来，

酒业同人惴惴不安。原以稍增税额，固愿忍痛接受。如若手续麻烦，动辄得咎，则商人畏之如虎。况是项定额税偏重理想，按诸事实，窒碍实行。当局亦明知不能推行尽利，故条文规定，按照各省情形另订施行细则为之救济，足以证明定额税章程并非一成不变。且税务署一再表示容纳商情，尽可从长计议。办理税收者，应如何秉承意旨，体察下情，庶税收商情两得其益。断非巧使手段，蒙欺一时所能奏效。惜用非其人，一意孤行，偏叫一二酒业败类之挑唆，将正当法团之公意一概抹煞，致有绍酒业土黄酒业相继停运停酿之不幸事发生。而土黄酒业议决之案，与酒酱业有切肤之痛。经执监会议决，于八月四日召集会员大会提出讨论，经众议决。并议决联络酒业各公团一致力争，如无效果，酒之来源既绝，实行一致停业，静候解决。想变更税则之用意，原为剔除积弊，整顿税收，决不愿以一二人镌成大错，置亿万人生计于不顾。万一风潮扩大，发生不幸事件，有碍地方治安，谁负其责？务乞主持公道，为民请命。爰特馑告全市酱酒同业，所有寄存各作坊之酒一律停运，存货售罄，一致停业，以示坚决。谨此宣言。

再行力争

新声社记者昨晤酱酒业同业公会常务张大连，据称：自税务署实行新章定额税后，上黄酒业暨绍酒业不堪苛税，相继停造停运。酱酒业因来源断绝，将出之停业，此实系不得已之办法。今除各请界予以援助外，并决俟财政部宋子文返国后再行请愿力争，不达到撤消定额税目的不止，以解商民困苦。

商联会电

全国商会联合会为烟酒特税新章苛细繁重，窒碍难行一案。昨再电呈财政部请撤消重颁修订，兹志原文如下：

南京财政部钧鉴：窃查烟酒特税新章，苛细繁重，窒碍难行一案，属会前准江西九江市商会及福建思明县烟酒业同业公会电请转呈撤消，重行删订到会，当经属会于本年七月俭日、陷日，先后电呈钧部，请求在案。本日又准湖北武穴市商会电，上海市土黄酒业同业公会、酱园业同业公会、酱酒号业同业公会、绍酒业同业公会、粱烧酒行业同业公会等函，暨安徽宿松县各公团推举代表到会陈述，咸谓：土酒销路，受美产倾销及东北去路中断，已大受打击。农民工人赖以生活，已岌岌难支。而土酒亦受洋酒影响，营业亦渐衰落。今公卖改为特税，税率增加，甚至高于售价。且责令已纳旧税之存货，补征新税，商民实无法维持营业，迫不得已，惟有忍痛停运停酿，以示坚决。请求转呈已纳旧税之货物，准免补税，再另行修订新章等由。准此，查废止烟酒公卖旧税，另颁烟酒特税新章，原为统一税法，税法虽经变更，税率何可增加。今借变更税法之名，而行增加税率之实，农工商民于此土酒营业垂危挣扎之时，再加重税，高过于售价，是不啻断其生机。而土酒营业，以洋酒进口，亦渐衰落。所赖以维持者，实以价格较洋酒为廉。今既增加税率，复以苛条峻罚，似亦失政府维护商民之至意。至已纳旧税之货物，再令补完新税，尤背法律不咎既往之原则。况在新税未颁行以前已纳旧税，是在当将已尽纳税之义务。既因销路滞塞，积存至今，栈租利息已赔累不堪，若再补征新税，所谓雪上加霜。属会因目击困苦，未敢壅于上闻，合再电呈钧部察核，恳准撤消新章，另行修改。务于国计民生，兼筹并顾，至为祷切。

全国商会联合会主席林康侯叩。

（1933年8月11日，第12版）

沪宁苏烟酒业联合会力争改善新税

——会议结果呈请当局

沪宁苏烟酒业同业公会联合会前日开第一届第二次常务会议，主席张大连。一、讨论黄裕明诉郁、金、黄三君之对付方法。公决：所有本案诉讼费用，由会正式开支。通过。二、讨论对于新税应否再行进行力争改善章则案。公决：继续进行力争，最低限度须达到改善章则一途，否则任何牺牲均所不惜。三、讨论曹常务来函：（一）新税率规定值百抽几，如无明白规定，绝对不能承认；（二）市秤全国未曾统一，何独于烟酒商人须以市秤为标准。公决：根据原案呈请税方明白解释。通过。四、讨论戴常务来函：（一）根本推翻，双管齐下，并行不悖；（二）沪市烟酒商对新税须有决心及严重对付方法。公决：对于第一点，参照曹常务来函，提起行政诉愿，并转呈立法院、行政院及军事委员会；第二点，将沪市各烟酒商之奋斗情形，详细载入汇刊寄阅，以明真相。通过。五、郁驯鹿提议，烟业新章，毫无标证，并无分优劣，一律征收四元一角五分。应于此案未得相当解决以前，通知各产烟区域一致力争，分级课税，秋烟皮子折半征收。公决：依照原案通知各产烟区域，一致力争，并要求税方，于廉值烟弃，折半课税。通过。六、郁驯鹿提议，新税严峻，致浙西桐乡农妇产烟无销，发生抢米风潮。此事关于地方安宁，实有重大影响，应分呈行政院税务机关，妥为维持案。公决：照原案。通过。七、黄文卿提议，烟叶特税应分级课税案。公决：并入前案办理。通过。八、宜兴酒业公会提议，槽秤较之苏砝秤相差甚巨，应如何救济及是否承认其退税案。公决：并入曹常务提案办理。通过。九、黄文卿提议，本会对于绍酒业公会，请求转呈税方撤委上宝分局黄镛一案，税方如无圆满答复，应如何办理案。公决：续呈财部查办，并请监察院彻究。通过。

（1933 年 8 月 12 日，第 10 版）

酒业反对新税则

嘉兴酱酒业，以此次财部颁行新税章则，不堪担负，特举行联合会议，向财政部提出诉愿。酒业方面对于酒类，相约不再买进，以存酒售完为止。又嘉兴二十七户酿坊，亦停止酿作，并向捐局报闭，以示消极反对。

（1933 年 8 月 15 日，第 12 版）

苏省土酒商联会紧急会议

——新税制纠纷调解未决　下次会议时再商办法

财政部税务司公署近颁布土酒额定税，因烟酒商不堪负担，迭请收回成命，未蒙邀准。沪宁苏烟酒业联合会昨日召集南京、上海暨苏省各县理监事紧急会议，讨论应付办法。到各处代表四十余人，公推主席张大连。

报告经过后，嗣即讨论各案如下：一、新税制纠纷一案，现由卷烟厂公会主席邬挺生君出任调解，业于前日下午一度接洽。对于本会要求各点未能圆满解决，请公决案。议决：对于此案，待晤邬挺生君后，再于二十二日下午四时召集各委会议，如不能圆满解决，于下次会议时再行筹商应付。二、推定除前日一度接洽之各代表外，再添推金云阶、黄文卿、王兆如三君，并须整个解决，不得单独进行调解。三、黄裕明与郁驯鹿等涉讼一案，现由李广珍及陈良玉、张大连、沈维挺互助和解，要求本会撤回假议决案。议决：通过。四、市商会等发起欢迎部长回国大会，本会应否加入案。议决：加入，交常委会负责。五、联合汇刊月出四期，每月印刷费及邮票开支须在二百元之谱。对于此项开支，应如何筹募案。议决：保留。

（1933 年 8 月 21 日，第 14 版）

梁烧酒行业公会开会记

上海梁烧酒行同业公会，于八月二十四日下午二时，开临时会员大会，主席贺祥生。一、报告事项（略）。二、讨论事项：（一）航空救国捐，前由公会垫缴洋二百元，惟该项捐款，只募到一百六十八元，尚短卅二元，应如何办理案。议决：由公会付账。（二）前本会垫付沪宁苏酒业联合会垫款洋一百元，应如何支付案。议决：划拨会费洋四十元、月刊费洋十元外，余数由该会发还。（三）报载税务署关系于烟酒定额税问答纪，对于改装瓶酒仍须重税，应如何办理案。议决：瓶酒之酒，业已照章完税，应再呈请税务署及省局，请求体察实情，免予重征，推胡幼庵君撰文。（四）义庆永酒行因被二区警察扣货伤人，并捣毁货物，越界拘人，函请依法援助，应如何办理案。议决：呈请上海市政府彻究，并函市商会主持公道。（五）略。（六）牛庄酒客报告，税务署重征产地酒税，不堪负担，请求援助，应如何办理案。议决：推胡幼庵、倪仰周、贺祥生、张观寿四君会同牛庄酒客于明日下午二时在公会集议，讨论救济办法。（七）上宝分局来函，嘱转知各行依表登记案。议决：转致各行办理。（八）本会会员会费有未缴者，按照会章规定，满六月者，以出会论，应如何办理案。议决：由公会致函欠缴会费同行，限于九月十日以前将欠缴会费如数交清，否者依照会章办理。

（1933 年 8 月 28 日，第 13 版）

酱酒号业整理市价

本市酱酒号同业公会自整理市价委员会成立以来，工作异常紧张。闻该会自业规公布以后，各区遵行者果已多数，然未履行者，亦属不少。现该会为谋全市一律起见，限未组织小组之区于一星期内完成，一俟组织就绪，即举行全市组长会议。又日前该会查得宝康号不守业规一案，现该号自愿登报悔过，惟对于以后如再有不守业规之同业，一经查觉，定当照章处罚，决不通融。并悉该会自奉八月四日大会决议，因经济困难，征收特别捐以来，进行甚为顺利。

（1933 年 9 月 12 日，第 12 版）

酒业联合会请免登记门售土酒

——并免退税补税手续以安商业

沪宁苏酒业同业公会联合会，昨代电财政部税务署暨江苏印花烟酒税局文云：

顷据会员上海市酱酒业同业公会常务委员陈锡康、韩星渭、岑光卿等文称：窃闻传言，不日检查贩卖商存酒，并须登记及办退税补税手续。上宝局虽未正式通告敝会，但多数会员纷纷到会询问真相，并陈述贩卖门售商店，无检查登记及退税补税必要。谨将理由摘录数则于下：

（一）土酒贩卖商，实可改称土酒门售商。因无论何种土酒，一入酒酱众商店，必开坛拼合，零沽售出。原坛售出虽或有，只不过千分之一二，实与刨烟丝店之性质相同，并非将原坛土酒专事贩卖。此中情形，应请注意者一也。

（二）酱酒商店，既以门售为业，存货当然有限。合南商店，多至三千余家，店亦大小不一，存货少者只四五坛，或有十余坛，至多亦不足百坛。如办登记，不独手续麻烦，数量亦万难准确。因其逐日开售，进货无定，须视门售营业盛衰为进退，岂非徒滋纷扰，与事实无补。此应请注意者二也。

（三）退税补税，如向酱酒商店办此手续，必致引起重大纠纷，因退税必须单照相符。但酱酒商店在公卖时代，只有印照并无联单。况白酒如系卸酒，单照一并无之，其实并不漏税，责令照补，商人焉能甘伏？况同一办税人、同一政府之官厅，事实俱在，均可根究，岂能强令商人受此巨亏。如追溯既往，应由办理公卖之官厅共负斯卖，始昭公道，否则酱酒业商人誓不承认。此应请注意者三也。

（四）政府办法，原则剔除中饱，涓滴归公，遵章纳税之正当商人，应予体恤，不加苛扰，方为绥安商业、培养税源之道。今由分局沽量贴照，复设专局沿途查验防弊不为不周，何必至门沽商店检查存货，必使商人受无限纷扰而后已。况上海为特殊情形，租界是否同时受检，所谓公平划一者何在。此应请注意者四也。

综合以上情形，非常急迫，为此沥情上述，仰祈转呈税务署省局迅赐批准。关于酱酒业门售土酒，免予登记及退税补税手续，以安商业等情到会。据此，除分电外，合□快邮电陈，仰祈钧长鉴准批示，俾使转知，实为公便。

沪宁苏酒业同业公会联合会主席委员张大连叩。感印。

（1933 年 10 月 28 日，第 13 版）

沪宁苏烟酒业代表赴京请愿

——请求修改新税税则　控诉税务署长谢祺

沪宁苏烟业同业公会联合会、酒业同业公会联合会，因关于新税则问题，迭次抗争，均无结果，因此两业商人暨有关系之职工，俱感觉异常痛苦，当经推派代表郁驯鹿、张素侯、张大连、陈蔚文等八人为请愿代表于二十五日赴京，召集各代表，讨论具体办法两种：（一）呈请修改税则；（二）控诉税务署长谢祺。当于三十日分赴行政院、监察院、财政部请愿，并递呈文。兹录原文如下：

呈府院文

呈为呈明税务署长变更旧制，另订新章，病税扰商，胪举事实，仰祈钧院鉴赐咨部，撤职惩办，以重国课而维民生事。窃查财政部所属之税务署署长谢祺，本以办理卷烟税及统税稍具成效，对于土烟火酒税情形，素未谙习。况土烟土酒，有相当历史，各地风土习惯，特殊不同，关系农民副业，尤与卷烟产销性质截然两歧。今以素办统税于烟税并无经验者接办其事，本已用非其人。故谢署长接办之初，即违反众意，以烟酒两业嫉恶如仇之投标包商制，早经国民政府明令禁绝。而该署长于二十一年度，美其名曰选委制，实为投标包商之变相，一切手续，悉与投标无异，引起一般包商剧烈竞争。不但烟酒商人受其荼毒，以致办税份子非常复杂，从此税收纷歧，偏颇不匀，肥者满载引笑而去，瘠者短欠公款，弃职潜逃，历年公卖政绩，皆被扫荡无遗。请一查二十一年度选委制原案，即可知其底蕴。该署长藐视政令，办理失当，自知难辞其咎，欲图挽救已倒狂澜，弥盖前非，乃异想天开，始有土烟特税、土酒定额税，作进一步之计划。假使计划得售，均可诿诸公卖制度不良，实蹈鲁莽操切、刚愎［愎］自用之嫌。须知凡百政制，事在人为，若以公卖税额，经过十数年来之改革，虽不能尽善尽美，断不致妨碍国税，扰商病民，何至遽予废弃！事前理应博采周咨，何必严守秘密。若谢署长果有真才，明知旧制有弊，应从剔除积弊上着想，亦无须改弦更张，只将旧制去其渣滓，存其精华，足矣。但求税收增丰，中饱渐绝，上可裕国，下能绥商，庶称当世办税伤秀人材。今该署长接办二年，已纷更二次，并有仿照卷烟办理统税之说，若斯朝令暮更，人民难以适从。兹贸然定此非骡非马之土烟特税、土酒定额税，完全不谙烟酒有特殊情形，关系农村商业，影响社会安宁，岂堂堂全国税署，竟无一熟悉烟酒情形之人。是项税制，实可称为苛捐杂税之一，吾国民党党纲，悬为厉禁。今将苛扰各条胪举于后：

（一）税率不平。查仿绍酒（即绍籍酒商苏制土黄酒）各属土黄酒税率，每百市斤征税八角。而绍商苏制之土黄烟，税方巧立名目，为仿绍酒，每百市斤征税为一元四角，较增税率六角。其对于浙省各县之绍籍酒商酿制黄酒，仍照土黄酒同等征税，并不分晰浙商籍贯。再各绍酒产地为一元四角，销地二元，乡省产销，数应平匀，倒能遽增六角。且绍商苏制黄酒，向按土黄酒同等征费，不分酒商籍贯（因绍商黄酒与本乡黄酒原料不分区别，售价不相上下），应顺万产，平等待遇。至绍兴黄酒，因其产在旧绍兴府，营销外埠，习惯名称为绍兴酒，其在旧绍府境营销者，仍称黄酒。税方对于浙省旧绍兴府属所产之黄酒，分订税率。绍兴酒每百市斤为一元四角，其他县属所产黄酒分称为土黄酒，每百市斤税率一元。且向章绍酒，于产区内征收省税附加税，每百斤八角六分四厘，公卖费八角，共计一元六角六分四厘。苏省于裁厘时，省税早经取消，只征公卖费，每百斤一元二角，商民认办，实缴每百斤七角六分八厘。现改新制，如依据原公卖费值百抽二十之规定，何独于绍酒骤增，每百斤征收二元，实在税率，加重一元二角三分二厘，销地重于产地，不辩自明。又如上海土黄酒，向例租界无税，华界半税。（即特别照）今新制对于租界，既未能实施征税，而于华界则遽尔取消半税，追征全税。以上三端，即为税率不平之明证也。

（二）沿途勒索。查从前公卖时期，商人运输烟酒，只须缴纳费税，即可通行无阻。今也新制施行，既已纳税领证，沿途经过查验，考其查验手续，形同变相厘金。又复种种留难，均须纳款，方能通行。如江阴烟叶六十九件，途经苏吴查验，每件勒索一角，纳费六元九角；又如灌云烟叶十五件，被灌东赣分局每件勒索一元，纳费十五元（以上两案，均经属会专电江苏省局，查办有案）。又如泰兴张客来酒四船，经过苏吴之横塘镇，酒已照章完税贴证，讵该处巡船许稽查，诬指贴税不足，强勒补税二百担之巨，并拟处罚五千元云。实际则欲希冀索取照票费用，复经该客报请，按器开坛查验，分量税额，两均符合。在理自应放行，乃该稽查以索诈不遂，诬称殴辱稽查，将客扭送当地公安分局，拘留五日之久。以上三端，即为沿途勒索之明证也。

（三）罚则綦重。查泰兴酒转运货至沪，从前公费概以五八折算，此次改订新制，报经分局规定，连皮七五折算，遵章补税贴证，讵查验所复验，指为不符，强令八折算，并将折余四十余担，认为酒商故意取巧偷漏，所贴税证，完全作废，重行征税。且将该酒处以充公，并加五倍以上之罚金。此为罚则綦重之明证也。

（四）迹近重征。查政府明令，一物一税，烟酒存货，已缴公卖费税，当然货已纳税，即使改订新章，断无重征之理。如昔裁厘改税，面粉、纱布、水泥、洋火等项，改征统税，未见复向商店退还旧税、追补新税。今于烟酒两业，商店存货，勒令退旧补新，不啻一税重征。且如零卖商店之存货，既已完纳公卖费税，当筹无登记之必要（如上海之酱酒业呈请免补新税，即此例也），否则即为迹近重征之明证也。

（五）待遇歧异。查土酒定额税，既分种类，税率分计。而土烟叶特税，不分高下，一律以每百市斤征及国币四元一角五分。如上等烟叶七八十元者，征四元一角五分，而下等脚皮秋烟二三元者，亦征四元一角五分，成本相差，不啻天壤。理应按照酒类分别优劣，厘订税率，否则即为待遇歧异之明证也。

总核上列各点，苛扰已成事实。矧又积习未除，新弊丛生，自谓法良意美，百利而无一害。乃改革后，烟酒税收较前锐减。推厥原因，乃该署长之实施不良，故于施行之初，即用勾结手腕，以属会之执行委员黄裕明（即黄镛）为上宝分局长，使之为虎作伥，严行压迫。讵意民心未死，公理尚存，该分局长办理三月，成绩毫无，羞而引退。纠纷数月，税商交困。要知商人对于政府增税，体念时艰，尽我义务，自可忍痛接受，当无反抗之理，惟求税率平允，手续便利耳。今该署长偏持成见，仇视商民。商民何辜，遭命荼毒。属会等为沪宁苏全属烟酒两业商民请民，谨特推派代表，胪举事实，具文呈请，仰祈钧院鉴核，迅赐咨部，撤职惩办，以重国课而维民生，无任公感。

除呈行政院、监察院、暨财政部外，谨呈国民政府监察院院长于、行政院院长汪。

沪宁苏酒业同业公会联合会主席委员郁驯鹿，常务委员张素侯、曹葛仙、许颂吉、姚建三，沪宁苏酒业同业公会联合会主席委员张大连，常务委员金云阶、戴琢庵、金家悦、陈蔚文。

（1933 年 12 月 1 日，第 13 版）

酱酒业昨开大会　议决各案志在必行

本市酱酒业同业因土酒定额税施行以来，病商苛扰，窒碍难行。于昨日下午在该会会所召集会员代表大会，到市党部代表何元明、社会局代表宋钟庆、市商会来如璋、沪宁苏烟酒联合会张素侯、各酒业公会代表及全体会员百余人。主席韩星渭报告开会宗旨，略谓：今日大会，为税务署颁布土酒定额税施行以来，苛扰不已，而退税补税手续繁兴。现虽已由张委员大连等晋京请愿，然同业仍须共同起来，力谋应付。继有请愿代表张大连报告赴京向各院部请愿经过情形。毕即开始讨论议案：（一）土酒定额税要求修改，以便手续；（二）对于存货退税补税，一致否认；（三）要求撤换税务署长；（四）如不能达到目的，愿一致停业。以上一并决议通过。最后对于食盐加价，请求政府明折公布，以免包商操纵。即使实在，再行呈请政府从轻加税，以恤民艰。

（1933 年 12 月 5 日，第 14 版）

沪宁苏烟酒业联合会再电请修改烟酒新制

——并请撤换署长取消退税补税

沪宁苏烟酒两业联合会暨绍酒商前为请愿修改烟酒新制，曾要求撤换税务署长，前已久未奉到部批。昨又电南京财政部孔部长云：窃代表等陷日、支日请愿修改烟酒新制，要求撤换税务署长谢祺，并请制止退税补税。先后上呈二件，蒙派顾主任、张秘书延见，经由代表等详细陈述，允将下情上达，谅邀鉴及。惟是两业商人，感受新制束缚，已阅五月，痛苦已臻极点，亟待解我倒悬，若大旱之望云霓。兼之分局对于退税补税，严厉催追，不容稍缓。商民何辜，受斯苛扰。谨特飞电叩请钧长，迅将本案赐以救济，先令苛征之谢署长退职，另委贤能充任，一面修改烟酒新制，取消退税补税，以慰舆情而裕国课，无任公感。

沪宁苏烟酒两业联合会暨绍赣酒商代表张大连、郁驯鹿、金云阶、张素侯、章南亭等同叩。齐印。

（1933 年 12 月 12 日，第 9 版）

土黄酒业公会

——议决本年酿酒米价标准

土黄酒业同业公会于前日开会员会，主席方忠恒。所议各案录后：

（一）讨论对于本年度酿酒每级米价，以何为标准案。公决：无论代酿或自酿，每级米量以十四石七斗半为标准，每石以六元九角二分核算，计洋一零二元零七分，每级酒解市称重量四千六百二十斤。此项核算，系根据前海斛八四八折计算。（二）讨论本业对于税方登记问题案。公决：本业制存之酒，依照定章，履行登记手续。惟若所酿之酒，营销他埠，倘使到达该埠后，开有次酒，则作坊因藏酒之器，早已预封，美否自己亦未知悉。故或有开罐次酒，须由税方解释予以保证，制酿者不负其责，再登记总以九折为标准（譬如一百罐登记九十罐）。登记表上填明数量盖章后送会，由本会汇齐后，报送税方备案。

（1933 年 1 月 22 日，第 11 版）

烟酒业通告领取牌照

上海市烟兑沪南北曾事处、汾酒业公会、绍酒业公会、酱酒业公会、酱园业公会，昨联名发致全体各会员通告云：为通告事。案查烟酒营业牌照税，前准税所函知，奉令切实整顿，以符定章，经由本会等联席会议决定办法：公推代表，陈述困难，请求维持原状；一面援照上届成案，接受会员委托，代领牌照，并两度召集有关各业会员会议在案。嗣以联席会议，发生误解，恐成意见，当由本会等表决，各业各推代表，负责办理，再向税方请愿。结果大致相同，已荷税方体恤商艰，通融办理，亦援照上年度贴补加成办法，每税额一元，除原贴三成外，另加补助二成（即每元加洋二角），以本年度终了为止。除将代领春季牌照税款，造具名册，连同旧照送交税所查收外，合亟通告，仰即知照，迅于本月二十九日以前，各按原额，加补每元二角，将前领收条，持赴本会领取正式牌照，以安营业，逾限不领。本会等尊重国课，完备手续，截数清交税所办理，恐须征逾期罚金，盼速勿延。此告。

（1934 年 1 月 27 日，第 13 版）

绍酒业公会开会纪

上海市绍酒业同业公会昨日下午开第四五次执常联席会议，主席丁锦生。行礼如仪，报告提案：（一）本会经济困难。（二）同业绍酒运沪，自改定额税，按加大等酒额外征收八斤，于一月二十五日奉令取消八斤。决议：实贴通告与新公记知照会员一律照除八斤完纳二案，提交会员大会通告。（三）定于一月三十日召集会员紧急代表大会。（四）警告闸口某号，着将上年所欠会费缴清案。（五）浙省高等法院来函，关于罗梅生生前在王宝和经理任内，所有一切经济问题，推定陈镜云、王厚德向王宝和详细调查真相据复案。（六）减低房租委员会来函称，筹认开办费案。议决：认五元照送。（七）各同业公会请求免征公产地价税联合会筹费案。议决：照该会议决案照送。以上七件，一致议决，通过散会。

（1934 年 1 月 29 日，第 11 版）

闵行酱酒业公会会员大会

——改选半数执委

县属闵行镇酱酒业同业公会，成立以来，已逾两载，依法应改选半数执委，特于昨日举行第二次会员大会，由县党部代表陆伯周指导，县政府代表吴时芳监选。因现任执委七人中王荣光已离职他去，当依法抽去张云卿、郭德荣二人，旋即散票。选举结果，朱季安、顾砥清、吴生园三人当选第二届执委。继讨论订立业规，当即议决通过，俟呈奉县政府核准后，公布施行。

（1934 年 1 月 31 日，第 13 版）

绍酒业公会代表会纪

上海市绍酒业同业公会，昨日下午二时召集会员代表会议，市商会代表李如璋、烟酒联合会代表金云阶，会员六十一人，主席丁锦生。全体行礼如仪，报告开会宗旨：（一）提案，关于同业税率勖勉登记案；（二）于一月二十五日令遵取消产区多征加大八斤案；（三）筹措公会经济来源案；（四）追认第四五次执常会议决案，推举经济委员陈镜云、周锦荣、王步云、方长生会员，公推谢长根五同志负责，以陈镜云保管经济，周王、方、谢轮流负责督饬。以上四案，一致议决通过。七时散会。

（1934 年 2 月 1 日，第 15 版）

土黄酒业催送存酒登记表

——限本月底填齐送会汇转

本市土黄同业公会，昨开临时会员会议，催送存酒登记表。经众议决，限本月底一律填齐送会汇转。兹录该会催报函云：径启者：案查本业登记一案，迭经本会发表催填，据报到者，仅有三分之一。兹于本月二十日临时会员会议决：各作坊存酒，概以九折填表登记，□律于本月末日截止，将表送会，不得再延，本会一俟送齐，即日汇送税局，转呈备案。表列如“逐日产酒数量”、“批发及零沽数量”、“酿缸烧池尺寸”等项，业由本会声叙困难，函请税方予以通融，可以不必填报。如各坊延不具报，将来发生纠纷，本会不负责任，全体通过在案。为特专函通知，再附发表一份，务希宝坊依据议案，从速填报送会，俾便汇转，以免延误而完手续云。

（1934 年 2 月 22 日，第 13 版）

绍酒业公会开会纪

上海市绍酒业同业公会，昨日开第四十七次执常会员联席会议，主席丁锦生。行礼如仪，报告议案：（一）市商会一月二十七日公函详明公会经费案；（二）吴县绍酒公会复函，绍运沪协助势有不及案（提案）；（三）公会根据第二届第四次会员代表大会议案，执行经济案；（四）转运公司代收会费，按月结算为联泰，如有不清，由陈镜云君负责。一致通过，遂即散会。

（1934 年 2 月 23 日，第 13 版）

市绍酒业公会开会纪

上海市绍酒业同业公会，于二十二日下午三时开第四八次执常会议，主席丁锦生。行礼如仪后，即报告议案：（一）报告陈酒案；（二）会员证须改选前制就，发给会员以凭出席；（三）茅长顺被扣之酒，及同业各号被扣之酒，并案交涉发还案；（四）市商会发来会计制度表，向各号填送案；（五）纳税华人会代表资格，照上年报送；（六）孙济和报称，袁仰安律师函照孙济和仿豫丰泰菊叶青商标事，先行调解案；（七）同业自上年度受土酒定额税税率不平，会员负担太重，同业营业，危险万分，破产立待，推定丁锦生、王世麟、陈镜云、周锦荣、宋锦荣负责办理，减轻会员负担，以维营业。以上七件，一致通过，旋即散会。

（1934 年 3 月 24 日，第 14 版）

酱酒业公会整顿会规

上海市酱酒业同业公会据会员元泰号函称“同业苏永利号放盘过当，捣乱市面，实属破坏会规，应请予以纠正”等语。当经派员调查属实，于本月二十六日召开会议，并邀元泰及苏永利两号经理出席，以谋解决。乃届时苏永利号托故缺席，致仍无结果。闻该会一部分会员，以事关同业利益及公会信用，已催请公会常委，对破坏会规而故意规避处分者，妥筹应付办法云。

（1934 年 3 月 30 日，第 13 版）

沪宁苏烟酒联合会函催各会员团体缴费

——否则联会经费无着势将解体　年度将届税则可改责任正重

沪宁苏烟酒业同业公会，成立于去年税署改革新章之际，当时各市县烟酒业公会咸以新章病商扰民，力争改革，但以格于法令，未获废弃。近各会员团体欠缴会费更多，致联合会经费支绌，不能维持，经议决分区推定经济委员负责征收。昨日该会常务委员兼第八区经济委员戴琢庵致函各区经济委员，阐明年度税方因改革税收不裕，又将改图，联会工作，仍甚重要，望向各会员团体解释利害，共维大局。原函云：

径启者：案查本会成立以来，已阅九月，经济支出，日处窘乡，以致亏垫二千六百余元。如截至春季止，以收起会费二千余元而抵补之，实亏不过六百余元。会费征收困难，积欠秋冬两季者实居多数，会无经费，何能支持？经本届临时会员大会议决，组织经济委员会，划分八区，负责催劝。并由到会各区会员，推定各区委员纪录在案。复经经济委员会议决，由本会将志愿书连同各区入会烟酒两会会员代表名单，及原定会费额数，暨各会员欠费单分别印发，统以二十日为限，函复本会，以资通盘计划。如到期仍无办法，则联会将无形结束矣。谨按烟酒两业，各地皆有，如同一盘散沙。民国以来，捐税重迭，有加无已，予取予求，听人宰割，皆因无团结抵抗之力有以致之。去岁上海市各公会努力奋起，大声疾呼，始有沪宁苏烟酒联合会之组织。当日成立大会，参加者百余公会，一种热烈表现，足为烟酒商增光不少。曾几何时，乃因经费问题，竟致陷于困难状态，在不知内容者，必将以五分钟热度相讥。其实并不尽然，愚见所及，显系别有原因。联会成立之始，会员所抱希望较大，其时适当税章变更，联会工作数月，目的未达，必为多数会员所不满。实则彼时之改章，由于前任税务署长谢祺之刚愎自用，于年度交接时，用迅雷不及掩耳之手段公布施行，是以根本上不易推翻。然而联会屡推代表向各处请愿，奔走呼号，卒于苛刻章则中，力争变通者，亦尚不少，工作非不尽力。假使当时无联会作前驱，则各地烟酒商受税收人员之苛虐待遇，其痛苦正不知若何程度也。人世之事，有有形之利益，有无形之利益。联会成立至今，纵鲜功绩，亦可无过。吾人赞成在先，应具决心，断不可以其成效无多，而坐视解体。试思联会果尔无形消灭，外人更将笑我不能团结，将来受人鱼肉，尤属意中之事。况现距年度终了，仅有三月时间，本年度因章程变更之故，商民痛苦甚深，税收反形短绌。主管机关应亦明了改革之非计，识者皆料下年度仍将改变方针。故此后请求改善税章，为同业谋种种福利，所希望于联会者，至为重大。万事非金钱不办，联会经费无着，从何支持？此次议决印发志愿书，令各公会填报，揆其用意，系属一种测验，以视各会会员对于联合会有无拥护诚意。换言之，如果一致放弃，联会亦将无形消灭，不复维持存在。事关沪宁苏三省市各地同业利害关键，未敢安于缄默，谨特剀切直陈，深信台端赞成于先，定必维持于后。务希将鄙意通函该区各会员，迅将志愿书填就送会，至所欠秋冬连同应交春夏会费，为数无几，谅亦不难措交，即祈督促克日寄会，以资接济。事关公共福利，幸勿漠视搁置，是所至祷。

（1934 年 4 月 5 日，第 13 版）

酒菜馆业函请将额外税款载明牌照

酒菜馆业公会对于酒捐牌照额外加税，于法不合，经会员提议，主张补正合法手续，否则反对。致函上宝烟酒税稽征所原函如下：

径启者：顷接会员大全福来函陈称，为烟酒税局增税问题，与各业同业公会力争解决，结果照原额再加补助两成，以一年为限，其牌照印花税洋照实贴者付之等由。足见诸执事为同业谋福利，并顾全局方面子，一片苦心，不胜感谢。但本馆创设未久，对于该局之额外增税，根据何种理由，未蒙贵会通告，故不甚明了。查该局过去廿二年度所发给之牌照，额外征收三成，绝无批载文字，已觉不合法理。此次又在市面不景气之情况中突然增税，是否呈奉财部或部令修正酒类营业牌照税暂行章程，敬希录案示知，俾明真相。二成之数，既由诸执事应允，本馆为尊重代表起见，未便违反决议。但有一点要求，希望诸执事代表全体会员，向烟酒税局声明征收额外五成税时，必需［须］在牌上批明，加盖印章，以明责任，否则只遵部章办理等情。据此，查会员支出款项□应以单据为凭，酒捐牌照，事同一律，额外增征税款，应将所收得税款载明牌照盖章，以明会计责任，不无理由，务请贵局办理示复为荷。

（1934 年 4 月 25 日，第 12 版）

酒业联合会呈税局再请通融退旧补新

沪宁苏市县酒业同业公会联合会，昨再呈江苏印花烟酒税局云：呈为奉批，再行声请，仰祈钧局俯念商艰，准予通融退旧补新事。窃属会等据会员金坛油酒酱业同业公会函报，奉仁兴号存酒，遵奉登记，退旧补新一案，据情呈请核准，旋奉批驳，嗣于四月三日按其事实，又复专呈请求。兹奉钧局第十六号批开：呈悉。查原颁土酒，补税退税办法，报验存货及请求退税时期，规定限七月卅一日截止。嗣以各地有人请愿变通，经呈奉财政部税务署核准，对于贩卖商存酒，准予展期三个月，其存于槽坊或制酒商户，未经售于贩卖商之手者，不在展期之列。该金坛奉仁兴槽坊查照署令，本不能展期补税，并未遵照原颁办法，于七月卅一日以前报验存酒，请求退税，非逾限而何？该管分局暨稽征所仍予登记，及呈报迟延，固属办理不当，而该商延宕自误，岂容藉此诿卸。来呈殊多误会，所请仍难照准等因下会。奉此，查定额税施行之初，各地商人类皆未谙章则，匪独金坛一区。考其实际，呈报容有逾期，查验确在限内。此该稽征所主任张大钧所经办派员查询，即明真相。故本案之纠纷，诚如钧批所谓双方手续，均有错误。惟念商人处于时局维艰、营业凋敝之秋，若再使受巨大损失，恐令业务停顿，于税于商，两均受困。属会为裕税绥商计，不敢安于缄默，奉批前因，理合再呈声明，仰祈钧长鉴核，俯念商艰，准予通融退旧补新，以示礼恤，无任公感，仍乞批示祗遵。谨呈江苏印花烟酒税局长盛罗。沪宁苏市县酒业同业公会联合会主席委员张大连，常务委员陈蔚文、金家悦、戴琢庵、金云阶。

（1934 年 5 月 7 日，第 9 版）

酒业联合会请准土烟普遍改装

沪宁苏市县烟酒业同业公会联合会，昨据各县会员函请本省境内土酒普遍改装，由区分局办理，以利商运而裕税收。该会据情，分呈财政部及税务署暨江苏印花烟酒税局请求核准，并分函全国商联会及江苏省商联会，顾念全省酒商困苦，协助陈情。兹录其原呈如下：

呈为据情，陈请本省境内土酒准予普遍改装，由区分局办理，以利商运而重税收，仰祈鉴核事。窃属会据会员昆山、宜兴、溧阳、金坛、丹阳等县酒业公会函称，查土酒定额税新章，设有改装一项，原为顾恤商情、便于贩运起见。然本省试办以来，限制改装地点，致甲县之酒，不能与乙县享同等待遇，而各县应行改装之酒，更因种种窒碍，未能实时出运，或竟无法改装，销场从而迟滞。故定额税制虽施行未久，而商民痛苦，实感受已深。良以土酒销场，每因市价之高下、存货之多寡，而辗转贩运。故实际需要改装，并不限于商业繁盛区域，即偏僻之地，亦属相同。盖烧酒高粱等，随地均有改装之必要，一经限制，窒碍殊多。缘贩卖商人，于货品成交后，大都收回原装容器。故甲地遵章纳税运照证俱全之酒，一经运销乙地，更易容器，则新容器上即无税证存在。如以运照为标准，在零星门市发购，自无问题发生，若遇趸批行运，则是项土酒报捐与否，实属无法证明。倘任其无证运销，则狡黠商人，遂得藉口运私，不特妨害税收，抑且有损业务。如果认为私酒，从严取缔，则酒经纳税，同遭抑勒，揆诸情理，实有未平。欲救此弊，惟有普遍改装，认真手续。否则经征机关，既乏查验标准，苛扰留难，在所难免，影响营业，殊非浅鲜。当创办之初，曾由贵会将新制窒碍各点，请求修改。呈奉江苏印花烟酒税局第一三五号批，土酒改装一项，核准推广武进为改装地点，并准在设有统税管理或查验机关之所在地，当可察酌情形，随时呈请增定推广。是各县土酒，咸有改装需要情形，早邀省局所洞察。特以统税查验机关未能普遍设立，故土酒改装地点，自不得不随查验机关之有无而酌加限制。现在区分局制业已变更，各县另设稽征所，由所长负责征解，核定比额，实行三级制度。是分局长已处于纯粹监督地位，非若曩时负直接征解责任，应由第三者从旁监督可比。嗣后关于各县查验改装职权，自应由区分局长派员，分驻所在地，照章执行，不必再由统税机关兼。如此，则改装得以普遍续手，易于检查，在分局长负有专责，既可改事权统一之效，而商人贩运土酒，亦不致因争执留难致稽时日，实于税收营业前途，两有裨益。敝会等各县，均至核定改装地点以外，际兹区分局制度变更伊始，为免除同业痛苦，便利土酒贩运起见，合亟联名函请贵会查照，迅予据情吁请财政部税务署暨江苏印花烟酒税局：凡在本省境内贩运土酒，不论产地销地，准予普遍改装，即由区分局长派员查验，以苏商困而重榷政等情。到会，据查土酒改装，便利商运，严确稽核，营业既能发展，税收更可充裕。如若加以限制，匪特贩运发生障碍，□之税政转多流弊。该会等陈请，凡在不［本］省境内贩运土酒，不论产销，准予普遍改装，由区分局办理，既可收事权统一之效，又可免苛扰留难之弊，于税于商，两均获益，诚为酒业前途切要之图。据函前情，除分呈外，理合具文呈请，仰祈钧长鉴核，体念商困，俯如所请，批准施行，实为公感。谨呈国民政府财政部部长孔、财政部税务署署长吴、江苏印花烟酒税局局长盛。

沪宁苏市县烟酒业同业公会联合会主席委员张大连，常务委员金云阶、戴琢庵呈。

（1934 年 5 月 14 日，第 12 版）

绍酒业公会改选会

上海市绍酒业同业公会，于六月十八日下午二时，开第三届改选大会，会员出席九十一人，市党部代表朱亚揆、市商会代表李如璋、社会局代表谢孔南，主席丁锦生，建议者汤汉民，司仪王厚德，纪录潘和生。行礼如仪，静默，上级训话，开始选举，由上级监票。当时选出新执委汤汉民四三票，方长生三三票，谢锦奎二六票，叶星樵二三票，王之强二二票，谢长根一三票，候补执委王世麟十二票，章毓德十一票。当然委员陈镜云、周锦荣、陆松高、薛得意、孙孝惠。监察委员选出丁锦生、张少华、王聘三、周锦荣、宋锦荣，候补陈镜云。（提案）（一）关于公会章程第十三条修改添监委员五名，候补一名，交新执委拟呈上级备案。（二）新执委定期就职案。议决：定于六月念八日，召集新执委及监察委员宣誓就职外，分派职务案。（三）薛委员得意提公会拟办义务医生及小学案，提交新执委执行办理案。议毕，散会。

（1934 年 6 月 19 日，第 11 版）

甜白酒业公会成立

甜白酒业公会，于六月十八日下午三时，在大南门外复善堂街高昌司庙内，举行成立大会。出席会员代表三十余人，市党部代表王愚诚、社会局代表宋钟庆、市商会代表袁鸿钧，由朱云生主席。行礼如仪，上级代表相继指导后，即投票选举，结果：朱云生、徐元达、朱廷桢、施怀义、张正堂、孙允谦、王仁生等七人，当选为执行委员；陆补贤、陆继贤二人为候补。并讨论提案，茶点散会。

（1934 年 6 月 19 日，第 13 版）

烟酒业讨论牌照税

本市西烟、旱烟、烟兑、粱烧、土黄、汾酒、酱酒、酱园、酒菜馆等同业公会，为烟酒牌照问题，定今日召开联席会议。昨发通告云：查本届烟酒牌照税，业已划归地方政府接收办理，上海市财政局奉令开始接续征收，并限期申请登记填表。凡我烟酒两业，对于是项手续，多数未尽明了，深恐逾期发生误会，事关两业利害，既重且巨，特定于七月十日下午四时假浙江路东宁波路四九三号，召开联席会议，务请贵会推派代表，准时莅临与议，是所企盼云云。

（1934 年 7 月 10 日，第 13 版）

烟酒业代表昨为牌照赴财局请愿

——商业萧条要求照旧纳税　科长接见准予转陈局长

本市烟兑、酱酒、汾酒、粱烧、酒菜馆、西烟、酱园、绍酒、旱烟、土黄酒等业各公会，推举陈良玉、沈维挺（张颂吉代）、杨翘生、宋礼仁、程耕历、朱厉公、朱树鉴等为代表，昨日上午十时，赴财政局请愿，由第一科王科长接见。代表等面递请愿书，并陈述关于两业困难情形，略云：现行部颁烟酒营业牌照税暂行章程，自二十年七月公布以还，办理成绩，以本市为最佳，然两业零售商店，多数每期皆纳税洋两元。自两期改为四季后，重以一·二八事变影响，商力已不胜负担。查江北各县小者之户，每季纳铜元三十枚，或小洋数角；大者制酒作坊门面三四间之户，每季只纳三四元云云。况上海情形特殊，际兹农村破产，商业萧条，值此天气酷热，旱灾已成之时，要求仍照旧额纳税，以维生计，一俟市面繁荣，当劝导会员尽力缴纳。王科长云：本局自当遵奉部章办理，既据诸位代表详述商情状况，准予据情转陈局长，总以体恤商艰为主旨。各代表认为满意，遂兴辞而退。

附录请愿书如下：为请愿事。窃思上宝烟酒牌照税，向奉财部设局，办理征收，相沿既久，只因上海华租两界有特殊情形，对于规定章则之中，略予变通办法。是以两业纳税手续，历年援例，以旧照换新照，均相安无事。自本年七月一日起，奉财部令，将该项牌照税划归钧局接收办理，业经颁布烟酒牌照税暂行章程，及施行细则，并须填表，申请登记。敝会等奉令后，两业会员各纷纷来会询问究竟，并请求该项牌照税，仍援向例办法，以恤商艰等情。敝会等以税归地方，事同一律，素仰钧局洞悉商情，且见闻较确，当荷格外体恤。然其中历年沿革之原因，及上海特殊情形，有不能不向钧局缕晰陈之，以供鉴纳：（一）查上海市烟兑酱酒各店，不下数千家。无论专售、兼售、零售，凡华界两业各店，小本占其多数。虽系开设店肆，而营业之困难，获利之微薄，与设摊零售者性质相同。各店亦全赖勤俭节省，以资维持，而过生活。历任税局有鉴于此，对于征收缴纳手续，靡不略予变通办法，向分两期征收。自十七年度起改为四季，其纳税数目，酌量减轻。故历年每季开征时，援例以旧照换新照，并无变更办法，此历年沿革之实在情形也。（二）查上海市烟酒业各店，地与租界毗连，向来营业状况，比数大相悬殊。自受战事影响以来，商业日益凋敝，惟烟酒业各店为尤甚。即如闸北区域，向设烟兑酱烟各店，共计一千余家，至今只四五百家。他若沪南、沪西等处，间接亦受影响，不在小数。兼之近年房价增加，洋价飞涨，则两业各店，亏损甚巨，闭歇时有所闻。是以近今税局办理征收手续，仍援向例纳税方法办理，免增商人负担，此上海特殊之实在情形也。基上陈述原委，敝会等会员营业，种种困难，确系实情。素仰钧长体恤商艰，并洞悉上海营业经济状况，为此联合具呈，并推派代表面陈请愿理由，环［还］求钧局顾念商情，并体察上海特殊情形，准予仍援向例办法，迅将该项牌照税，以旧照换新照，免增负担，实为德便，谨上云云。

（1934 年 7 月 14 日，第 13 版）

烟酒各业代表昨向商会请愿

——请照旧额片收牌照税　如果不达目的愿停业

上海市烟兑业公会代表陈良玉、徐云翔、沈维挺、张颂吉，酒菜馆业公会代表朱励公，酱酒业公会代表蓝庆和，西烟业公会代表李宝根，汾酒业公会代表杨翘生、廖仲文等五十余人，为牌照税划归市办后，恐增负担，特于昨日下午三时向上海市商会请愿。当由主席俞佐廷、秘书严谔声接见，各代表递陈请愿书云：为请愿事。窃属会前为牌照税划归市办，恐征收当局，对于牌照税征收方针，未能洞悉上海市特殊情形，若拘于部章，敝会员等势必不能负担，为特函请钧会维护，业蒙据情转呈市府，体恤商艰在案。并经属会等推派代表，向市财政局面陈上海特殊情形，及历年沿革原因，请求王科长转陈局长，顾念商情，仍照向例，以旧照掉换新照办法在案。讵料时至今日，未蒙批复，且向各店将旧照数量，加倍征收，群情恐慌，纷纷来会，佥云：各店均系小本营生，何堪过重负担？况近来房价增加，洋价飞涨，即使照旧纳税，已难支持，若再变本加厉，势必相继闭歇而后已。迫不得已，联合公推代表等，并具请愿书，再请钧会据情转呈市长俯念商艰，准予仍照向例，以旧照掉换新照，一面并请饬令市财政局暂缓增加税额，以免纠纷而安营业，无任公感云云。并由请愿代表沥陈营业困难情形，如果不蒙明察，愿意一致停业各情。当由商会主席俞佐廷加以劝慰，照常营业，一面再呈市府，体恤商艰，照旧征收，各代表认为满意而退。

（1934 年 7 月 18 日，第 9 版）

烟酒商向财政局请求

——准以旧照换领新照　局复遵照部章办理　烟兑业公会代表会

本市烟酒牌照税，自经中央划归地方接办后，烟酒业商人已纷纷向财政局所属各稽征处报请给照，且多数经各稽征处查核相符，发给新照。又烟酒业商人日前向财政局请求，准以旧照换领新照一节，该局以征收此项税款，须遵照部颁章则办理，旧照是否与章则相符，须待查核，故经即予以批复，应毋庸议云。

市财政局昨出示布告云：查烟酒牌照税施行细则，规定每年一月、四月、七月、十月之一日至十日，为换领新照时期，逾期由经征机关以书面警告，并予展限十日，便利换照。倘有一再逾期，延不换领新照者，除责令缴税换照外，按其应纳税额，分别科处罚金。又新营业者，无论在每季之任何月份纳税领照，均作一季计算。自烟酒牌照税于本年七月一日起，划归地方征收以来，市区烟酒业商人，遵章前来本局纳税领照者，固属甚夥，而延未换领新照者，当亦不在少数。因接办伊始，凡未申请领照之商人，书面警告，无由送到。除函公安局饬属一体严查，暨请市商会转催领照，并呈报市政府备案外，合亟出示警告，仰各该业商人，一体知悉，凡有未经报领新照者，统限七月底以前，按级纳税，领照营业。倘再逾限，当予查照定章办理，幸勿观望自误。切切！此布。

烟兑业同业工会，昨日午后三时，假沪南办事处，召开华界同业代表会议，到者甚众，公推陈坤贤主席。（一）振铃开会行礼如仪。（二）报告烟酒业各代表，对牌照税事向财政局市商会请愿经过情形。（三）劝告会员照章纳税登记，即据生生泰同成等各号报告，敝号等已经登记，照旧票纳税两元者，被催征员逼令加增两元，方可领照云云。（四）经众讨论议决案如下：（甲）依据十七日各公会代表决议办法进行；（乙）通告会员，在市商会未得市府批示解决办法以前，当局如有威胁勒加等情，应函致本会，以凭转陈市商会，请予调处；（丙）联合烟酒业团体，摘录两业历受牌照税痛苦状况，及无力增加负担原因，快电蒋委员长、财政部、本市政府，请求维持成案办理；（丁）通告会员遵守秩序，勿自滋扰，静候当局批示解决；（戊）请愿目的不达，不惜任何牺牲。全体通过，散会。

（1934 年 7 月 19 日，第 11 版）

烟酒牌照税领照部章办理

——市财局负责人谈话　烟酒业公会昨开会

中央社云：本市财政局负责人谈：关于征收烟酒牌照税一事，心须遵照部颁章则办理，不能稍有迁就，致违中央法令。盖政府立场，重在守法，本局对于中央颁定之章则，不能随意增损，如果曲意解释，或任便迁就，则可以损者亦可以增，办理转失依据，流弊不可胜言。商民亦国民一份子，倘地方政府执行中央法令，有故为增损者，亦应起而纠正，宁有以私人利害之故，不恤要求离开章则办理，强使政府违法者乎？况以前报领执照，或有与章则未尽相符之处，从法律言，系属蒙报，系属漏税。本局接办以后，最低限度，亦须依据章则，加以纠正也。矧烟酒之为物，属于消耗品中之含有麻醉性者（纸烟一项为害尤烈，近年风行全国，甚至幼童苦力亦多购吸），于人民健康、道德、经济及社会风化，均有莫大妨害。故最近厉行新生活运动，酗酒吸烟，均在戒除之例。此种不良物品，既足以遗害人民，政府本有监督及取缔之责，其取缔方法，无外课以重税，或绝对禁止而已（各先进国取缔烟酒业极为严峻，有指定售烟商店不准多设者，亦有课贩酒业以千元以上之牌照税者）。且烟酒系仅供有嗜好者之购用，绝非人类生活上必需之物，不能与普通用品，如柴米盐油等相提并论。政府从而征收牌照税，实属监督取缔之意。商人既以贩卖此种物品为业，则应受政府之监督取缔，应遵章尽其纳税义务。连日报载，烟酒业商人，纷纷以体恤商艰，勿照部章征税为请，与政府征收此项税款之原则相去甚远。倘以本局照章征税，亦持异议，则新生活运动，戒除酗酒吸烟，在该业之自身利害言，更可无庸提倡矣。有谓此次中央以烟酒牌照税划归地方征收，系为抵补废除苛杂，本市并无苛杂可废，故烟酒牌照税，似系额外收入。殊不知该项税款，曾于营业税法内，规定由中央征收，除留十分之一外，其余拨归各该省市作为地方收入等语，并历经财政部划拨有案。该税固纯属地方收入之一种，而近年市政发展需款至巨，本局自应整理收入用之于市政设备，使市民得以普遍享受。至论本市并无苛杂可废，则可知向所征收者，均属公平税捐，即烟酒牌照税亦属良税，本市只有严厉执行，如属苛杂，则虽一毫莫取也云云。

本市烟酒同业公会，于昨日下午五时在宁波路烟兑公会礼堂举行联席会议，到汾酒业杨翘生、沈桂成、廖仲文、郑景云，酒菜馆业朱士荣、朱励公、程克藩，绍酒业周锦荣，烟兑业陈良玉、沈德艇、张颂吉、钱文达、陈坤贤，酱园业陈蔚文等三十余人，由陈良玉主席，张近之纪录。行礼如仪，主席报告赴财政局市商会请愿情形，并面托市商会俞佐廷主席，妥为协助毕，当即讨论议案如下：烟酒营业牌照税，财政局限令七月底照章缴纳，两业同业公会不能增加负担，应如何办理，请公决案。议决：牌照税减轻负担问题，静候市商会解决，一面由各该同业公会自行通告会员，在限期内先行照原照等级申请登记。议毕，至六时散会。

（1934 年 7 月 24 日，第 12 版）

烟酒业商人纷纷请愿牌照税

中央社云：上海市烟兑业公会通告同业，依限登记缴税后，昨据财局息，连日各烟酒业商人，向各稽征处报请领照者，已不在少数。但稽征处必须派员复查，如所报营业种类相符，当可立即填发执照，其有不符者，则须依照烟酒牌照税暂行章程之规定，分别纠正。各该业商人，应据实报领执照，籍省纠纷及免将来受罚。至财政局对于征收此项税款，仍本迭次发表之主张，倘有不照章纳税领照者定，予严厉执行，决不迁就减收，以免有违法令云。

（1934 年 7 月 27 日，第 11 版）

绍酒业同业公会开会纪

本市绍酒业同业公会，昨日下午二时开第四次执监联席会议，出席委员谢长根、周锦荣、王聘三（王之强代）、孙孝惠、方长生、陈镜云、丁锦生、谢锦奎、王世麟、束明浚，主席周锦荣。行礼如仪后，报告议案。（提案）（一）关于会员近来屡函讨询完税领证情形。议决：申请该所查复。（二）市党部执字第二一五四号指令，补具重要职员登记案。议决：按职填呈。（三）第一区烟酒税稽征分局来函，催结永安酒案。议决：转函永安。（四）奉社会局会字第三三〇一号批示，为增加察委员按会字第十三条修加全文，暨各委履历应另案呈报。议决：照填呈送。议毕散会。

（1934 年 7 月 30 日，第 12 版）

绍酒业公会开会纪

上海市绍酒业同业公会，前日（二十一）上午九时开第六次执监联席会议。出席者薛开昌、汤汉民、周锦荣、方长生、王聘三、丁锦生、陈镜云、谢锦奎，主席周锦荣。行礼如仪后，首由主席报告议案：（一）据会员新公记函称，本年八月十八日车送老东明等号绍酒转运出口，随车持运单同行，行经沪军营，被统税局稽查扣留，函请公会秉公办理案。议决：

新公记车送老东明等号出口绍酒被扣，照章手续，并无错误，准即函请市办会转知查验所，迅予释放，以恤商艰。（二）牛庄路元兴昌函报，本月十八日交孟顺生船户退还昆山坏酒三十三坛，驶至四川路桥堍被查验所扣留，请求交涉案。议决：函请分局转呈查验所解释案。（三）公会经常费及应还会员各款，应如何商理案。议决：照第三次原案全体执监委员定于古历八月二十日起，一律出发分头进行。（四）烟酒联合会昨午开联席会议，请周主席出席与议。议毕散会。

（1934 年 8 月 24 日，第 14 版）

烟兑业公会请免重征烟酒牌照税

——小本经营不堪负担　汇送市商会再请求

本市烟酒两业，对于重征牌照问题，因稽征调查待遇不平，昨日烟兑业公会沪南办事处，又接城内侯家路五一号宝新、惟吾支路十四号成昌、局门路三五五号等百余家联名盖章函云：敝号等前奉贵会通知，依期向财局登记，申请纳税领照，讵隔数日，据稽征处调查员云，每张须加两元，乃往该处，适值星期停止办公，次日往领，欲加两元四角云云。敝号等系夫妻小店，薄资营生，无力负担。在财部征收之时，尚能体恤，每季只收两元。中央政府鉴于农村破产，百业萧条，将苛杂捐税废除，旨在改轻市民负担，商人闻之，同声称庆，莫不感戴。惟敝号等所售卷烟，已完纳统税正税，牌照例应免税。今财局非特不予豁免，尤独加重征，我等小本营业，何堪重负？不得已而联名函请贵会，并所领照据附送前来，烦祈转送市商会，恳求财局顾念商艰，准予换给新照，以示体恤，而维营业云云。闻该会据此，即经赶造名册，汇送市商会，为第二批之请求。

（1934 年 8 月 27 日，第 14 版）

烟酒业要求抽捐均衡

——按照章程办理划分等级　俾得减少小商人之痛苦

新新社云：烟酒捐参差不一，引起该业反对，纷向该业同业公会要求，转请市财政局予以纠正，延至昨日，迄未解决。昨向同业公会南区办事处探询，据负责人称：本会为同业会员之集团，谋整个同业之营业便利，前迭接会员报告，抽捐之等级参差不一，殊非稳固营业之计，请由本会向市府当局，予以纠正，而减少小商人之痛苦。查敝业于十六年时，每年分二期抽捐，每期二元，于十七年改为每年四季，每季仍为二元，则无形中年加四元。近年来抽捐，多不按照章程办理，有大商店反少捐，有为家庭工业或小铺反多捐，成为畸形之局面。是以纷向敝会报告，前曾向市商会请愿，酌予公平办法，务使均衡，俾使本业各会员渐趋安定云。

（1934 年 8 月 27 日，第 14 版）

烟兑业函复吴县同业烟酒牌照税征收情形

本市烟兑业同业公会，昨接吴县（苏州）卷烟业同业公会函云：案查本年席牌照税，自部办改为自办以来，满望减轻负担，藉苏商困。讵意变本加厉，陡增比额，即就敝县言之，去岁比额为三万八千元，本年竟陡增至六万元，相差二万二千元之巨，苟力能负担，则事关省税，自当勉力缴纳，用裕税收。无如丁此农村破产、商业凋疲之秋，维持原状，尚属不易，岂堪加重负担，重征暴敛乎？敝县同业为欲明各地牌照税情形起见，爰由敝会分别函询邻县情况，藉明趋势，而资借镜。素稔贵会为沪江同业领袖，群众景仰，对于此次烟酒牌照，增加比额，谅经盖谋擘划，为同业谋福利。祈将贵处同业应付办法，暨增比情况，详细见复，俾便遵循，藉趋一致。除分函外，相应专函奉询，敬烦查照见复为荷。烟兑业复吴县卷烟业公会函云：顷奉来函，委询本年席牌照税，自部办改为省办，沪地同业如何应付等情。查烟酒牌照税，上海已划归市财政局接收办理，敝处各同业对于秋季牌照税，直接由财局征收，并无比额，间或有增加情形，正在请求酌减之际，相应函复云云。

（1934 年 9 月 3 日，第 14 版）

绍酒业公会联席会议

本埠绍酒业同业公会，昨日下午二时在大东门阜民路会所开第七次执监联席会议，出席者周锦荣、宋锦荣、周肇浚、陈镜云、方长生、王聘三、谢锦奎、薛得意，列席者何锡培、章南亭，主席周锦荣。行礼如仪后，即讨论提案：（一）前江苏第一区烟酒稽征分局来函云，奉令饬查同业绍兴运数一案。议决：不日按调查数目抄送。（二）公会经常费不敷请公决。议决：俟开代表大会征求会员同意，再行决定办法。（三）市商会函照各业统计表。议决：保留，俟下次会议办理。议毕散会。

（1934 年 9 月 18 日，第 14 版）

秋季烟酒牌照税市财政局派警催征

——南市烟兑业吁请体恤

上海市财政局长蔡增基氏，前奉财部令，将本市烟酒牌照税，于本年度秋季起接收办理，自七月一日开始征收。各稽征所加派员役，每处增至十余人，从事整顿，不遗余力，意图充裕税收，为谋建设市政繁荣。渠各员办事生手，目路径不熟，以致调查复核迁延。现为秋季将届终了，冬季开征在即，近派员警分向各烟酒商，催缴领照，期待结束。兹据该业云：本委换领牌照，局方不加体恤，纷向同业加级征收，且多手续麻烦。市东、西两区主任，尚能体念商艰，仍照二元、四元之原额征收，秋季已告结束，商人称庆。市北稍有变更，被加者□独市南居多。缘该稽征处，规定征收办公钟点，每日只上午九至十一、下午一至三，时间短促，每逢星期例假等日，又不办公。乃远道往领者均抱向隅，近如烟兑业之夫妻店，或失业商人所设之小肆，其间只妇女学徒，人乎稀少者，固居多数，对于完税领照，确感困难。手续不明，因之逾期加征，及印花违章受罚，一切痛苦，不堪言喻。昨有裹仓桥街一五号陈昌记、瞿真人路五六三号益聚丰、小东门宝带弄源大、大达里口钱瑞记、凝和路九八号陆锦泰、西林后路一二号家庭、大境路六八号生和、望云路三九号绮云斋、侯家路五一号宝新等共三百余家，特联名盖章致函烟兑业公会，转请市商会向当局据理交涉云。

（1934 年 9 月 23 日，第 16 版）

扬州·烟酒业请减牌照税

江都烟酒业同业公会，以本年度烟酒牌照比额，由一二八八零元，增至一九三二零元，特呈由县商会主席转呈财厅，请饬江苏省烟酒牌照税局，持平比额。并恳请主席，呈县请在江北各县，未经核减以前，对于本县牌照稽征所请求，勿予协助，一俟省方解决自应遵章缴纳。其所持理由，大致云该税由部办改归省办，承办人又为沪宁苏烟酒业同业公会联合会，满望减轻负担，藉纾商困，不意变本加厉，而新增税额，江北各县超过江南，设使力能负担，则事关省税，自应勉缴。但农村破产，商业凋敝，维持原额尚难，况加重而江北独重，似此不平太甚。除由江北廿七县烟酒同业公会，在淮阴联组办事处，公推王敬庭、刘鼎新等，赴省请愿，应请贵会呈县转厅，令饬照旧征收，以纾商困，并恳县俟省府解决，再予协助该税所征收等语。现县府已指令该商会，大致以案关省税，本府未便转呈，仰即知照。

（1934 年 9 月 25 日，第 9 版）

无锡·烟酒税纠纷不决

本邑烟酒牌照税稽征所，对于本届酒酱业、酱酒店业、烟兑业、卷烟业、土烟业等之烟酒牌照税额，勒令增加一倍，以致引起反响，其情曾志本报。兹悉该五同业公会，迭据会员报告，近日税所派出大批职员，分向城乡各烟酒店，强令加倍纳税，并有将商号内之香烟等货物，擅自携去等情，骚扰不堪，请求设法救济。各公会据报后，特于昨日再行召开联席会议，议决对于加税坚持力争，一面函请县商会救济，设法制止税所骚扰商市。

（1934 年 10 月 1 日，第 14 版）

常州·烟酒牌照纠纷解决

武邑烟酒商人因牌照等级问题，与税局发生纠纷，省局曾□度派委来常调查，未有解决办法。最近财政厅又派委员黄哲夫来常调查，四日下午在县商会召集烟酒商人开会调解，当到县党部代表盛景馥，县商会代表戴锡祉、于以动，稽征所朱锦章。对卷烟部分，经各代表极力调解，结果由卷烟业大小同业照原征税额酌加二三成解决，烟商与税局均经同意，已可告一段落。酒商问题较小，未曾议及，拟再定期调解，大致可不成问题。黄委以已有结果，于今（五日）日离常赴锡。

（1934 年 10 月 6 日，第 11 版）

无锡·调查酒税乡民动众

邑中烟酒牌照税稽征所，以新第三区一带，有吊制烧酒户千余家，历年所收照费，不满四分之一，为整顿税收，维持包额起见，于本月初旬，雇船派员赴该区调查各酒户，办理登记，预备启征秋季牌照税。初时工作尚称顺利，不料前日夜间，船泊华大房庄镇附近河中时，黑暗中忽来不知姓名之乡民百余人，手持砖石，将船猛击，致船窗玻璃均被击碎，船中职员用棉被包头，致未皮破血流。事后来城报告县政府，于昨日派警下乡缉凶，以凭法办。

（1934 年 10 月 17 日，第 8 版）

无锡·烟酒牌照税纠纷解决

本年秋季烟酒牌照税，因稽征所方面欲加倍征收，烟酒商人不胜负担，要求仍照原额完纳，官商相持，业已两月。昨日下午四时，由县商会作最后之调解，官商两方，均各让步，以是完全解决。

（1934 年 10 月 27 日，第 8 版）

绍酒业公会开会纪

上海市绍酒业同业公会，昨日下午二时开第十次执监联席会议，出席委员周锦荣、王之强、谢锦奎、谢长根、王聘三、方长生、薛开昌、宋锦荣、丁锦生、陈镜云，列席者王联奎、徐梅生、高春城，主席周锦荣。行礼如仪后，报告议案：（一）当日上午，堆运公司股东会议议决二件，提交执监会议追认案。通过。（二）关于转运公司津贴本会常费，据高春城君调解案请公决。议决：根据调解情形，与该转运公司协订议约以一年为限，期满再议。通过。（三）新制酒提，本会于五月十四日通告会员，一律改用新制酒提，迄今仍有少数会员，未曾按章领用，不时发生征查累涉案。议决：即日登新申封面广告，嗣后再有发生旧提被检查查出，咎由自取。议决通过。（四）为经执委向沪杭路租地建造同业堆栈事，推定周锦荣、丁锦生、王聘三、王世麟四同志与沪杭路局接洽案。通过。议毕散会。

（1934 年 11 月 5 日，第 12 版）

绍酒业公会开会纪

上海市绍酒业同业公会，昨日下午二时开第十一次执监联席会议，出席委员薛开昌、方长生、周锦荣、陈镜云、王之强、王聘三（谢长根代）、汤汉民，列席潘和生，主席周锦荣。行礼如仪后，报告议案并提案：（一）关于旧印花事，会员纷纷来会讨论，请公决。议决：函市商会询旧印花登记手续，俟复到，再行通告。（二）堆运股款收积成数如何办理，请公决。议决：第一批计收三十四股，该项股款，悉数由保管委员送存中国银行。（三）本会职员分配工作案。议决：唐培荪同志负责新公记点酒数议，请方委员长生、薛得意襄理。（甲）上级文件由总务科分别支配。（乙）会务、每日工作，经总务科函请薛、方两委员每日到会助理。（四）会员旧制酒提，屡被检定所查送地方法院处罚，会员纷纷来会陈述苦衷，请公决。议决：新制酒提，早经公会通告各会员领用在案，各会员如被法院处罚，应归自理。惟现值商业凋敝之时，应呈请社会局，请求体恤商艰，从宽处理。以上四案，议决一致通过。

（1934 年 11 月 21 日，第 10 版）

大连运酒税恳照营口例难邀准

〔南京〕东北酒业联合会呈财部云：冬季营口封锁，由大连运酒赴申，恳照营口同等征税等情。财部批复：查大连运来之货物，自东北海关封闭后，均系按照进口税则办理。原在安东、营口封港期内，改由大连运来者，亦属一律待遇，历经办理在案。所请将来自大连之酒，仍照营口同等征税一节，事关通案，碍难照准。（六日专电）

（1934 年 12 月 7 日，第 9 版）

无锡·酿酒农户向县局请愿

本邑第三区南方泉及华大房庄一带农户，因滨临太湖，水源清冽，故于农作之暇，各家多酿酒少许，以备自饮。本年烟酒牌照税稽征所，突向制酒农户征收牌照税，并带同武装警士，任意逮捕良民，因此发生纠纷。昨日该两镇酿酒农户代表徐少山、莫永森、张松筠等三人，率领乡民一百余人，先向县政府请愿，要求免予征税，兼之酿户既不设店售卖，与槽坊性质不同。当由第二科长费筠农出见，允予派员调查核办。次赴公安局请愿，要求撤回第八分局协助警士。陈局长即派王督察长出见，谕令谓：尔等既向省局呈诉，应静候省方办理，至协助之公安员警，准予撤回。各代表认为满意而退。

（1934 年 12 月 31 日，第 9 版）

南市烟兑店纷请缴销春季牌照

本市烟兑业同业公会沪南办事处，迭接会员董家渡协昌，西林后路家庭、豫园新路振大、方斜路章丰泰、肇嘉路保大、斜土路德顺祥等各号报告，因营业不振，财局照章整顿烟酒牌照税收，无力负担，纷请代为缴销。该会准此，昨致财政局市南稽征处函云：径启者：顷准敝业会员董家渡协昌等号六户来函声称：近因市面衰落，各业不振，景气险恶，烟酒营业清淡，微细利薄，维持生计，堪虞困难。其牌照向例年分两期，计纳税洋四元，后改四季，年纳八元，骤增负担，忍痛缴纳。现归财局征收，须照部章整顿倍额税款，更难负担。敝号等对于烟酒两类春季起决以停售，为特具函陈明，并将冬季旧照附送前来，烦祈贵会查照，转送财局市南稽征处，请予缴销，以符定章，而免手续等语。到会，准此，查该号所称各节，尚属实情，相应检同各该号旧照附送备函奉达，即希贵主任查照，察核缴销，为荷云云。又闻该会连日接到会员委托代缴春季税银、请领牌照者已有多家，该会职员，昨日起正在造册，以便汇送稽征处，请填新照，工作极为忙碌。

（1935 年 1 月 7 日，第 11 版）

市烟酒业五公会昨开联席会议

——因财局增加春季牌照捐　将联名呈请暂缓予增加

本市烟酒业五公会，近以春季烟酒牌照捐，财局现已开始征收，并增加捐额，难以负担，特于下午四时半召集烟酒业五公会开联席会议，计到烟兑陈良玉、陈瑞麟、钱文达、张颂吉、糜楚鑫，烟酒业代表谢振东、曾唐慎，土黄酒业代表方忠恒，酱酒业代表陈蔚文、张大连，绍酒业章芹。公推陈良玉为主席，纪录张近之。行礼如仪后，首由主席报告开会宗旨；次张颂报告春季烟酒牌照现已开始征收，因烟业方面被调查员报告增加负担，故公会召集联席会议，讨论救济方针；继酱酒业代表张大连报告各会员领照经过。旋经各代表详加讨论，佥以各业会员，营业萧条，冬季所领烟酒类牌照，已无力负担，若再增加，各同业万难认捐。应如何维护同业，当经全体议决，由主席率同各公会联名呈请财政局维持原状，以示体恤商艰。议毕，至五时散会。

（1935 年 1 月 7 日，第 11 版）

汾酒业同业公会执监会议

上海市汾酒同业公会代理主席杨翘生，坚决辞职。经上年十二月二十二日执监扩大会议，一致主张，谢振东复职，并由谢君提出整理方案七件，均逐案通过。其重要者，为举行业规及减少会费，并结束会员旧欠，清理应缴商会会费云。兹录该会元旦日整理会务通告如下。略谓：本会人心涣散，会务既无发展，会员亦欠团结，兹遵照执监扩大会议议决案第一案，派员分区办理会员登记，酌量减轻月费，并结束旧欠，以便将市商会应缴会费清偿，推举声素孚者充任登记员挨户办理外，特此通告云云。

（1935 年 1 月 9 日，第 11 版）

无锡·部批应征营业税标准

锡邑酒酱店同业公会，以该业夙以热酒为大宗营业，早经完纳酒类牌照税。乃营业税局一再派员至店调查估计，任意将大宗酒类与兼售零物合并估计，迫令完纳营业税，以致重迭征税。为求避免纠纷，解除商困起见，特将各情电呈财部，请求解释。昨奉批示云：呈悉。查凡以经营烟酒为主体，而兼营其他物品之商店，其主要营业部份，已经缴纳烟酒牌照税者，其营业税应予剔除免缴。至其他兼营部份，仍应照缴营业税，以示区别。至每店全年营业额数不满一千元者，照章自可免征，仰即知照云云。该会奉电，已转各店遵照。

（1935 年 1 月 12 日，第 11 版）

土黄酒作业议定扯价通告各坊

上海市土黄酒作业同业公会昨通告各坊云：为通告事。案查本案扯定米价，业于本月九日（即废历十二月初五日）下午二时，召集全体会员，公议决定以十四石七斗五升计算，每级洋一百六十二元一角，每担洋十元零九角九分，各坊一体遵守，不得私自低抑，全体通过，合行印发通告，即希宝坊查照。特此通告。中华民国二十四年一月十一日。主席委员方忠恒。

（1935 年 1 月 12 日，第 15 版）

绍酒业公会昨开会

上海市绍酒业同业公会，昨日下午二时开第十三次执监联席会议，出席委员宋锦荣、周锦荣、周肇浚、陆松高、汤汉民、方长生，主席周锦荣。议决各案如下：（一）本会置定经济出纳月报等表，计四种，又领单收据各件，是否合当，请公决。议决：该项表册，每月限五日造报，计四分，分送主席、总务、财务、公会一份，归卷备查。（二）奉公安局政字第六五三号批示，关于公会后门阻碍出入自由，迄今尚未恢复原状，请公决。议决：再呈公安工务局，请彻底秉公办理。（三）丁监委再函辞监委职，应如何办理案，请公决。议决：推定汤汉民、陆松高、周肇浚、方长生四委员慰问挽留。（四）报告本会会所地产税，顷奉土地局、财政局会衔批示，兹呈奉市政府核准，照本市团体公用，免予征收地价税案。（五）会员慎大周纪生报告，苏州德润身承揽背信，应如何办理案，请公决。议决：函致苏州公会知照德润身，候复再行核办。以上五件，一致通过，议毕散会。

（1935 年 1 月 13 日，第 14 版）

无锡·酒酱业吁免复税

本邑益丰、陈金丰、鸿泰、同仁等酒酱店，以同业等既经缴纳烟酒牌照税后，而无锡区营锡税局，复不遵营业税法免征规定，仍将已纳牌照税之烟酒两项，与兼售之其他零物，混合计算，一并重复征收营业税，加重商民额外负担，实属违法浮收，病商殃民，莫此为甚。故昨特联合具函同业公会，请即函请县商会，转函营业税局，将烟酒两项剔除免征，以符法令。

（1935 年 1 月 21 日，第 9 版）

绍酒业公会开会纪

上海市绍酒业同业公会，昨日下午开第十五次执监联席会议，出席委员谢锦奎、陆松高、薛得意、丁锦生、王之强、陈镜云、王聘三，列席吴增华、范景祥、潘扬声、王文俊、丁锦山，主席陈镜云。行礼如仪后，报告议案提案：（一）据小醉天被阻扣之绍酒，如何调解，请公决。议决：立即邀集各方当事人调解，如无效，再呈请上级秉公办理。（二）普捐委员会来函请酌量认捐。议决：公会捐念元。（三）会具查竣编号存卷备查。（四）上届因酒税向同业盖印呈请之呈文，余有之件，一并提交会席请公决。议决：悉数消毁。（五）新公记报告永元丰卸酒情形。议决：调解。以上五项，一致议决通过，散会。

（1935 年 2 月 25 日，第 11 版）

绍酒业公会开会记

上海市绍酒业同业公会，昨日下午二时开第十六次执监联席会议，出席委员周锦荣、薛得意、陈镜云、陆松高、方长生、王聘三、孙孝惠、谢锦奎、丁锦生，主席周锦荣。行礼如仪，报告议案提案：（一）绍兴产地酒价飞涨，上海同业门市如何整理案。议决：原处零沽按照前价，一律不折不扣，违者查出，由公会呈请上级严重处罚。（二）新公记又函调解卸酒事请公决。议决：函致日新公司述明种种关系。（三）中国航空协会征求会员案。议决：本会加入。（四）同业由绍地水道来货，经过本省第一道松江稽征税务机关，照章完税贴证，迩来至沪，上海分局动辄留难，请公决。议决：呈请上级解释。以上四件，一致议决通过，散会。

（1935 年 3 月 6 日，第 12 版）

酱酒业四月一日起增价

——因营业衰落成本频涨

本市酱园业、酱酒业、粱烧酒业、汾酒业等同业公会，近以市面不景气，营业衰落，兼之同业卖价不一，自相竞争，若不亟为整顿，后患何堪设想，爰经联席会议，公决准实售价，一律遵守。昨报载实行日期，微有错误，兹将该同业公会通告录下。通告云：为整顿酒价事。因吾酒业，向来酒行、酒店、酱园、糟坊等专售、兼销酒类，比比皆是，乃成本虽同，然卖价不一。迩来市面不景气，生意清淡，以致发生各自猜忌，遂渐竞争，甚至不顾成本，弱者势难维持。矧今商业疲惫，金融奇窘，造酒原料频涨，批价亦即随增，凡吾同业，莫不处于艰状之中，长此紊乱，若不整顿，何堪设想。爰邀四公团联集公议，准实售价，俾苏酒业艰困而维血本。除呈请市社会局备案外，定于四月一日起，务须同业一律遵守公议酒价，毋再参差，同业幸甚。特此通告。

（1935 年 4 月 1 日，第 13 版）

沪绍帮酒业请核减酒照印花税

〔南京〕沪绍帮酒业请求核减酒照印花税事，派代表胡几庵、杨耀、陈峰九、陈赞卿、朱士荣等六人，三日晨抵京，向行政院财政部请愿，政院派翟善林接见，先将所陈各情，转达候核。（三日专电）

（1935 年 4 月 4 日，第 3 版）

沪酒业公会代表续赴中央党部请愿

〔南京〕沪酒业公会代表四日晨续赴中央党部请愿，陈述奸商搀用酒精营利，请提高酒精出厂税，寓禁于征，并递文呈请常务委员，提出会议讨论。（四日专电）

（1935 年 4 月 5 日，第 9 版）

绍酒业公会开会纪

上海市绍酒业同业公会，于前日下午开第十九次执监联席两议，委员出席者张少华、宋锦荣、周锦荣、周肇浚、谢锦奎、陆松高、薛得意、方长生、陈镜云、王聘三、章毓德，主席周锦荣。行礼如仪，报告议案：（一）关于中国航空协会捐事。议决：由公会发全体会员通告后，派员往各号征求。（二）上海各界建立蒋委员长铜像，征求团体发起案。议决：

按照丙种加入。（三）同业价目不齐，有少数同业滥售案。议决：（1）分函同业按业规不得紊乱；（2）倘再不照公议价目，即行呈报上级处理。（四）九伯名人传编辑处长。议决：照填。议毕散会。

（1935 年 5 月 10 日，第 13 版）

绍酒改办统税缓议

〔南京〕浙绍酒业会前呈财部，请将绍酒改办统税，并减轻税率。部令该省印烟局核复，该局以绍酒改办统税困难，可暂缓议，至减税一节，碍难照准。（十一日中央社电）

（1935 年 5 月 12 日，第 9 版）

绍酒业公会开会纪

上海市绍酒业同业公会，昨日下午二时开第二十次执监联席会议，出席委员周肇浚、周锦荣、谢长根、方长生、陆松高、王聘三、薛开昌、谢锦奎，主席周锦荣。行礼如仪后，报告议案提案：（一）市党部训令设立识字学校，须于六月二十日前筹备开学，请公决案。议决：推举薛委员开昌、方委员长生负责筹备。（二）市商会会员大会出席名单，依式照填，连本年度会费案。议决：照填筹缴。（三）下半年度本会义务法律顾问案。议决：照旧。以上三案，一致议决通过，散会。

（1935 年 5 月 28 日，第 12 版）

绍酒业公会开会纪

上海市绍酒业同业公会，昨日下午二时开第二十一次执监联席会议，出席委员张少华、周肇浚、宋锦荣、周锦荣、薛得意、谢锦奎、王聘三、方长生代、陆松高、汤汉民、陈镜云、王之强，主席周锦荣。行礼如仪后，由主席报告议案提案：（一）市商会年度会费函催。议决：推定限期内筹送。（二）识字学校办理经过情形。议决：出席执监委员一律负责，定于六月二十日开学，即日呈请市党部派员出席指导，并通告学额按时入学；学校内部布置，由各干事担任教职等事。议毕散会。

（1935 年 6 月 10 日，第 10 版）

绍酒业公会开会纪

本市绍酒业同业公会，于前日（二十二日）下午召开第二十二次执监联席会议，出席委员谢长根、谢锦奎、张少华、周锦荣、陆松高、王之强、陈镜云、薛得意、方长生、王聘三、周肇浚，列席者章南亭、胡如坤、沈安和、王世麟等，主席周锦荣。行礼如仪，报告议案，提议：（一）同业受不景气市面，亏累颇多，兼受销税畸重，有整个破产之虞。议决：呈请财政部税务署设法减税，以弭未来大患。（二）同业浦东存酒，复经省局会同分局与各号代表赴目的地复查，嗣后如何办理案。议决：各号代表自愿进一步办理照行。（三）据会员报称：前酒壶收数小薄，以收壶计数，可否免贴印花？兹经市商会复函，于本月二十日奉财政部税字第五九〇五号批开：陷代电悉。据称酒店与顾客由学徒摘记，今日借出壶数，以便明日之用，究竟摘记数目，是用折子，抑用单票等情，由市商会函知并将样张检送转呈财部核察。议决：照办。（四）报告本会设立第十四识字学校，已于六月二十日开学，第二分校定于六月二十六日开学案。议毕散会。

（1935 年 6 月 24 日，第 11 版）

烟兑业通告同业防止兜销伪牌卷烟

——秋季烟酒牌照税开征应即换领

上海市烟兑业同业公会沪南办事处昨发出三通告云：为通告事。查秋季烟酒牌照税，照章七月一日至十日为开征期间，凡我同业，迅即依限派伙携带旧照并税款，前往换领。如系店无伙友可派者，即将旧照税款交由本处收费员，以便由处代为换领。逾期致干处罚，幸勿忽视自误，是为切要。此告。

【下略】

（1935 年 7 月 2 日，第 14 版）

烟酒业各公会呈请免填营业状况

本市烟兑、酱酒、酱园、酒菜馆、汾酒、西烟、绍酒、土黄酒业等各公会，为会员捐领秋季牌照。财政局奉令发表，饬填夏季营业状况，及牌号地址、店主与经理姓名、开业年月日。该业各商号，咸以填报繁难，要求循案免填，除于本月九日各推代表面陈蔡局长外，昨又会衔联合具呈蔡局长文云：呈为陈明烟酒业商，营业状况填表报告，手续窒碍繁难，历届均免填报，仰祈鉴核，据情分呈部府核准，循案免填，以恤商困，而免纠纷事。窃属会等于本月一二等日，迭据会员到会，陈述本届换领烟酒牌照纳税之后，并不掣给牌照，仅发印就表式一纸，饬将上季营业状况填表报告，凭以领照。会员等佥以牌照税相沿迄今，二十余年，历来均不填报，手续繁难，请会救济，据情转陈，体念商困，仍予免填等情前来。据经属会等联席会议讨论，本案确有窒碍，各推代表联合向钧局面陈在案。兹特胪举填报困难情形于后，伏乞钧鉴。一查该表第七项一栏内，须填明斤量或箱数、枝数、打数。烟兑业之营业为肥皂、洋火、草纸以及京广各货等类，逐日销售，零星混杂，概入门市，并不逐项登记薄［簿］册。遇有缺货，随时购进，间其按月销售，烟枝若干，无可钩稽，按季若干，何从核总？谓有进货之册，可以计算。其如十之八九，店无营业账册，凭何而填报乎？酱酒、酱园两业之营业，为油、盐、酱油、色酒等类，其逐日销售情形，与烟兑业大致相同。另沽之酒，不论斤数，虽有账册，亦难登载，此填报困难之所由来也。其他各业进货，虽有稽考，而于销货，则因烟之受霉、酒之发酸，随时掉换另售之款亦系归入门市，向不逐项登载。批发商店，全市不过十之一二，营业数量，虽可稽核，然以物质发生变化，除旧换新，数量更变，亦难确实。如令随意填列，迹近任意捏报，既无稽核之实，转启苛扰之嫌。故牌照税在昔部办之时，大都因种种窒碍，虽章程有规定，迄未见诸施行。缘该税既有种类等级之判别，其于营业，已属了如指掌，即无状况填报，按级审核，明若观火，已无疑义。而两业商人，泰半为贫苦小商，或夫妇经营，或孤独设肆，缺乏智识，实繁有徒。令之填报，是使不学而知，安可得乎？至谓当局拟订整顿，只须就其等级，严加考查，商无蒙领之弊，税自畅旺可期矣。属会等为同业之代表，对于同业之困苦，曷敢安于缄默，谨特联合具文呈请，仰祈钧长鉴核，据情分呈部府核准，循案免填，以恤商困而免纠纷，无任公感。谨呈上海市财政局局长蔡。

（1935 年 7 月 13 日，第 13 版）

绍酒业公会开会纪

上海市绍酒业同业公会，于昨日下午二时开第四次执监联席会议，出席委员周肇浚、周锦荣、谢长根、王聘三、陈镜云、方长生、薛开昌，列席李士圣等，主席周锦荣。行礼如仪后，报告议案：（一）提议本会年刊经济报告案。议决：关于上年年刊内载文件，议为今年文件议案，准合并二十五年度合并排印案。（二）为有少数会员欠会费案。议决：分别催促来会缴纳，否则呈请市商会按律征收。（三）航空捐如何办理案。议决：将所募之航空捐数十元，即日收齐缴送，以便结束。议毕散会。

（1935 年 7 月 28 日，第 13 版）

绍酒业公会开会纪

上海市绍酒业同业公会，于昨日召开第二六次执监联席会议，出席委员张少华、周锦荣、谢锦奎、谢长根、薛开昌、陆松高、丁锦生、汤汉民、陈镜云、王聘三、王之强，列席章南亭、谢阿祥、何贤林，主席周锦荣。行礼如仪后，报告议案提案：（一）上海市审计处派员来会，索取价目单。议决：照送。（二）本会识字学校经市党部于九月三日试毕，一切开支，按照成案办理。（三）关于绍兴县同乡会，暂借本会为临时会所案。议决：谊属同乡，请该会酌量津贴，期限六个月。（四）关于本年度转运合同将届期满，如何办理案。议决：交会员大会议决之。（五）会员大会，照章每年举行一次，本会重要事件颇多，及会务报告，请公决。议决：定十月七日召集会员大会。（六）全体会员聚餐会，每年两次，定元月初八、九月十五，为永久定期案。议决：通过。（七）本会职员唐培荪工作支配案。议决：并入总务科办事。以上七案，一致通过。议毕散会。

（1935 年 9 月 18 日，第 12 版）

绍酒业公会开会纪

本市绍酒业同业公会昨开第二七次执监联席会议，出席委员方长生、宋锦荣、王之强、周锦荣、陈镜云、谢锦奎等十一人，主席周锦荣。行礼如仪，报告议案提案：（一）本会二十五年度经常费征收案。议决：如原处能代收仍旧，否则进行第二步办理。（二）九月一日起，新印花税法施行后，市商会印发印花税法及施行细则二种。议决：由公会摘印关于种种法令解释，分发会员，以资参考，而免误会被罚。（三）本会有少数会员抗缴会费案。议决：推派负责人催缴，若再不缴，呈报市商会照实业部第三七八□号批示依法办理。（四）浦东同业堆存公卖时代好坏酒，顷奉分局转来省局公函，必须新旧牵压，同时解决。议决：同业新证酒既经纳税领得新印证在案，手续完毕，仍不得自由售动，所有前存之公卖时代好坏酒，同业无法求售，岂可再受损失，事欠公允。议决：呈请上级税方变通办理，设不邀准，再进一步请求。（五）王宝裕日前车送陈宝和酒九坛，被南站查缉所查扣，已经公会申说落证理由，未蒙放行。查王宝裕确系完税领证之酒，产销运单完备，因消地证被鼠泾脱落，何得嫁祸商人。议决：呈请省局调查放行，以恤商艰而抑冤屈。以上五案，一致通过。散会。

（1935 年 10 月 7 日，第 8 版）

绍酒业公会昨开会员代表大会

上海市绍酒业同业公会，于前日下午二时开三届第一次会员代表大会。会员出席五十四人，市党部代表朱养吾，市商会代表袁鸿钧，主席周锦荣，司仪王厚德，纪录潘和生。全体肃立，向党国旗及总理遗像行最敬礼，恭读总理遗嘱。主席报告开会意义，总务科报告会务文件收发经济等等，市党部代表朱养吾、市商会代表袁鸿钧先后训词（从略），提案：（一）关于公会经常费，由转运方面代收，现已期满，近据转运声请要求津贴，亦能继续办理。议决：为顾全友谊，准如所请，本年度应缴之会费，十月底以前必须缴清，否则提交执委会办理。（二）叶委员星樵迭函辞职，应如何办理案。议决：照准，以章毓德递补。（三）接市商会奉市党部通令，同业会员及同业非会员，应服从公会大会议决案，以及履行一切义务案，倘有破坏业务，呈请市党部，通知社会局处理。议决：通过。旋即散会。

（1935 年 10 月 9 日，第 14 版）

绍酒业公会开会纪

本市绍酒业同业公会，于昨日上午开第二八次执监紧急联席会议，出席委员宋锦荣、章毓德、丁锦生、周锦荣、陈镜云、谢锦奎、王聘三、张少华、薛得意、周肇浚、孙孝惠、方长生、陆松高，列席章复哉、陈少青等，主席周锦荣。行礼如仪，报告提案议案：（一）五日据会员章豫泰函称，该号向在金坛县设有申仁兴酒坊，在坊之酒，忽被该地稽征机关查封，请据理交涉，以维营业，已函请市商会发鱼电至镇江烟酒局及金坛县政府，主持公道，俾商情税收，两得其平，特提请追认。议决：通过。（二）又据章豫泰函报申仁兴历来纳税节略，当推定执监委员张少华、章毓德、王聘三、孙孝惠，干事章琴舫等，持呈向财政部江苏印花烟酒税局请愿。（三）公会经常费将罄，如何弥补案。议决：按开支向会员筹划。（四）会员拖欠会费案。议决：限期照缴，倘无切实答复，请上级依据实业部规定违约金办理。（五）市商会奉市府第一六一六二号训令，查此次颁布货币政策，为复兴经济，安定金融，谋国大计，至关重要，议定各业货价单，迅即通知会员或非会员，一律切实遵办案。议决：本会除照会员门市价目单呈报市商会社会局外，并通告会员及非会员遵守。议决：通过。旋即散会。

（1935 年 11 月 11 日，第 10 版）

烟兑业公会催令代捐烟酒牌照并劝同业遵守议决规定价格

上海市烟兑业同业公会沪南办事处，为催令代捐烟酒牌照及劝遵守议决规定价格，昨特分别通告各会员云：

（一）为通告事。案查烟酒牌照税，冬季已届终了，春季开征期间，部章规定，自一月一日起至十日止，过期即须加处罚金，现距换领之期已无多日，合亟通告周知。各该烟号仍照向例，将旧照连同税款于一月十日（即夏历十二月十六日）以前，送交本处（在大南门口阜民路四二七号）以凭汇案代领，转发收执，幸勿逾过期限，自受损失。切切！此告。

（二）为通告事。案准本月二十六日大会通过，邀集各路同业领袖，昨开处务会议。佥以近来币制改革，兑换货价均已稳定，凡吾同业自应遵奉法令，切勿再自竞争，悬牌紊乱，妨碍业规。兹将门售临时价格，共同议定，列表如左，合行颁发通告，祈即张贴各该号门首，按照出售，以示一律，设有破坏，或阳奉阴违，一经查获告发，立即呈请主管机关制裁处罚。全体通过，合亟通告，仰各周知，幸勿忽视，致干制裁处罚。切切！此告。

（1936 年 1 月 6 日，第 11 版）

汾酒业公会定期改选

上海市汾酒业同业公会通告第一号云：为通告事。本会第三届执监改选大会，业经呈奉市党部社会局核准，准于本年一月三十一日，即阴历正月初八日，午后一时，假斜桥湖南会馆举行。查会章规定，凡召开大会，须全体会员一致参加，方符法定，否则徒劳召集。当兹几首之际，正我同业稍暇之时，务望共体会艰，不避风雨，准时抽暇参加，只费半日之光阴，表示会体之团结。想当乐从，如本人万难，用函委托代表亦可。事关改选重要，特此恳切通告，其各遵守时间，踊跃戾止，勿存观望，是为至盼。

中华民国二十五年一月二十八日。

（1936 年 1 月 30 日，第 14 版）

汾酒业公会反对增收台捐

——昨函请法租界纳税会向法公董局交涉撤消

本市汾酒业同业公会，以法租界公董局突然加收台捐，阻碍商业发展，昨特函请法租界纳税华人会，提出交涉，请求撤消台捐，以维该业生计。原函云：径启者：案据本会会员，新祥酒行、仁记康厚酒行、大德酒行等呈称：为呈请事。窃会员等营业法租界，历有年所。兹以市面萧条，营业亏折甚巨，难以维持之际，忽奉法公董局捐务处来函声称，自国历二月份起，每家须加台捐三份（之）一有强，会员等直接交涉无效，不得已惟有呈请大会转为交涉，以轻负担，而维业务，不胜迫切待命之至等情。到会，据此，查市面凋零，百业萧条，而本会会员概属小本经营，平时已难维持，焉能再加捐款，以增负担，自属实在情形。事关华人纳税问题，除由本会直向法公董局请免加外，应请贵会本互助合作之精神，作市民有力之声援，代为交涉，免予加捐。则本会会员实利赖之，相应函请贵会，希予查照，并将办理情形，赐复为荷。该会自接得是项请求后，业经派员分往汾酒业同业公会及各汾酒行，实地调查汾酒业营业情况暨税率等，以便有所根据，向法公董局提出交涉，请求撤消云。

（1936 年 3 月 7 日，第 12 版）

纳税会函法分董局请取消汾酒业苛捐

——收捐员应据实查报　小商业请切实保障

申时社云：法租界汾酒业同业公会各会员，先后向法租界纳税华人会声称，法公董局近向界内同业会员征收台捐及勒收单开间小酒店月捐二元八角，商人等营业范围狭小，不堪负担，请转函法公董局取消上项苛捐，以维营业。该会据报后，即函致法公董局请予撤消。兹探志其所陈理由如次：

台捐

查汾酒业向来不售热酒，故无所谓台捐，间有少数同业为维持门市起见，摆设小台子一二座，以示招徕。然实际上有座等于无座，于营业上并无何种影响。今法公董局欲征收台捐，应即通知各该同业此后凡属形同虚设之小型台座，勿再摆设于店堂以内，如必不可少之台座，为维持门面计者，均应照公董局定章，按月缴纳台捐。惟公董局收捐员亦应据实查照，不得浮报（例如徐家汇路二五二号协昌茶酒店，设有台子二只半，诅收捐员竟报五只半，此一例也）。此应请切实保障者一。

月捐

查酒业月捐，向分叫等，何自根据，未见载明。以通常情形而论，凡单开间小酒店，大都月缴一元四角为率，惟贝勒路二九零号震湘永、四五零号振兴永、马浪路一八〇号章鸿生、安纳金路一四号裕泰祥、西门路一一九号庆湘裕等各汾酒店，均于去年由一元四角增至二元八角，甚有浮收数角情事，应请法公董局迅将上开各酒店每月税率加以平衡，并将分等标准详细标明，庶足以彰公道。此应请切实保障者二。

上述二事，曾经汾酒业同业公会一再函陈，应请贵公董局衡情酌理，迅予解决，并希示复，以凭转知。

（1936 年 4 月 20 日，第 11 版）

绍酒业公会开会纪

上海市绍酒业同业公会，昨日下午开第三四次执行会议，议案如下：（一）准中国航空协会上海市募捐购机祝寿委员会函，照分级捐送案。议决办法：印发会员，通告全体执监委员，分段负责，向同业按营业指定抽收一天，以十分之一为标准，期限以五六月内完成。（二）汤常委因离沪关系，章执委又因事忙，先后来函辞职案。议决本届任期将满，俟交会员代表大会讨论。（三）奉市党部第二二三七号通令，奉中央执行委员会民众训练部印颁人民团体调查表，附发空白表格，限本月内填报案。议决：交会计文书两股办理。（四）绍兴县同乡会会址问题。议决：遵介绍人丁锦生意旨，以六月底为限，备函通知该会。以上四件，一致表决通过，散会。

（1936 年 4 月 23 日，第 12 版）

绍酒将改征一道税

〔南京〕浙江烟酒印花税局近呈财部，拟将绍兴酒捐，依照统税办法，改征一道税。二十六日财部批：先将应行调查各点，派员详查，限日呈报，再行核夺。（二十七日专电）

（1936 年 4 月 28 日，第 4 版）

财政部批示酒作码单无须贴花

上海市商会，前为电请财政部核示关于土黄酒作业所开码单，应否粘贴印花去后。昨奉财政部税字第九三五七号批示云：寒代电暨码单样张均悉。查码单一项，如果仅列数量，并无货物名称及价格者，自可毋庸贴用印花。仰即转饬遵照。此批。

（1936 年 5 月 4 日，第 11 版）

陈国梁代理安徽印花烟酒税局长*

〔南京〕财部派该部视察陈国梁，代理安徽印花烟酒税局长。（四日专电）

（1936 年 5 月 5 日，第 7 版）

绍酒业开执委会纪

上海市绍酒业公会，于前日下午开第三五次执行会议，出席委员周肇浚、周锦荣、王之强、陈龙云、丁锦生、薛得意（汤汉民代）、谢锦奎、方长生，主席周锦荣。行礼如仪，报告议案提案：一、市商会年度会费案，请公决。议决：俟本会改选后，设法筹送。二、本会第三届执委期限将满，依法定期改选。议决：定于七月六日召集会员代表大会，呈请上级届时派员指导，及通告会员出席选举。三、本届年刊内容整饬，请推负责人编制案，请公决。议决：推定陈委员镜云审查。四、会经常费不济案。议决：财务负责向同业议划转运费，以维目前难关。五、税务署第二二四号批令，同业浦东存酒，遵章完纳定额税，贴证起运请公决。议决：按税务署之批令，函知浦东存酒之会员，听其自择。以上五件，一致通过，议毕散会。

（1936 年 5 月 25 日，第 13 版）

绍酒业公会昨开执监改选大会

——并定十八日执监定誓就职

上海市绍酒业同业公会，于前日（六日）上午二时在会所开第三届改选大会，至会会员七十一人，市党部代表王愚诚、社会局代表张达夫、市商会代表袁鸿钧，主席团周锦荣、汤汉民、谢锦奎。全体肃立，向党国旗及总理遗像行最敬礼，主席恭读总理遗嘱，主席报告两年来经过会务状况，总务报告经济文牍收发，经市党部代表王愚诚、社会局代表张达夫、市商会代表袁鸿钧先后致训词，语极痛快，并多勖勉，全体会员鼓掌。旋即开始选举，由党政机关及市商会代表检票，当场选出第四届新执委丁锦生三四票、李士圣二九票、刘子芳二七票、潘扬声一八票、高春辉一七票，候补执委盛春栩、叶连生，监察委员陈镜云二三票、周锦荣二票，候补监委薛得意，定于七月十八日上午九时，函请新任、连任执监委员同时就职，并呈请党政机关及市商会届时派员出席，监誓就职。

（1936 年 7 月 8 日，第 12 版）

绍酒业公会新执监就职

——续开首次联席会议

上海市绍酒业同业公会第四届新执监委员，于前日上午九时在会所举行宣誓就职，到新执委刘子芳、李士圣、丁锦生、高春辉、潘扬声，候补执委盛春栩、叶连生，监委陈镜云等。行礼如仪，由市党部代表王愚诚、市商会代表袁鸿钧出席监誓，全体执监委员即宣誓就职。旋开第四届首次执监联席会议，公推陈镜云主席，行礼如仪后，即报告提案：（一）四届常委人数案。议决：五人，当票选高春辉、刘子芳、李士圣、王之强、谢锦奎五人为常委。公推刘子芳为主席委员，李士圣任总务，高春辉任财务，市商会出席代表汤汉民。（三［二］）本会拟设设计委员会案，请公决。议决：推定丁锦生、汤汉民、谢锦奎、方长生为设计委员，推谢锦奎为设计委员会主任。（四［三］）上届经济文件卷宗清册移交案。议决：即日检查，由主席委员交负责人保管，待下次会议时审查。（五［四］）监察委员应推定有席案。议决：推陈镜云为首席。（六［五］）第三届移交经济代收会费应收未收所欠会费甚巨案。议决：先行函催，限一星期交齐，否则再行核办。（七［六］）规定常委会议及执委会议次数案。议决：常委会议每星期举行一次，执委会议每两星期举行一次。议毕散会。

（1936 年 7 月 20 日，第 13 版）

统税局稽查扣人货　梁烧酒行昨停业

——派代表请愿后当局允释放　交保手续办妥今日可复业

上海市梁烧酒行业同业公会，为苏浙皖区统税局稽查员，将该业送酒指为酒精充烧，予以扣留处罚后，昨日起，停止批发交易，惟门市营业照常维持，并推派代表请愿。兹志详情如下：

停止批发

梁烧酒行同业，总计同信昌、同昌福、万源顺、老恒兴、同和永等四十二家，因苏浙皖赣统税局稽查员，对各酒行送酒指为酒精充烧，将人货予以扣留处罚。于是往公会召集会员大会，购决，暂停营业后，昨日起，各酒行一律止批发交易，对送货一律停止。因送出之货，如为统税局稽查人员查见，即被扣留，至于各顾商已订购待解之货，不得已亦暂停解。惟门市营业，照常维持。至于被苏浙皖赣统税局扣留之各酒行人及货，除同昌福酒行赖阿芳、汪安才，同和永酒行石阿狗等三人，连船货等外，余均由各酒行向统税局保释。

临时大会

梁烧酒行业同业公会，于昨日下午二时在南市毛家弄二六五号会所举行临时会员大会，到同信昌、同和永、万源顾等四十二家，由贺祥生主席，报告苏浙皖区统税局稽查人员，将各会员所送之货，指为酒精充烧，予以人货扣留处罚经过。继即开始讨论，推派代表请愿事宜。当场议决，推定贺祥生、金德培、黄华德、徐士龙、王文彬、李国卿等六人为请愿代表，赴苏浙皖区统税局请愿，制裁强指酒精充烧之稽查人员。对被扣留之酒行送货人员暨货物予以发还，并保障以后不得发生同样事件，至三时许始散。

请愿制止

梁烧酒行业同业公会，于昨日下午三时三十分派代表贺祥生、金德培、黄华德、徐士龙、王文彬、李国卿等六人，赴大沽路苏浙皖区统税局请愿。由主管科长蒋金凯接见，首由贺祥生陈述各酒行送货被指为酒精充烧，予以扣留详情。蒋科长除劝告恢复批发交易外，允即饬稽查处，从速将处罚酒精充烧经过具报，以便核办。其被扣人员，允即释放，同时面谕另补具正式请愿公文，各代表于四时许始辞出。

税局声明

新声社记者：昨据苏浙皖区统税局金科长谈，酒精充烧，财政部一再申令禁止，并规定处罚办法，所以稽查人员如查获酒精充烧者，即予扣留处罚，如所扣之货，发生疑惑时，即送交实业部上海商品检验局查验。此次稽查人员扣留之酒精充烧货物，本局尚未得所属各区报告。今已饬从速报告，以凭核办，至于梁烧酒行业之停止批发交易，已予劝告复业云。

释放复业

新声社记者：昨晚晤梁烧酒行业公会主席贺祥生氏，据谈，统税局对扣留之各酒行送货人欲保释时，须填认罚单，所以经保释之后，即承认系酒精充烧。业经议决停止批发交易，今请愿结果，被扣之人及货物船只，已由统税局方面，准许交保释放，并免填认罚单。现该业决俟人货释放，即行恢复交易。又原定十九日起，对江北各地运沪停泊舢舨厂新桥堍之烧酒船，一律停止起运，倘今日交保手续办妥，则可免此一举矣。

（1936 年 8 月 19 日，第 12 版）

烧酒业被扣人员释放今日起全体复业

——被扣之酒送商品检验局查验　如系酒精充烧即依条例处罚

上海粱烧酒行同信昌等四十二家，为苏浙皖区统税局上海查验所稽查扣留人货，于前日起停业后，昨晨商妥交保办法，同昌福及同和永两酒行被扣之人交保释放，准定今晨起全体复业。兹志详情如下：

停业停运

粱烧酒行业同业公会，议决停业请愿后，经代表贺祥生等六人，与苏浙皖区统税局蒋科长、上海查验所夏股长商妥，对同昌福酒行赖阿方、汪安才，同和永酒行石阿狗等三人交保释放。前晚即办理交保手续。奈因查验所保单上注明“私运火酒搀充土烧”字样，各酒行表示反对，以致仍未保释。公会原定同昌福等被扣人货释放后，即行通告复业，昨晨因被扣人员交保未成，所以继续停止批发交易。至于江北各地运沪之土烧，昨晨起又一律停止起运，而舢舨厂桥境之江北新土烧酒船所装之酒，均中止起运。惟各酒行门市部，则照常维持营业，但各酒行营业，素以批发为主。

交保释放

公会请顾代表贺祥生等，昨晨十时，再与上海查验所夏股长接洽，商定通融交保办法，当即办理交保手续。同昌福酒行赖阿方、汪安才等二人交铺保，于十一时许释放，同和永酒行被扣之石阿狗及装酒船，及至昨日下午五时，亦交铺保释放。至于被扣之酒，决由上海查验所解苏浙皖区统税局，送上海商品检验局验明后，再行办理。如验明确系酒精充烧，即依照规定处罚，如无酒精充烧，则即放行。

今晨复业

新声社记者：昨晤公会委员贺祥生，据谈，土烧酒业之停业，实出于查验所所用稽查员无酒之学识并人格，一见酒担，认为公事到手，分所长亦不知酒之好歹，逼令商号先认搀充酒精保结。如酒商不立此保单，拘押栈司，须待统税局化验后，或一二月未曾结束，该栈司日押于所，夜送警局。如此行政，岂不痛心，故出不得已，公推余等往统税局请愿，由主管科长接见，所请愿目的，酒司只负送酒之责任。对于酒有主人，不得拘押司务，免第三者无辜受苦。商号已报查验所验贴，改装之酒，不得中途再行扣押留难，蒙二科长如愿所请，对保单一节，具随传随到的保结，先将同昌福被押司务，于上午十一时保出。同和永之酒四坛，其货被扣十余天，其酒由该所另行安置，现亦于下午五时保释，今决定二十日起，一律复业，至于请交保经过，再行召集会员大会报告云。

处置办法

新声社记者：昨晨再往访统税局蒋科长，据谈，粱烧酒行业纠纷，业经与公会代表贺祥生等商妥解决办法，被扣之人，由各酒行保释。至于被扣之货，交商品检验局查验，如无酒精充烧，即行发还。如查系酒精充烧，即依条例处罚。火酒搀充土酒处罚办法第二条，以大宗普通火酒搀充土酒，作批发营业者，处二百元以上一千元以下之罚金；第三条，零沽商店，以火酒搀充土酒零星售卖者，处十元以上二百元以下之罚金；第四条，违犯本规则第二、第三两条规定，除依各条处罚外，查获货物应予没收云。

中央社云：本市粱烧酒行，前因苏皖区统税局上海查验所稽查，强指酒精为充烧非法扣留。经同业公会议决，暂行停业，并推派代表赴税局请愿等情，业志前报。兹探悉该同业公会，推派老恒兴、同昌福、同信昌、大福永等八家酒行代表，于昨日下午赴统税局请愿。当由该局盛局长，派蒋、钱两科长接见，各该代表经述请愿详情后，即由蒋、钱两科长禀承盛局长转饬剀切劝导，并云：本局以裕国便商为主旨，嗣后如遇稽查员等非法扣留留难、需索等事发生，准由各该酒行据实指控，即当依法严办，决不姑宽。但火酒价廉土酒一倍以上，一般不肖商人，以之充烧，影响税收颇巨。前奉财政部严令禁止搀充饮料有案，兹为实行禁令暨维护酿户生计起见，以后如缉获充烧案件，自当照章惩处不贷，以维税收。各代表以盛局长革除弊窦，维护正当商业，不遗余力，咸各欣然而散。

（1936 年 8 月 20 日，第 12 版）

梁烧酒行昨晨复业

——工人停工经劝告后即恢复　定今晨交涉保障工人工作

上海梁烧酒行业公会会员同昌福及同和永两酒行，被扣职工经保释后，公会昨晨通告复业，惟各酒行送酒工人停工，要求保障，经劝告后始允复工，定今日再交涉保障办法。兹志详情如下：

通告复业

被扣职工经保释后，公会即于前晚以电话通知各会员酒行复业。昨日复补发通告云：径启者：前因查验所稽查不分皂白，逢酒滥扣，动辄将栈司一并拘押，致使全体不能自由营业。故于本月十七日开临时会员大会，议决暂停批发营业，一面推举贺祥生君等为代表，赴统税局请愿，结果得将同昌福栈司及同和永酒船取保释放，是先决问题，业已办到矣。除仍由原代表继续交涉外，为先恢复批发营业，免受无形损失。兹特通知各宝行查照，恢复营业，照常驳卸，其余一切善后问题，静候解决是也。此布。

工人停工

梁烧酒行同信昌等四十二家，昨晨一律复业，恢复批发交易，以前各顾客定货，亦照常解送，对江北运沪停泊舢舨厂新桥之酒船，亦恢复起运。惟同信昌行复业后，昨晨八时送酒一担至南市，行至方浜路华租交界之处，为上海查验所稽查员所见，欲予扣留。该送酒工人，当退入租界，复绕道而走，始得幸免。于是各酒行送酒工人，总的一百六十名，认为工作无保障，于是停工要求保障。

集议保障

同昌福等四十二家酒行送酒工人，鉴于苏浙皖区统税局上海查验所稽查员无理捕人，视送酒工作为畏途。况工人送酒，系奉行主之命，如有酒精充烧事件，应由行主负责，不应将送酒工人扣留。所以于昨晨九时，在南市毛家弄酒行公所开会，到工人五十余名。由王阿芳主席，报告开会宗旨后，当场议决，要求保障。在未有保障办法以前，暂停工作。并推派王阿芳等三人向同业公会请愿，提出要求予以保障。

劝告复工

同业公会以各酒行工人停工，以致各顾客所购之酒，无人送货，特于昨日下午三时，召集工人代表王阿芳等，由委员贺祥生向工人劝告，关于保障工作问题，由同业公会负资向苏浙皖区统税局交涉，惟望工人安心工作，各酒行工人当接受劝告，于下午五时起，一律恢复送酒工作。

交涉保障

新声社记者：时晚晤同业公会委员贺祥生氏，据谈，各酒行已于二十日晨一律复业，关于工人停工，要求保障，经劝告后，亦于当晚复工。至于保障工人工作问题，决定二十一日上午九时，由渠与苏浙皖区统税局蒋科长、上海查验所夏股长交涉，因工人系第三者，自不应代行主受过。又本公会已将此次经过，备呈送统税局，请求对强扣人货之稽查人员，予以惩办，并附酒精及土烧样子各二瓶云。

（1936 年 8 月 21 日，第 12 版）

酒行业昨与统税局签定解决办法六项

——扣酒取样封瓶双方各执其一　化验确非火酒充烧即予发还

上海粱烧酒行同信昌等四十二家，前晨复业后，昨晨十时，公会委员贺祥生备呈赴苏浙皖区统税局商善后，当决定解决办法六项，由双方签字遵守。兹志详情如下：

呈请救济

梁烧酒行业同业公会，除向各酒行栈司劝告照常工作外，并于昨晨十时，派委员贺祥生备呈携带样酒四瓶，赴大沽路苏浙皖区统税局，与蒋科长暨上海查验所夏股长，共商善后办法。其呈文云：呈为上海查验所，对于运送酒货，不分皂白，动辄拘扣，并羁押栈司，勒具诬服保状，不得已忍痛停业，谨胪陈事实，仰祈鉴核救济事。兹将本会会员各酒行先后报告，被该所扣留酒货及拘押栈司经过事实情形，详陈以下：（一）同和永酒行；（二）同昌福酒行；（三）润康酒行；（四）益顺恒酒行；（五）义庆永酒行；（六）老恒兴酒行；（七）同庆永酒行。以上各行经过事实从略。伏查酒精充烧，混作饮料，上妨国家税收，下害农民生计，关系重大，实非浅鲜。在昔关税尚未自主以前，其时国内未有制造，而舶来酒精混充饮料，曾经盛极一时，致使国产土烧销路因而锐减。本会以上年中国酒精厂开幕之前，为惩前毖后计，联合泰兴驻沪酒业公所各举代表赴京请愿，并函上海市商会转呈当局，要求对以酒精出版厂税，从重征收。或令知各厂商，在出品之酒精内，加以深浓之色彩，俾得杜绝充烧，免致再蹈前辙，庶可以维护土烧之营业。旋奉财政部批，认为藉端要挟，希图减税，驳斥不准。然商人具一片爱护土烧之热忱，竟不侧谅解，不幸年余以来，果因酒精与土烧，成本既大相悬殊，而税务署为提介机制实业计，特许酒精在租界内营销，暂免征税，以作登记办法。是以一般酒商贪图厚利，将酒精搀水充烧，在沪混售，以致昔日之害，又见于今。推原其故，此皆酒精出厂税不能从市征收之所致也。今幸赖行政院洞烛其弊，特订严厉之罚则，以资取缔（所方奉令严查，乃系应尽之职责，实属无可皆议。惟综前事实，该所各稽查员，既不识酒精之优劣，遇有运送，不分皂白，辄将人货或船只榻车，一并加以扣留。苟有要求，将人先行释放，则又勒令出具承认酒精充烧保状，方准开释。试思货未验明，而先勒立诬服笔据，究竟根据于何种法律与章程）。此等威力压迫，在昔专制时代，尚无所闻，不图见之于青天白日旗织［帜］之下，宁非怪事。顾该所之稽查员，似此远法横行，已足使吾酒业全体闭歇而有余，不料更有一班曾充酒税机关之失业稽查，三五成群，乘机敲诈，不遂所欲，则挺身硬作线人，以为密报，于有证稽查者，若辈本有涧源，互相利用，而查验所被其所蒙，惟凭该稽查之片面报告是听，任凭如何剖白，其如不听何。此前大福永酒行被扣之高粱，即一事实之证明者也。本会全体会员，处此畸形之下，瞻前顾后，危险万状，故于本月十七日，特召开大会，议决暂停营业，以求一时之安宁。然商人素以营业为前提，无论任何各业，苟非具有不得已之苦衷，断不肯自愿牺牲，任其坐耗，无奈为环境所逼迫，而出此下策也。特备文呈请钧长鉴核，俯赐加以救济外，对于上海查验所之非法举动，予以纠正，及相当之惩戒，以维法纪。以后该行各稽查员如遇有本会会员酒行运送酒货，不得任意拘留，倘或认为有疑点者，应请责令经售之酒行，或承购商店，出立书面保证。惟在未经化验以前，弗再勒写酒精充烧字样。其栈司及榻车船只，暨有书面执证，幸勿连带拘扣，施累无辜，谨俟批示祗遵，俾得早日复业，而免无端损失。再商人无化学智识，究竟同等度数之土烧，与酒精搀水充烧，其所含成分作何分别，未蒙表示，无从悬揣。兹征集得五十一度之国产足平土烧一瓶，又五十一度之酒精搀水充烧一瓶，又六十度之国庆，俗称升花土烧一瓶，又六十度之酒精搀水充烧一瓶，请付商品检验局分别化验，将结果成分表抄发下会，以便转知各会员知照，临呈迫切，不胜待命之至。谨呈。

签字解决

经长时间之讨论，商定解决办法六项，并由双方签字，以资遵守。兹录办法如下。二十五年八月二十一日苏浙皖区统税局第四课，与上海市粱烧酒行公会，关于上海查验所查获怀疑火酒充烧案件扣留事项，协商结果如左：

（一）上海所稽查扣留挑酒老司务时，如经该项酒主或负责代表，到所填具华界殷实铺保结后，应即释放。

（二）老司务所挑之酒，如无货主承认，应即由老司务负责。

（三）货主或老司务均应填具结单，只限于当事人一人签字或画押。

（四）扣酒经化验确非火酒充烧，即予发还，如系充烧，听凭照单处罚。

（五）扣酒应由当事人与稽查员双方眼同签字加封，并取样酒两瓶，亦应双方眼同签字加封，各执一瓶，以昭慎重。

（六）保结样式，应如左：

具保结人，今保到苏浙皖区统税局上海查验所保得□□□运送土烧□担，或高粱□坛。暂时出外，倘经化验，确系火酒充烧处罚等情，均归保人负完全责任，所保是实。对保人，中华民国□年□月□日，具保人，盖书柬章。

苏浙皖区统税局第四课课长蒋君岂，上海粱烧酒行公会委员贺祥生。

（1936 年 8 月 22 日，第 12 版）

绍酒业公会昨开执委会

上海市绍酒业同业公会，昨日下午开第六次执委会议，出席委员方长生、李士圣、周肇浚、刘子芳、谢长根、王之强、潘扬声、薛开昌、单少亭、王聘三、王世麟等十余人。行礼如仪，报告议案：（一）公会年度征收会费案。议决：送各负责人签名盖章。（二）会员章瀚轩，详询该号分浚前祝经理解雇后，迄今手续未清案。议决：根据双方来函，最后召集祝某来会问话后，再行答复。（三）市商会、教育委员会函各同业公会，职业训练需要调查表案。议决：照表填报。（四）南北非会员三十余家，经第一次调查期已届。议决：函催限期入会。（五）本届会员证书，是否掉换，议决，按照手续完备后，派员在各会员处互换。议毕散会。

（1936 年 10 月 22 日，第 17 版）

常熟·烟酒商反对增税

此间烟酒等四同业，因税局增加牌照税，特提出反对，推定代表，向党政机关请愿，在未解决前，一致缓缴税款。缘该项税额，向以比额多少，包商承办，因之税额有增无已，直接受其影响者，厥为小本商人，因营业清淡，实力较差者，相继倒闭。现在该税归由营业税局兼办，仍以比额关系，在本季开征时，增加摊贩等级。该商等确因现在营业，非前可比，并非故意抗税。因即召集四同业，推定彭颂九、刘慰祖为代表，向党政当局请愿，一致反对增税。

（1937 年 1 月 9 日，第 9 版）

梁烧酒业大成永行突被搜查

——公会昨开会议　提出严重交涉

大公社云：本市梁烧酒行同业公会，因上海查验所前日无故派员至南码头大成永酒行，查封酒货，并提取账簿，特于昨日（二十三日）下午二时，召开全体紧急会员大会，推胡幼庵为主席，先由大成永代表彭耀枢报告上海查验所派查验员杨人准、曾正等会同武装警察无故至该行查搜二小时半经过情形。经各会员分别发表意见，佥以营业自由，载在宪法，上海查验职员利用地位，无端入店搜查，封酒提簿，致该行名誉、营业皆受影响，应由公会依法援助。旋经决议：

（一）关于大成永案：

（甲）推贺祥生等为代表，至税务署统税局请求，将□取样酒，从速公开化验，并得由公会聘化验师参加其事，以示大公；

（乙）请统税局着查验所，交出报告人，送交法院惩办，并制止该所以后不得再有此等事，以安商业；

（丙）函请市商会援助，并请派代表会同请愿交涉。

（二）上海自酒精充烧问题发生后，有酒业失业份子，勾结不肖稽查，输送火酒，甚且有大规模组织活动，酒行营业一落千丈，国税民生，两受影响，应求彻底解决办法案。议决：呈请行政院财政部、税务署、统税局施行四点：

（甲）将本市中外酒精各厂出品一律照章征收出厂税，并增高税率，使价值提高，搀水充烧之弊，不禁自绝；

（乙）将查验事宜，责成专一机关办理，严格取缔稽查爪牙；

（丙）将前扣各行土烧酒，一律公开复验，不得含混处罚，以昭公允；

（丁）酌修罚锾章则，俾稽查少利用工具。

议毕，已下午五时，始散。

（1937 年 2 月 24 日，第 11 版）

梁烧酒业代表昨向税署请愿

本市梁烧酒业，因屡被上海查验所稽查员扣留酒货，送统税局转交上海商品检验局化验后，致处罚款，该会要求复验，竟未邀准。该会爰于昨日上午推派贺祥生、倪仰用、徐士龙、朱士荣会同市商会代表袁鸿钧，分赴税务署统税局请愿，并呈请行政院财政部请愿，要求：（一）凡本市区域内，中外酒精厂出品，一律征收出厂税，并增高其他税；（二）将查验事宜，责成一机关办理，并严格选取稽查人才；（三）将以前所扣各酒行之酒货，一律撤消原处，重行会同公开化验；（四）酒精统烧处罚规程，酌量修改，使开镃数额，逾额减低，免稽查员利用。

（1937 年 2 月 26 日，第 15 版）

梁烧酒业被罚

——决开大会讨论

新声社云：本市梁烧酒行业同业公会，因屡被上海查验所稽查员扣留酒货，致处罚款。该会曾于前日上午，推派代表四人，会同市商会代表袁鸿钧赴税务署请愿，要求救济，业志前报。闻该代表等复至统税局请愿，因盛局长尚未到局，由第四科长蒋君岂接见该代表等因。稽查副手等私运火酒，统税局为主管机关，关系重要，复历举事实，请求救济。蒋科长以职权关系，未能答复，致无结果。闻该公会将于本月二十八日，召集全体会员大会，讨论善后办法，如无结果，或将一致停业云。

（1937 年 2 月 27 日，第 15 版）

苏浙皖区统税局秘书处来函*

——澄清梁烧酒业公会请愿事实

径启者：本年二月二十七日贵报本埠新闻登载梁烧酒业被罚，决开大会讨论新闻一则，查与该公会请愿事实不符。缘本年二月二十五日下午，粱烧酒业公会代表四人，会同市商会干事袁鸿钧等来局请愿，当时局长因公赴京，即由主管第四课课长蒋君岂出而延见。该代表等即递请愿书面呈文一件，大旨计分四点：（一）本埠中外酒精厂应一律征收出厂税，并增高其税率；（二）查验应责成专一机关，扣酒须公开化验；（三）前扣各酒，一律撤消原处分，重行扦取样酒化验；（四）修改充烧处罚规则，逾格减低罚金数额等语。当经蒋课长逐一解释，关于请愿书中第一点，现正由政府用外交方式切实进行；第二点，本局职司稽征，自应遵令查验，商品检验局为政府检验商品机关，所定酸度酯量标准，均有科学依据；第三点，前扣各酒，既经照章处罚，依法不能由原官署处分任便撤消，各商如有充分理由，自可申请诉愿，听候决定，法有专条，不容变易；第四点，充烧罚则，系奉行政院规定，本局惟有恪遵办理。综核各点，均不属本局职权范围。至稽查敲诈滥扣或营私包庇等情，业经局长三令五申，严予禁止，并准各商随时密告或扭送来局，当即依法严惩，决不姑宽，自亦维护正当酒业而肃官常之旨。各代表遂即兴辞而退。用特函请贵报刊入来函栏内，以明真象，实纫公谊。此致申报馆。

苏浙皖区统税局秘书处

二月二十七日

（1937 年 2 月 28 日，第 14 版）

绍酒业公会昨开执委会

本市绍酒业同业公会昨开执委会，出席委员薛开昌等，主席刘子芳。讨论提案：（一）税务署批令同业浦东存酒分别好坏，以定去留案。议决：遵令转知存酒各会员，俟税方派员有期，再行通知各存酒会员，会同到栈分别。（二）所得税申报手续，根据市商会通知，派员向各会员填报。（三）上海慈善团体联合救灾会募捐案。议决：由公会助送五元。（四）会员永丰茂等三家，有大宗绍酒，由产区运沪，已遵章完税贴证，每家只有一□，脱落税证，呈向当局说明理由，为有当地稽征主任颇不原谅商家受冤损失，拟如何进行办理案。议决：再呈上级税务机关申诉理由。议毕散会。

（1937 年 3 月 10 日，第 17 版）

酱园业同业公会来函*

径启者：顷阅贵报本埠新闻栏内登载酱园业公会，为选举舞弊涉讼，昨由法院传审一事，显然访闻失实。查该公会系酱酒号业公会，非酱园业公会。特行备函奉达，希请更正是荷。此致申报馆主笔先生大鉴。

上海市酱园业同业公会启

三月二十五日

（1937 年 3 月 26 日，第 12 版）

上海市酒行业同丰裕等八家为查验所任意扣货冤罚巨款妨碍营业　特具详细缘由请求各界公鉴

查吾酒行业，向以代客买卖土烧高粱为业务。民国十三年时，突有酒精充烧发生，全体同业大受影响。迨至国民政府建都南京，关税自主之后，充烧之事方始绝迹。至二十四年春，实业部联合侨商在上海设厂，制造国产酒精。吾同业等鉴于已往之覆辙，要求同业公会暨泰兴驻沪酒业公所联名具呈，赴京请愿，要求对于国产酒精从重征税，或在出品中加以色彩，以免再有充烧情事发生，未奉批准。不料财政部非但对于酒精税率并不加重，反将原有之酒精出厂税免征（凡销售于租界之酒精，贴用一种特花，名为记账，实则免征），以致酒业之失业者，利其成本轻而利益重，充烧之事又复盛行，此吾酒行业之初步受其打击也。而当局又不从根本着想，但以重罚充烧为取缔，此舍本求末，非特于事无补，反使查验所等各机关之稽查员，妄思重赏，不惜昧却天良，凡遇吾同业运送酒货，不分皂白，任意拘扣。迨至扣进之后，并不公开化验，动罚巨款矣。是以上年曾经激起一度停业之风潮。敝行等均以正式土烧先后被该所各稽查员无端扣去，处罚巨款，自接奉统税局处分书后，心不甘服，曾经提出理由，照章按级诉愿，均遭驳回。现向行政法院提起行政诉讼，要求重行公开化验，一面请同业公会援助，由公会具呈各高级机关声请复验，并附带要求纠正各点，至今未蒙批示。不料于本月七日，突奉查验所来信通知，谓处罚之款，限三日内提供担保，否则强制执行云云。窃思扣货不分皂白，冤遭重罚，妨碍营业，已非浅鲜。既经依法提起诉讼，未经终了之前，并无逃亡行为，自无提供担保之必要。况当此商业衰落之时，吾业更在强权之下，安有巨额财力，以应需求。惟恐拖累原保，于心不忍，故特于昨日亲赴查验所投案，听候处分。该所靳所长接阅呈文之后，见非现款提供，怒不可遏。敝行代表方欲说明来意，而该所长竟大肆咆哮谓：你们既有本事向行政院诉愿，不妨亦去告我罢！将手持报纸向台上猛拍。严威之下，下情不能上达，不得已受辱而退。兹敝行等遭此冤罚，呼吁无门，除仍函本业公会再请市商会援助，非达到公开化验，万难屈服。为特将详细困苦情形诉请各界主持公道，以维业务。特此谨启。

同丰裕、曹德大、万泰永、顺记、天顺祥、同和永、同庆永新行、正记

（1937 年 5 月 14 日，第 5 版）

上海市土黄酒作业同业公会紧要通告

案查本会员各坊因战事影响，停止营业，本会应筹救济方法，以维业务，奈以地址不明，无从通讯。兹经本会商假法租界喇格纳路（即黄河路）仁麟里一号临时办事，凡吾会员各坊，于本月底以前到会，或通函登记，以便召集会议，讨论办法，于公于私，两均获益。除呈函党政机关及市商会外，为特登报通告，即希宝坊查照为荷。此告。

主席委员金菊卿

（1937 年 9 月 26 日，第 4 版）

上海市绍酒业同业公会通告

兹因沪战发生以来，时值非常，绍酒来源断绝，涨价为难，不得已议决于十月一日起，一律售现，不折不扣，以维同业生计。为此登报通告，幸希各界原谅。

廿六年九月廿七日

（1937 年 9 月 27 日，第 4 版）

上海市绍酒业同业公会通告

本会转奉财政部令开：各省土酒自十月三日起，均按现行税率，加征五成，以济国用等因。查本市行销之绍酒来自浙省绍兴，不意沪战发生，各业萧条，为顺应环境起见，爰议改售现款，不折不扣，以维同业开支，曾于九月廿六、七日登报通告在案。兹奉令开：前因是则绍酒税率，浙、苏两省同时各已加征五成，加以运输费用，成本不免较巨。昨经本会讨论，结果只得重将各种绍酒之整坛及零沽价目分别订列于后，并定十一月一日起实行，以顾血本。久仰各界热忱，当能鉴原苦衷也。特此通告。

计开：状元红每坛国币九元，大行使每坛国币六元，小行使每坛国币五元，放样每坛国币三元六角，小京每坛国币二元四角，太雕及竹叶青每瓶国币五角六分、每斤国币二角八分，京庄每斤国币二角二分四厘，花雕每斤国币二角四分。

（1937 年 10 月 31 日，第 2 版）

酱酒同业认捐实行

本市酱酒业劝募委员会，昨在厦门路农原里十号召集委员会议，范东生主席。讨论：（一）通过劝募会简章呈请协会备案。（二）通过发表募捐宣言。（三）会所暂假厦门路农原里十号。（四）即日派员向各同业分送公告表格等，以便各同业填报应纳捐额。（五）捐款办法，以同业门缸销售油货每担增加国币五角，悉充救济难民捐款。（六）准于二十八年一月十六日起实行，期以一年为限，并订定同业认捐奖励办法如下：（1）特等奖状，如同业每月门缸认销满五十担，月纳捐款在二十五元以上者，应予发给特等奖状；（2）优等奖状，如同业每月门缸认销满三十担，月纳捐款在十五元以上者，应予发给优等奖状；（3）甲等奖状，如同业每月门缸认销满二十担，月纳捐款在十元以上者，应予发给甲等奖状；（4）乙等奖状，如同业每月门缸认销满十担，月纳捐款在五元以上者，应予发给乙等奖状。

（1939 年 1 月 10 日，第 10 版）

组织酒行市场　酒业坚决反对

——烟酒本有特税　虽无统制之名　早有统制之实　何必再设市场

上海市粱烧酒行业同业公会四十三家全体同业会员，为反对谋组酒行市场，特于前日下午三时，在南京路一乐天粱烧酒行茶会市场召开临时同业会议，讨论应付办法，拒绝参加该市场，并督促同业会员严密注意。该会为郑重计，特缮发《全体同业反对谋组酒行市场希图统制之公告》。兹探录如下：

径启者：现有某某等假刻类似酒行业之牌号盖章于空白呈文纸上，持赴各行，谓欲呈请组织酒市场统制酒类要求依样盖章，否则将来不能派货，威胁利诱，无所不至，其未到各行，亦用电话通知。竟有二三家不明事理、头脑简单者，为其骗盖而去，然吾全体四十余家断非一二家所能左右其事。查烟酒本有特税，虽无统制之名，早已有统制之实，何必再设市场，从事统制考。其用意无非欲抽收佣金，抬高市价，得以从中渔利，虽出卖全体，亦所不惜。而况土烧酒在酒类之中为最复杂、最零星之一，亦为中下级社会所需要，在昔上海一埠年销十余万担。自上海事变发生后，运输阻梗，成本与费用并增，售价亦逐渐昂贵，人民购买力薄弱，是以前上两年所销，每年均不足十万担之数。若再成立统制，姑无论抽佣，若干即将到货运入堆栈，再由堆栈分运各处，其汽车费上下力走耗敲破已经可观，再加横抬价格，其结果将与舶来品之白兰地、威思克并驾齐驱而后已。试问中下级社会有此经济力可以购买耶？况土烧酒容器大小不一，成分高下悬殊，并非连甏出售，尚须过磅回皮，即欲统制，亦非事实所许。

总之，当此百物昂贵之时，土烧居消耗品之一，宜如何设法疏通来源，力求减低售价，方可勉强维持，岂容横加摧残，趋于自杀之途？为此，吾全体对于组织酒市场一即将死反对，决不听从。同时并忠告某某等赶紧收心敛迹，弗再继续活动，以免为众所共弃，庶全体生计得以苟延残喘。区区此心，诸希公鉴！

（1940 年 2 月 27 日，第 10 版）

上海市粱烧酒行业同业公会紧要启事

查本公会所属同业酒行前以谋组酒市场一事于二月二十五日酒仙诞辰会，经议决登报声明，并签立信约，一致反对有案。兹闻竟有本业中人甚称本公会代表向某方呈请实行统制。如果实现，则层层朘削，成本加重，势必陷同业于绝境，视信如弁髦。本会誓不承认除函请市商会援助制止外用，特登报公告。凡吾同业万望贯彻，终以打消其个人企图，是所至祷。此启。

（1940 年 4 月 3 日，第 5 版）

上海市绍酒业同业公会紧要启事

据本业多数同业纷纷函称：本业进货向由产地自造自运，并无中间行商经手卖买，乃近日有人自称本业代表谋组绍酒市场，又复利诱同业参加，作其个人利益企图，请即登报声明，否认并通知同业勿为所惑等语。查本绍酒卖买，却无居间行商组织市场，实与同业不利，多加一□佣金而已。兹除声明否认自本业代表外，并盼各同业明审本身利害，勿为利诱，幸甚。

（1940 年 4 月 6 日，第 2 版）

上海市酱酒号业同业公会通告第一号

谨启者：溯自沪战以来，本会会员星散，会务停顿，旋以会员地址多所变动，一时无从调查，彼此消息隔阂者，行将三年。兹以各会员鉴于时值非常，同业缺乏组织，不但情感上不能联系，失互助功能，抑且营业上动遭掣肘，横受莫大损害，纷纷来会，要求恢复办公。爰于四月卅日，召集临时执监联席会议，议决即日起，正式恢复办公，并通告未登记会员克日来会登记，重振会务。在本会能力所及范围内，愿与全体同业，共图本会会务之发展，及解除同业痛苦，兴办同业福利事业。凡吾会员，幸勿自误。特此通告。

会址：派克路协和里卅六号。

（1940 年 5 月 14 日，第 5 版）

上海市酱酒号业同业公会通告第二号

谨启者：本会会务业已恢复，即日起，正式办公。惟尚有少数执监委员住址不明，函件无从送达。爰经临时执监会议，议决登报公告，希于一星期内，请将最近确切住址函知本会，否则作自动辞职论，别谋补救之策，以利会务等语在卷。愿我第四届执监诸公顾念，时值非常，出任艰巨，集思广益，群策群力，以谋会务之发展而图会员福利。事关同业前途，希勿自误。特此公告。

会址：帕克路协和里卅六号。

（1940 年 5 月 14 日，第 5 版）

敬告绍酒同业暨旅沪绍属各业自动革除端节筵宴费用救济绍兴灾民紧要启事

窃自战争迄今，已两载有余。我绍兴故里因逼近战区，对于粮食问题，发生绝大危机。向平时代尚赖邻省接济，自浙东萧山沦陷，交通阻梗，来路绝迹，小康之家或可苟延残喘，若以薪给为生与夫战事失业之人，几已不能一饱，仅将坐以待毙。兹绍绅王君罄韵视灾情重大，亲自来沪，奔走各方。据其面述被灾情形，惨不能闻，贫民饿毙，日有二三百人。凡属人类，能不付与同情？敝会能力有限，回天无术。除另筹办法外，窃思端节常例，各业例有筵宴，以酬职工辛劳。敝会拟请吾绍酒业职工先行自动发起，停止筵宴，即将筵宴费用移救绍兴灾民，虽杯水车薪，无济于事，但亦不无小补。想恻隐之心，人人皆有，继吾人而起者，定不乏人。爰特遍呼，将伯所有绍酒同业以及资方，已另行召集紧急会议，筹措巨资，以济急灾。凡属旅沪绍属昆季父老及各业职工，亦祈一致动员，不胜盼切之至。如荷概解仁囊，胜造七级浮屠。倘有款项惠赐，请直送敝会。一俟集有成数，即当登报公布，诸希公鉴为祷。

上海市绍酒业同业公会谨启。

（1940 年 6 月 10 日，第 2 版）

酱酒号业同业公会限期较准量器

本市酱酒号业同业公会，以同业所用量器，减低容量者，在所难免。特开会议决，凡同业所用量器，必须经公会较准，先自法租界着手，再推行于公共租界。法界同业较准期间，限本月二十日截止。若旧有量器，经公会较准，认为合格者，得于公会盖印证明后，继续使用，否则必须调换。现闻标准量器，已呈准法租界平价委员会，并已由该委员会转送警务处备考，量器较准完毕。即由该会逐日报告市价行情，此后酱酒同业量器市价，悉归一致。

（1940 年 7 月 16 日，第 7 版）

绍酒同业二次郑重声明启事

窃我同业前以有人假借同业名义，申请上海中央市场组织绍酒市场贩卖酒类营业，为其抽用渔利之渊薮。其实牙行是有牙行作用，盈余亏损与敝业为另一问题。各地酒厂与上海商店，不过为制造厂家与发行人之关系，上海酒店为各地酒厂之发行人而已。重大事业自有多数人意思为意思，非少数人可以左右也。

（1940 年 7 月 29 日，第 2 版）

上海市粱烧酒行业同业公会阅绍酒业为组织酒市场启事后之郑重声明

阅本月二十九日《申报》载绍酒业对于有人谋组酒市场之声明内，有牙行自有牙行作用云云，未免误会及于本同业全体会员之处。查本年春间，有人呈请谋组酒市场，希图从中抽佣渔利。曾于二月二十五日酒仙诞辰聚餐时，全体行客一致议决，声明反对，并立信约，登报通告在案。半年以来，事遂搁置，不料最近又复死灰复燃，绘声绘影，如火如荼，此乃外界假借名义，或一二意志薄弱之会员为人利用，出面呈请，希图成立，以遂其发财之幻梦。然本公会多数会员暨酒客共四十余家，鉴于迩来造酒原料之小麦、红粮非常昂贵，因而酒价成本随之增涨，营业本已十分清淡。若再加重负担，非但自投绝路，亦违返工部局评价委员会，抑平物价之美意也，所以一致拒绝参加，以免作茧自缚。本公会秉多数人意思为意思，非一二人所得而左右者也。务请绍酒业诸君幸弗误会，即策动此事者亦当认清目标。特此郑重声明，诸希公鉴！

（1940 年 7 月 31 日，第 2 版）

上海市绍酒业同业公会增价启事

兹根据绍兴各酒坊视线，米麦酿料登峰造极，因而存货居奇步涨，加之运输困难，水脚等费较前又增数倍。曾于六月卅日，开会讨论，议定新价，自八月一日起实行，以维成本。事关业务，尚祈各界鉴谅，无任感荷。

（1940 年 8 月 1 日，第 2 版）

驻沪泰兴酒业公所对谋组酒市场事紧要声明

顷闻有人谋组酒市场，希图渔利。此事加重无谓之剥削，关系我土烧营业至深且巨。本公所全体酒客誓不承认，特此声明，诸希公鉴！

（1940 年 8 月 5 日，第 2 版）

上海市粱烧酒行业同业公会对谋组酒市场之第四次声明

前因有人假借本业名义或勾结一二意志薄弱之会员，呈请加入中央市场，以图统制渔利，曾经节次登报反对在案。现闻该主动人已征求得业外之若干经纪人每人缴纳国币二千元，定于即日开办实行，扣货云云。查贸易自由为各国之通例，是以本公会多数会员为维护全体生计，并抑止加重负担起见，一致反对，拒不参加，绝无其他意义存乎其间。区区此心，诸希公鉴！除另谋救济外，特再慎重声明。

（1940 年 8 月 5 日，第 2 版）

上海市土黄酒业同业公会紧要启事

近闻，有人谋组酒市场，希图渔利。此事不但妨碍自由营业，增加无谓剥削，且与我土黄酒业自造自卖之旨极端相反。除一致反对，并呈请当局制止外，特此声明，诸希公鉴！

（1940 年 8 月 5 日，第 2 版）

上海市土黄酒业、绍酒业、粱烧酒行业同业公会驻沪泰兴酒业公所联合紧要启事

顷阅本埠《中华日报》民国二十九年十月二十九日登载上海酒类营业所通告第一号为全市酒商限日前往登记，随缴保证金，方为有效一事，列有酒商代表雷一鸣。阅之不胜诧异。查本酒业团体所属会员中无雷一鸣其人，不知所谓代表资格从何取得，深恐同业引起误会。用特郑重声明以后，雷一鸣任何行为，绝对与本酒业团体无涉，务希公鉴。

（1940 年 11 月 2 日，第 5 版）

酱酒业议决案

本市酱酒号业同业公会，昨日举行常会，议决要案如下：（一）通告同业参加集团购米，每店订购贡米自一包起至十包止，认购者应向本会指定之中国通商银行爱多亚路支行（大世界口）每包预缴定洋四十元；（二）通告同业斟酌店内实际情形，自动暂予提高职工生活费；（三）酱园操纵市价，呈奉当局，批令市商会办理，将来本会应派代表出席市商会陈述意见，决推李广珍、邵国涌为出席代表；（四）同业门

售食盐，来源颇为复杂，少数同业，因不明来源，已被处罚，应向盐务主管机关接洽办理。

（1940 年 11 月 3 日，第 10 版）

上海市酱酒号业同业公会通告第十五号

为通告事。本会定于国历十一月十八日下午二时，假座虞洽卿路宁波旅沪同乡会后厅，召开全体会员代表大会，讨论同业门售食盐与盐务机关确定销额限量，及其他关于整顿市价暨酱园业涨价等要案。事关同业切身利害，务希各推派代表一位，携带出席证，准时出席，万勿延误为要。除已呈准工部局、警务处饬属保护，并直接另发通告及出席证外，特此登报，通告周知。

（1940 年 11 月 17 日，第 5 版）

上海市酱酒号业同业公会通告第十六号

为通告事。案查本会前准协隆盐栈函称，租界内同业门售食盐须向协隆盐栈批领官盐，以免误进私盐，致遭处分。本会为卫护同业安全利益起见，对于门售食盐一事业，于本月十八日代表大会议决，凡属本会会员应持有本会所给领盐单，向协隆盐栈领销官盐。即日起，随带店号负责图章来会认定销额，并备洋一角，具领领盐单一本，前在十八日大会已经认定之。各同业仍希来会补全手续，俾便造册汇送。事关同业本身利害，务希各会员体察时艰，切实照行。特此通告。

（1940 年 12 月 1 日，第 2 版）

上海市粱烧酒行业同业公会敬告各酱园及零沽酒宝号紧要启事

迩来酒精充烧，又复发现，难保无贪图厚利者，鱼目混珠，颇难办别。万一发生事故，互推责任，立起纠纷。兹为慎防计，以后各宝号如趸购卸酒，务请派人同往酒客堆栈，当面提货车卸，以明责任。庶以后或有发生意外者，自行负责，可免无谓之争端耳。诸希鉴谅是幸。

(1941 年 2 月 28 日，第 6 版)

北酒帮紧要启事

火酒搀充饮料，易生恶疾于喉咙，尤害特甚。敝公所前因冒充兜售，不仅有关北酒信誉，且碍公共卫生，故会一再向当局呈请禁止，并推代表到京数次请愿，蒙党政机关出示严禁在案，始使奸商消声匿迹。数年来，于民生裨益匪浅。近年酿酒原料，如米麦粮等价目日趋高昂，税费迭增，致国产土酒随之而提。火酒多为本厂出品，售价极廉。际兹世风愈下，大利所在，遂使一般奸商垂涎欲滴，故态复萌，大事充售（洁身自爱者亦不乏其人）。敝公所同人一本初衷，特登报公告。

各酱园槽坊汾酒店注意，以后需购北酒，务望认准真正北酒，堆栈尤须注重监提督卸，俾免受愚，设各零沽酒店或有以火酒自行搀充者，亦应洁身自爱，立改前非，不但于公共卫生有益，且于个人天良无愧。处此非常时期，冒取此等不道德之钱财，试问能否传其子孙耶？明达者当能了解敝同人之忠告也！

泰兴驻沪酒业公所同人谨启。

(1941 年 2 月 28 日，第 6 版)

上海绍酒堆栈同业增加租价通告

谨启者：值此百物腾贵，生活异常迫急之际，而地租及地捐又复相继增加，同业如不谋以补救，将受业务影响不得已。爰特召集同业公议，如不提增租价，实难支持善后。今特公众议定，自九月一日起，一律增加租价，每月每坛实收租洋计京大酒二角六分，加大酒二角，放样酒一角。事关同业苦衷，藉资弥补，尚希鉴谅是幸。除登报通告外，特此奉闻。

协源炳记、福记、新公记、鑫记、森泰、同源顺记、公和、同源合记、三兴隆同启。

(1941 年 9 月 2 日，第 2 版)

酒商请求豁免瓶酒印花税

兹闻沪上酒业，因法租界公董局按照最近颁布之酒精及饮料制造厂及蒸馏厂章程，向各该同业公会会员商店，普遍征收改装瓶酒印花税，曾分别交换意见，以酒税一项，列在国家税范围之内，与其他地方税性质不同，各会员商店门售之改装瓶酒，其酒皆从客货大容器内分瓶改装者，为一种商包扎行为，并非自制，不能称为制造厂。昨特联名函请公董局，收回成命，免予重贴印花税。

（1941 年 9 月 15 日，第 7 版）

上海特别市梁烧酒行业同业公会通告

兹遵照当局抑平物价意旨，经本会七月十日临时会员大会会议，咸以本会会员为仲卖人地位，所营高粱、土烧等酒，其货来自外埠，依照客盘，另加合法利纯出售，并无抬高抑低之可能。当经议决，即日起，门售价格一律依照五月二十六日、二十八日所定旧价，合中储券对折出售，并组织评价委员会订定价格，以免任意抬高。除呈请当局核准成立外，先此通告，至希公鉴是幸。

（1942 年 7 月 12 日，第 1 版）

上海特别市土黄酒业同业公会通告

本同业等兹遵照当局六月十五日公布之调整物价布告起见，即日起，将门售各货依照五月二十六日、二十八日所定价格，合中储券二比一出售，并组织评价委员会订定价格，以免任意抬高。除呈请当局核准成立外，先此通告，至希公鉴是荷。

（1942 年 7 月 12 日，第 1 版）

上海特别市米麦杂粮油饼业同业公会会员、上海调剂民食油类办事处、上海食油同业批发处启事

查本处自本年二月间奉命成立实施配给食油以来，只以来源未能充分，致配给难期宽裕，屡经请求当局增加数量，以利分派，终以种种环境关系，迄难如愿。现正继续恳请设法补救，以利民生。惟会员中近有未明此中困难情形者，对于本处办理配给事宜颇有误解之处，纷致责难。本月二日，复有上海特别市酱油号业同业公会代表该会会员，声明经销食油经过情形之启事一则，披露报端。其中所举诸点，实未明了本处情形，诚恐有误观听，不得不将该会所述各点逐一剖明如下：

【中略】

（三）对于酱酒同业规定经销食油不能如期领到，常被藉词克扣及来源未事先公布之点。查食油之供应，完全由当局筹划调度，本处不过就其供给者加以分配而已。所有来源如何，每月供给若干，一切权限均操之于当局，本处亦未能详细确知，岂能事先公布？至于不能按期领到，则因种种关系，如来源不继、移动手续之办理时间。盖无论重桶、空桶，均须事先请求主管机关签发移动证，方可送油。凡遇此种情形时，各零售店均同样不能领到，不独酱酒号同业为然，更无所谓藉词克扣。

【中略】

（五）酱酒号同业大都只三天一担或七天、十天一担，尚不能按期领到之点。查统制物品配给原则，须视会员平时营业范围及申请配给数量情形予以分派，并不根据会员单位平均支配。故对专营食油之大零售店配额较多，兼营食油，如酱园槽坊等（即酱油业会员），配额较减。盖专营者以油为主业，兼营者以酱酒为主业，性质不同，未能相提并论。至配给数量，专营食油零售店二十担者仅一家，十余担者数家，其余每日不过三五担，而兼营食油之酱酒同业亦有多至每日三四担者。本处为求公开起见，对于分配食油，按日分别列表呈报，当局审核备查。至不能按期领到之原因，具如第三点所述。再从前规定时，为预定数，迨实行分配，如九月份来货比八月份减少六千担，不得不于各会员中分别减少，先后之分，

在所难免。

【下略】

（1942 年 11 月 4 日，第 4 版）

上海特别市酒菜馆业同业公会整理委员会公告第一号

为公告事。案奉上海特别市社会运动指导委员会批字第五五九号批示，内开：为本市酒菜馆业同业公会组织散漫，殊欠健全联名，环［还］请鉴核派员整理，以利会务，而资进行。由呈悉业经本会委派李满存、刘松涛、单云恢、杨玉泉、张宏、陈佑龄、黄庭伟、周敦祥、邵一份、朱鸿林、朱清裕、奚颖奎、林云、赵正刚、张豪兴等十五人为该会整理委员，切实负责一等。因奉此兹已遵于本月六日□□就职，成立整理委员会。恐未周知，特此公告。

临时会址：山东路一百三十七号。

（1942 年 11 月 18 日，第 4 版）

上海特别市酒菜馆业同业公会整理委员会公告第二号

为公告事。查本市酒菜馆业营业上需用原料，如食糖、食油等之配给，主管当局为维护各同业营业，计皆分别订有便利给证购买办法，凡我同业，请即前来登记；未入会者，尤盼迅速前来办理入会手续，俾便汇向各主管机关申请登记配给。事关同业福利务，希勿存观望，以免自误。特此公告。

临时会址：山东路一三七号。

（1942 年 11 月 18 日，第 4 版）

上海特别市酒类同业联谊会筹备会公告第一号

本会为谋酒类同业产销双方福利起见，着手组织。兹奉主管当局颁发沪社字第九三号许可证书，并请军部许可，准予成立。除定期召开成立大会外，合亟通告，凡未加入本会者，希于一月二十日以前，来会办理入会手续是荷。特此公告。

会址：四川路六六八号七楼。电话：一八八三三，一八四〇〇号。

（1943 年 1 月 6 日，第 1 版）

小商人诉苦・柳城大埔乡酒税的突增

余为一酒商人，从事酿酒已逾数年。过去对于酒税从未过问，而认为纳税是商人应尽之义务。今者对于木乡酒税诸多问题，税当局未能予以圆满答复，殊属遗憾。

本乡酒税总额，前为国币一千五百余元，从九月份起就突然增至八千五百元，增额已达五六倍。据以往增税，实未有突增至五倍以上者。后又调查邻乡酒税虽然增加，但其增加额则微，如邻近沙埔乡，过去税额为百余元，现增至二千元，其增加之总额未达五倍。然按两乡税额之比较，本乡与沙埔乡之酒税实为四，二与一之比，另据两乡之酒生产量相较，则仅为二，五与一之比。同一县区，不同税局，而增加之税额各异，是否政府之意，抑为税当局之意，则不得而知。由于酒税之增加，税当局反把纳税之手续减少了，在以前每逢纳税的时候，税当局则按次给予收据，而现在税当局无形中把收据的手续取消了。其取消之原因，在税局则认为收据是不必要，而且是浪费的，这是税局解释废除收据的唯一原因。但按照过去缴纳税款之手续，税局中需给予收据，这表示税款是法定的，而且对这款是负责任的，现在税局把收据的手续取消了。这或许是税局奉令增加酒税，同时要减少填收据的职员吧！此中原因，实有令人难解之处。

又本乡过去对于酒税，是按每家酒的生产量多寡而分摊的，现在则不然了，税局则把酒税总额每家平均分配。由于这样，问题就发生了，因为在增税的时候，有些资本较大的酒商就集合为一家，暗中从事酿酒，而出一家酒税，因为其生产量多，而税额又与生产量少的酒商一样，其成本则低，售价就便宜。因此小酒商无形中被他们打倒。

（柳城县大埔乡一酒商）

（1943 年 1 月 7 日，第 3 版）

上海区酿造业同业公会筹备员戎锦章、丁锦生、谢国英、徐士龙、沈桂成为并未参加言永孝、陈珍麟二君朦请当局所召开之成立大会紧要声明

查锦章等五人与言永孝、陈珍麟两君于本月十四日同奉粮食局令派为上海区酿造业同业公会筹备员，方期努力效忠政府，加紧筹备时期中，不意言、陈二君于奉令未满十日之短促期间，即乘人不备，竟朦请当局，草草召开成立大会，明系别居用心。大体经过情形，锦章业于昨日（五月廿一日）呈报各主管机关，请求彻究，并经登报声明。各在案阅昨日《中华日报》本埠新闻，载有酿造公会正式成立之新闻一则，内中载有推选理监事当选出言永孝、陈珍麟、戎锡章（或即锦章）、徐大龙（或即士龙）、丁锦生、沈松成（或即桂成）谢国英为理事等语，阅之更觉骇异。盖锦章等五人，对于言、陈两君于匆促间所召开之成立会并未预闻，当时亦并未到场参加，何以当选为理事之职？诚可为怪。且查上海区关于酿造同类业，不下数千家。在社会运动指导委员会指导下，所成立合法之公团，如粱烧公会、绍酒公会、汾酒公会、酱酒公会、土黄酒公会、酱园公会组织，若是之大急切间，均绝无登记。及参加选举之机会，南汇川沙崇明及各乡镇间之同类业，极多百分之九九亦均赶来，登记不能。言、陈两君始于五月廿一日，才登报通告，即于是日上午九时开成立大会，揆之事情及工商条例，均极不合，独断独行，既远民治之旨，且负政府所公布战时严密各业组织，利国利民之至意。锦章等五人，身为上海区酿造业同业公会筹备员，又系上海区酿造同类业各公团之负责，现因感受多数同业人之责备，不得已，惟有据理力争，期速加紧登记，工作早日完成。本公会组织以仰副政府战时严密经济机构之大业，别无企图，至希各界公鉴。特此声明。

（1943 年 5 月 23 日，第 3 版）

上海区酿造业同业公会通告酿字第三号

查本会前经登报通告办理会员登记手续以来，入会者颇形踊跃，业

于本月廿八日截止。惟尚有一部份同业不明内容，受非法组织伪造表格之，少数不肖同业愚弄，意存观望，延不入会。本会除呈请主管当局严予查究外，为顾全同业利益起见，爰经本会第二次理监事联席会议，议决姑准继续办理会员、登记入会手续，统限于本年六月十日截止，逾期不再通融等语，纪录在卷，合亟通告。所有上海区域内（市区暨奉贤南汇川沙宝山嘉定北桥崇明七特区）经营酒类之各同业，不论以前已否加入任何公会及类似公会组织（按原有之粱烧酒、土黄酒、绍酒、汾酒、酱酒、土烧酒等各同业公会，业奉明令，吊销图记，取缔活动）之会员，或其他非会员等，均限于本年六月十日前，携带店号书柬、经理私章及寸半半身照片，前来办理登记入会手续，以保权益。逾期概不通融，当依照部颁粮食业同业公会组织通则第四条第三项，经营粮食主要商品之工商业人未经加入同业公会，不得营业之规定，呈请主管当局，勒令停止营业，事关各同业切身利害，幸勿再事玩延自误是要。特此通告。

理事长：言永孝。会址：跑马厅路七十七号。

（1943 年 5 月 31 日，第 3 版）

上海各酒菜馆应从速加入酿造业同业公会*

本市酿造业同业公会，业经成立开始办公，对同业会员登记亦经限期办竣。该会鉴于本市经营酒类之酒菜馆亦应加入该会为会员，以资将来配给营业。惟酒菜馆仍未入会似不合法，故已由该会依据工商组织法令，备文呈请粮食局，转饬酒菜馆业公会，知照各酒菜馆从速加入该会，否则将来配给事宜实施，对酒菜馆不予配给，势必不得兼营类业务云。

【下略】

（1943 年 6 月 13 日，第 6 版）

土酒与酒类酿售两公会无抵触

政府为实施紧张战事经济机构，对各业公会加以调整，并对业务雷同之公会加以合并组织，以资统一。本市酒类业各公会，亦经合并组织为上海特别市酒类酿售业同业公会，早经成立在案，而又有土烧酒贩卖商公会之成立，似与该会会务有所抵触，且对调整机构，亦有所相违，故呈请粮局取缔。现已经粮局指令解释，查土烧酒贩卖商同业公会，已采运苏省各地土烧酒，集中本市趸售于各酒肆，转供沪市人士消费为基本原则，与该公会会□，并无抵触，惟对所呈各节，于各同业之间，不为无见，业已分饬知照云。

（1943 年 10 月 16 日，第 3 版）

市粮食局解释土烧酒公会性质

上海特别市酒类酿售业同业公会，以本市土烧酒贩卖商业同业公会业务性质，虽前经当局确定原则，但未予明确划分，深恐易起纠纷，该公会有鉴于斯，业已呈奉市粮食局令予解释。查土烧酒贩卖商业同业公会，系指定客帮之专营泰兴土烧酒者而言，其他酒类及本市所设之各酒业行号均不在内，该商等在沪并不设立字号，系属流动性质，前请组设公会，实为一贩营土烧酒之联合机关，核与该会尚无抵触，抑该会仍根据原定章则，促进会务云。

（1943 年 10 月 29 日，第 3 版）

粮部令饬酒业合并酒类公会

〔中央社沪讯〕粮食部拟适应战时体制，调整经济机构，对本市各粮食团体，予以调整，将各该业类似同业公会实施合并，以便完成统一。兹有酒业公会，原有粱烧酒、绍酒、土黄酒、酱酒、汾酒五同业公会之设立，业经令饬各公会合并为上海特别市调味业酒类贩卖业同业公会。并经令饬各该原有公会停止活动，并入该会，共谋会务合理之进展。据悉汾酒业同业公会，已遵令合并，该公会会员二百余家，已办入会登记手续，尚有各分会亦在进行合并中云。

（1943 年 12 月 26 日，第 3 版）

上海特别市粱烧酒行绍酒、汾酒、土黄酒、酱酒号业等五公会声明

查言永孝前组织酿造业公会，并未依法办理，当时五公会皆未承认登报声明，并呈请各主管机关究办有案。嗣据本市粮食局呈部，以该酿造业只有寥寥数家请改组，调味业酒类贩卖零售商同业公会各节，足见该酿造业已不成为公会，自不得有所活动。惟五公会系本市酒类原有之公会，历史悠久，今既为本市酒业公会谋统一办法起见，合并为上海特别市调味业酒类贩卖零售商同业公会，至善至美。今由局仅以一纸公文，即饬该言永孝个人呈报成立，又未召集五公会，殊出意料之外，必须由五公会负责改组，此为合法。不当以不成为公会之酿造业由该言永孝个人改组，此中黑幕，不言而喻。故分别呈请行政院粮食部市政府粮食局核办，以昭公允。又昨各报所载新闻，酒业公会合并调味业酒类公会一则内云，汾酒业公会会员二百余家，已办入会登记手续，尚有各公会亦在进行合并中，各节全非事实，合并声明。

（1943 年 12 月 29 日，第 3 版）

酒业标会舞弊　公会函请制裁

〔本报讯〕本市汾酒业同业公会理事长李佑才，及该会张澍恩、戴春风等，昨致函地检处，略谓：胜利后标会风气盛行，已波及本会会员，更因营业不振，不堪高利贷剥削，倒风大战，纠纷迭起，受害会员请求公会调处。经调查结果，发觉汇康酒行中国公司、大中华酒行及陈照阳、胡伯圭、许少云、王玉美等标得会款后，暗将款项寄回原籍置产，在沪仅留空店躯壳，作为清理倒账工具。查同业中相互往来贷款会款有数十亿元之巨，被害者达三百余家。此风不戢，势将影响社会安宁。现经该会会议决定，会员中倘有将巨款汇回原籍置产而居心在沪倒账，或藉口欠账，而将应付会款债款等故意停付或拖欠者，除由公会转请市政府、参议会、社会局、警察局、市商会、地检处等机关严厉制裁法办外，并将登报公告云。

（1947 年 1 月 18 日，第 6 版）

金华酒商请求核减酒税

〔金华讯〕本县酒坊业同业公会，以酒业制造商虽免征营业税，而所得税仍应照章缴纳，迭经解释有案。至应纳之酒税，每三个月评价一次，从价征百分之八十，为土产中税率最高者，且累进不已，若不将毛利免除，苛税商民，不堪负担。除电请金华货物税局转浙江区局核减外，该会并已分函各报呼吁。

（1947 年 1 月 25 日，第 3 版）

面粉业公会办理配售平价粉

——每日约可配粉七千包

〔本报讯〕本市平价面粉之配售，粮食部已有公事送达市府，请中央信托局每星期供应利朗洋粉四万包（每包七十磅），交由面粉商业公会恢复配售。粉公会方面本预定于今日起，可恢复配售。惟以社会局公事尚未到会，故势将延至明日开始配售。此后每周将配售六天，每天约可配大包七千包。闻此次配售对象，将限于制造品各业，包括面包饼干、大饼油条及切面三业。至酒业及糕粮点心两业，因认为系奢侈食品业，将暂停配售。至七十磅洋粉之配售价，依原定议价，厂价每包为十万〇五千七百元，另售价每包为十一万一千元，并不变更云。

又悉：中枢当局，以本市食用面粉之市民，亦占相当成数，正考虑扩充平价面粉之配售额至每月五十万小包。此项面粉，除配售制成品各业外，尚将特约平价公卖店五十家，每日以平价面粉供应门售，以便嘉惠直接消费者云。

〔又讯〕昨日面粉市况，以配粉迄未恢复，厂方又多执货不售，加以米价高翔，价遂飞黄腾达。统粉达九万三千元，兵船粉达十四万五千元，大包麸皮八万一千元，小包麸皮五万四千元，价均较上周末好起不少云。

（1947 年 5 月 27 日，第 6 版）

酒菜业请调整筵席税起征点

〔本报讯〕酒菜商业同业公会呈文市参议会，要求二点：（一）将筵席税起征点按照物价比例，自五千元调整至三万元。（二）财政局饬补代售啤酒汽水筵席税，无法赔缴。并请剔除筵席税征收细则草案中“酒冷饮”三字，准予免税。

（1947 年 6 月 1 日，第 4 版）

上海市舞厅商业同业公会敬告各界启事

本会各会员舞厅为配合节约工作起见，已于本月十二日起一律自动停售洋酒、啤酒及其他高贵饮品，仅供应清茶开水等情在案。兹各舞厅愿作进一步之节约，定九月十五日起一律自动停止使用舞女姓名霓虹灯，舞女进场谢绝赠送花篮及其他纪念品，以事撙节。敬希各界仕女见谅是幸。

（1947 年 9 月 15 日，第 3 版）

京沪区筹组酒业联合会

〔本报苏州廿六日讯〕苏酒业为增进京沪区各县同业情感，共策改进制酿技术，特发起筹组京沪区酒业联谊会，经分函京沪各地酒业，征求同意后，业已有南京、镇江、无锡、昆山、太仓、吴江、常熟、江阴等各地同业公会复函赞同，并分别推派代表，来苏集议，于廿四日下午在苏举行筹备会议，推举发起人依法筹组。

（1947 年 11 月 28 日，第 5 版）

汾酒业同业公会公告

本会元月十五日会员大会改选结果，众会员认有舞弊嫌疑，业经呈准上海市社会局准予再选。兹订于本月二十三日下午二时假座顺昌路二二一号重开大会再选，除分呈分函外，特登报公告，希各会员准时出席为盼。

（1948 年 3 月 22 日，第 3 版）

四　烟酒联合会开会纪

烟酒联合会开会纪

本埠水、旱烟、皮、丝同业所组之烟酒联合会事务所，昨日（星期日）开第一次常会。同业到者一百余人，并有浙江烟业代表宓有琴、昆山酒业代表孙炳华到会，均愿联络一气，共图进行。首由陈良玉主席报告各处意见书，大旨谓国家既立公卖，不应再征杂税；既有杂税，不应再立公卖。现在名目繁多，扰累无穷，似此秕政不除，两业生计俱绝，亟宜请求统一办法，以裕国课而安商业云云。旋经大众议决各案如左：一、仍以本公所为常设机关，俟将来人数众多再行提议，或设临时会议场所；二、征求意见书期间，仍照前次议案办理；三、调取通州公卖驳议书，以资参考；四、俟各处意见书征集，再开大会提议办法；五、本会为全国烟酒久苦重税，现各处联络入会者已有多人，此后无论何省，均可加入，一致进行。

（1916 年 7 月 10 日，第 10 版）

烟酒联合会常会纪事

本埠烟酒业联合会昨日开第二次常会。该两业商人到者颇众，并由绍兴、淮安、南京、杭州、镇江、太仓、新场、余姚、松江、常州、铜山等处或派代表或发函电到会，一致进行。首由陈良玉君宣读草拟简章，俟开大会通过，再行刊布。旋经大众公决，本会名称未便以上海一埠为限，应定为中国烟酒联合会，以旧历本月二十四日（即星期日）下午二时正式开会；筹议进行办法，惟开大会时人数必多，宜有广大会场，众议借用四明公所，俟商允后再行布告。

（1916 年 7 月 17 日，第 10 版）

烟酒联合会拟订草章

本埠烟酒两业因困于恶税，生计日窘，特发起组织联合会征集意见，以便请求政府改良税率，已志前报。兹将联合会所拟草章照录如下：

第一章　大纲

第一条　本会联合全国烟酒两业，以群策群力，协谋祛除恶税，请求划一办法为宗旨。

第二条　本会设总事务所于上海，定名曰烟酒联合会，应随时联络各省、各县两同业，以免纷歧而策进行。

第三条　本会以烟酒两业日形衰落，加以苛捐重税，民何以堪。惟卷烟、洋酒两项有子口单、三联单，各处即可流通，彼轻我重，为中国自杀之政策，本会当固结团体，要求政府一律办理，以维商业而保利权。

第四条　本会以融洽意见联合团体为主义，凡各省同业或通函电或派代表，务使一致进行发生效力。

第五条　本会应办之事务范围如左：

（一）关于调查事项：

（甲）各处产地捐税若干；

（乙）各处销地捐税若干；

（丙）各处沿途厘税；

（丁）各处营业状况；

（戊）每省烟酒捐税总额。

（二）关于请愿事项：

（甲）请求政府改良全国烟酒税；

（乙）请求政府革除从前种种苛税；

（丙）请求政府颁布划一章程。

（三）关于补救事项：

（甲）本会参考各处意见书，上达政府，说明中国烟酒税与外来烟酒之利害比较；

（乙）本会调查全国烟酒税，得有确实总数，应公举代表赴京，直接与财政部参酌划一办法；

（丙）本会以事在必行，时不可失，万一秕政不肯遽除，亟宜联络各省同业，合具请愿书投呈国会，请求国会提议公决办法，以符共和政体。

第二章　会员

第六条　凡属烟酒业中人，如有姓名、籍贯、年龄、住所，来会报明，均得为本会会员。

第三章　职员

第七条　本会设总干事一员、副干事四员，总干事于大会时投票互选，副干事由评议会公推之，均以一年为任期。

第八条　总干事办理会中一切事务，副干事协助之，总干事有事时，副干事得代行其职务。

第九条　本会评议员由各该业于会员中每处每业推举四人，常川到会；评议会中应办各事，另推举会计、董事二监察收支，均以一年为任期。

第十条　本会设书记员一人管理文牍庶务，名誉干事四人协助之，均由总干事遴选，不以会员为限。

第十一条　本会有特别应办事件，须派员办理者，得由总干事选派，亦不以会员为限，但须评议员认可有效。

第四章　会期

第十二条　本会每星（期）间开会一次，每月开大会一次，遇有特别事件临时召集，远处或通函电或派代表均可。

第五章　会所

第十三条　本会暂假大东门外财神弄烟业公所为总事务所，俟有相当地点再行择用。

第六章　经费

第十四条　本会经费由各同业共同担任，如何分配，俟开大会决定之。

第十五条　本会经费每月应造预算、决算各表，提出大会报告之。

第七章　附则

第十六条　本会章程有未尽事宜，得于大会时增订或修改之。

（1916 年 7 月 18 日，第 10 版）

烟酒联合会订期开会

中国烟酒业联合会订期阴历本月二十四日午后开正式大会，其开会地点已借定四明公所。昨日该会事务所特发通告，照录于下：

谨启者：我国烟酒两业久苦重税，生计垂绝，同人等亟图补救，爰特于上海组织烟酒联合会，共同讨论改良税则，冀留一线生机。乃本会成立甫及两旬，而皖、赣、闽、浙、苏等省各埠、各县，或投书函或推代表，列会者纷至沓来，大有应接不暇之势。本会宜合团体力谋一致进行，不分畛域，遂经公决改为中国烟酒联合会，以示此事非我上海一埠之关系，实全国同业之关系，并议定于七月二十三日即旧历六月二十四日下午二时，借法租界四明公所为会场，特开正式联合大会。俾得联络一气，集思广益，并公决章程，选举总干事，筹议一切进行方法。事关全国两业生计，为特布告，务祈贵同业推举代表，届时莅会共同讨论。远处各埠或就沪派员，或通函电到会，以便接洽而联声气，不胜企盼之至。

（1916 年 7 月 19 日，第 10 版）

烟酒联合会之进行

中国烟酒联合会前日在四明公所开成立大会，公举陈良玉为总干事，并公推洪少楚、穆萼楼、陈樾屏、宓友琴、赖汉滨为副干事，已志前报。兹悉是日开会时各处莅会代表对于该会主张统一办法无不赞成，是日并迭接九江、福建、兴化、安徽、徐州等处来电，亦均愿列名入会。陈主席宣布该会草章，众议付评议会修正，并订定旧历七月初一日下午二时，在大东门外事务所开特别会，磋议一切。陈总干事因各代表远道而来，昨特假座英界四马路美德利番菜馆开会欢迎主宾，颇为欢洽。兹将该联合会宣言书照录于后：

中国烟酒联合会宣言

窃思纳税乃人民之义务，苛税实病民之政策，考诸东西各国，烟酒为消耗品，重□［税］之而民不为多，行之中国而民多受害者，其故何在？各国订定烟酒税则含有保护性质，且进口税重，出口税轻，商民称利便焉。我国厘捐既已苛重，税则又未改良，致令蠹吏奸商□［肆］意舞弊，以饱私囊，是国家未收其益，商民实受其害，此一大关键，我国政府未尝计及之也。夫我国烟酒两业，合农、工、商三界，赖以谋生者不下千余万人。比年以来，秕政迭见，民怨沸腾，而烟酒两业为尤甚。既有杂捐复立公卖，既有公卖复加苛捐，卒至名目繁多，弊窦丛生。近来商业凋敝，实坐此病，而况我国卷烟盛行、洋酒充斥，彼可一税通行，我独叠捐留难，坐使外货畅通、土货滞销，恐长此以往，其不至营业失败，而生计垂绝者几希。此中之苦，况两业中人皆亲尝之而未易为外人道也。何则人第知烟酒为消耗品，各国重税之，不妨试行于我国，而不知我国人消耗于自国烟酒者，曾有几何；而消耗于外来烟酒者，不知几千万亿。试观英美烟公司，去年报告各种卷烟行销中国者，盈余共计二千余万元之巨，他者外来皮［啤］酒、白兰地等类，其销售中国各埠者亦不可以数计，为问我国产烟酒之区域，凡种植农民及制作工人相继停业者十居七八，而经商办货者，亦皆裹足不前，互相比较，相去悬殊，可知烟酒虽为消耗品，而关系于我国人民生计者，亦复不少。我政府苟能设法保护，厘订税则，豁免苛捐，我两业或不至衰落如是之甚也，乃不此之省而徒援外国烟酒重税之例，积极进行，按其实仍以搜括主义，绝不计商民之利害，商民不得已而竟有恃洋商为护符，持有三联单即可一律通行。穷其弊势，必至两业中人尽驱入于洋商而后快。呜呼！谁为为之？孰令致此？不能不太息痛恨于苛捐病民也，同人等有□［鉴］于此，深恐两业生计同归于尽，爰特组织中国烟酒联合会，愿与各省同业联络一气，共谋进行。今成立甫近一月，已蒙远近各省各抒意见、各派代表，一致赞同。惟事关全国生计，非合群策群力，恐不足以收实效用，敢拟定办法两项：一在急进主义，两业既久苦重税，本会亟宜请求划一税则以便遵守，并取消各种杂捐以保生计；一在缓进主义，全国烟酒税总额，本会宜派员调查确数，以便列表参考，并请厘订保护便商之税则，以维商业而挽利权；更有进者，我国烟酒业墨守旧章，未免因循坐误，此亦无庸讳言，本会宜合团体于改良税则后，亟宜讲求制造烟酒方法，或仿造外货，或改良土货，务求品物精良，以供众好，庶几营业发达，销路畅行，未始无挽回之一日，诸君从努力，各劝同业一致进行，非特同业之利益均沾，即国家之税源日裕，国利民福，赖此一举，我两业同胞其共勖。

诸发起人陈良玉主稿。

（1916 年 7 月 25 日，第 10 版）

烟酒联合会记事两则

（一）成立大会

烟酒两业为免除苛税起见，发起烟酒商联合会，于本月二十三日在四明公所开成立大会。首由该会主任陈良玉君宣布开会宗旨，发表意见，痛陈疾苦，闻者动容。旋票举陈君为总干事，报告各处意见，有减税主义、产销并征主义、产销分征主义、归并公卖主义、取消公卖主义、取消牌照主义、商认主义等等。复经公推代表、公推副干事诸程序，会场整肃，秩序不紊。是日来宾演说者有洪承祁、袁履登、秦联奎三君，洪君熟悉盐政，以盐税之盈虚、征烟酒之利弊；袁君熟悉外情，演述国货不发达之故，并劝诸商挽回权利；秦君根据国情，博征学理，力陈税目繁多之弊，语尤沉痛，提出治标、治本二策，并以积极进行为勖。

三君演说备受欢迎，内中惟秦君演述最久，录其要旨如下：

我商民之苦，重税久矣，而以近年为尤甚，同一货物捐税迭征，一之于产地，再之于销场，而沿途局卡层层剥削，更有不胜其扰之苦，然此犹一般商人共受之苦痛也。若我烟酒两业，则更受特殊之苦痛，正税之外益以增收货捐、复加牌照，明明加税而美其名曰公卖。我商民创巨痛深，膏血将竭，一般理财家不之怜悯，复藉口学理，主烟酒重税之说以避舆论之攻击，不知消耗之税，多取不虐，行之外国则固然矣。若我中国情势不同，事实迥异；国内工业如此幼稚，又以条约之拘束，不能自定税率，实行保护贸易之政策，以致舶来之品日增月盛，国内土产奄奄垂绝。我烟酒两业正如久病之躯，危同风烛，非亟培元养气，终恐不起，长此暴征，势不至国货永绝于市场，不止为渊驱鱼、为丛驱雀，思之良可痛心？今此诸君联合团体，力求补救，洵为切要之举，联奎不才，欣逢盛会，敢就管见所及略贡刍言，以答贵会主任相邀之诚意。凡举一事必先定其鹄夫，然后依事理之当然而预备实行之，今日诸君为自救起见，发起大会，志在裕国便商，已不待问所有俟乎！研究者即如何而可裕国便商耳！按之本年预算，全国酒税收入七百零八万五千一百六十三元，以全国一千七百九十一县区平均计算，每年每县负担酒税三千九百五十六元；全国烟税收入一百八十二万六千六百十六元，平均计算每年每县负担烟税一千零二十元；全国烟酒捐、烟酒牌照税、烟酒税增收三项收入七百四十万零二千零二元，平均计算每年每县负担三项捐税四千一百三十三元；全国烟酒公卖费收入一千一百六十八万元，平均计算每年每县负担公卖费六千五百二十一元。统上列诸项，国家对于烟酒之收入共计二千九百九十九万四千一百八十一元，再以平均计算之，则每年每县负担对于烟酒捐税公卖等款计一万五千六百三十元。为数诚不得谓少，但果能按表实收，尚不失供给国用之本意，而我烟酒两业之负担岂仅止此数。目前第一急务即在剔除中饱，果非国家所得者，悉返诸商民，立一简单法则，杜绝留难之患。庶国计不因而见绌，商民亦实沾其惠，裕国便商当不外此。虽然言之非艰，行之惟艰，剔除中饱积弊难，清改良税则手续繁重，苟非因时制宜，兼筹并进，窃恐无以如吾人之初愿，不揣愚陋，敬献标、本二策，以备诸君采择。

（甲）治本。无论任何捐税，其法则皆非国会通过无法律之效力，国会议员来自民间，洞知疾苦，贵会可将一切利弊提出意见，请求国会议定税率，改良征收方法，载之法规，垂诸久远，所谓根本的解决也。但目下国难甫平，百端待理，建议虽可始于今时，成议尚有待于来日。我商民火热水深势难悬待，为救急计，则治标之策亦尚可行。

（乙）治标。目前政府改组国会，回复民权，已渐伸张，当税法未经议定之前，可要求政府变更旧例，划一税目，统一征收。机关手续务趋于简单，吏役自无所利用，中饱之弊可绝，留难之患可除。此举有益于商无损于国，当不为政府所拒。虽曰暂顾一时未必一劳永逸，然于法律未定以前，得此结果亦尚可较胜于曩昔也。

上两端如有一当，则联奎更有极简单之一言为诸君告，即"事贵实行"四字。兹事体大，讨论调查原不可免，惟恐过于迁延，收效太迟，未免美中不足，即就调查一点言之，以中国之大，交通之艰，非数月不为功。此数月间，我商民之负担未由轻减。及至请愿于国会与政府，如彼时仍以调查为必要，势必再事调查，又须多延时日。愚见以为，但须抽查最繁最简之区，得其究竟，以为请求之资料似觉轻而易举，如政府必欲调查，全国可由贵会请求协同办理，以除上下隔间之害，而收事半功倍之效。浅俗之见是否可行？唯诸公正之。

（二）欢宴代表

烟酒联合会前晚在英租界四马路美德利番菜馆欢宴各处代表兼开评议会。本外埠烟酒两业代表莅会者六十余人，杭州绍酒业代表陈克堂、朱明惠、单玉麟、单子安适于是日到沪，因亦相邀入座。开会后，经众拟定上政府电稿两件，随即拍发，并由本埠烟酒两业添举会计、董事各一员，酒业为史燕堂，烟业为□［乔］良轩。

兹将两电原文照录于后：

（其一）北京大总统、国务总理、财政农商部总长、全国烟酒事务署督办钧鉴，中国烟酒两业，农、工、商民赖以谋生者数万人，前清末季，重捐叠税，民已不堪；民国以来，税未末减，捐复倍增，秕政示除，留难益甚。外货日涌，国货日疲，牌照甫起，公卖又兴，名为仿行外国成法，实则税上加税、捐上加捐。外国专卖名实相符，中国公卖竭泽而渔，长此外货畅行，土货滞销，商民生计将穷，国家税源将绝，上下交困，不妨预言。不得已集会公决，具情吁恳体恤商艰，明发命令，改良税法，废止公卖，统一征收，剔除中饱，以维商业而保税源。

中国烟酒联合会总干事陈良玉，副干事洪少楚、赖汉滨、陈樾屏、陈祝三、宓友琴暨各处代表二百十一人公叩。

（其二）烟酒两业为讨论改良捐税起见，由各省各埠公推代表来沪共同组织，中国烟酒联合会业于二十三日正式成立，选举陈良玉为本会总干事，洪少楚、陈樾屏、陈祝三、宓友琴、赖汉滨为本会副干事，除另陈意见外，特此电闻中国烟酒联合会。

（1916 年 7 月 26 日，第 11 版）

烟酒联合会之经费问题

中国烟酒联合会于阴历本月二十四日在四明公所开正式大会后，即经公举陈良玉为总干事，其余副干事及各职员亦已举定，经纪前报。兹闻该会成立后，所有经费亦经各省各埠代表当众议决，分为甲、乙、丙、丁四等，甲等二百五十元，乙等二百元，丙等一百五十元，丁等一百元，各帮自由择等担任，此以认为甲、乙两等者居多数，其余未认定者，俟各埠同业认定后再行函报。

又本埠绍酒业王宝和、章东明等昨日通告同业云：吾绍酒业自前清光绪年间施行印花税以来，逐年加增，已苦不堪；民国以来，先有附加税，又有牌照税，去年忽加印花捐，发生公卖种种，巧立名目，沿途局卡，留难拷剥，不知凡几。兹有陈君良玉发起烟酒联合会，同业赞成，前在福园讨论办法，筹议经费。当时杂有各宝号集成百数，暂作镇款，嗣于二十五日联合会筹定本埠承认之数，核计不敷尚多，惟有照日前议决，每坛抽洋一分，否则另筹办法。兹定于是月二十八日下午二时在浙绍公所开谈话会，凡我同业诸君届时均请早临为盼。

（1916 年 7 月 27 日，第 10 版）

芜湖总商会转知中国烟酒联合会来函*

【上略】

烟酒公卖，民怨沸腾。芜湖总商会刻接中国烟酒联合会来函，已将该会宗旨单章通告所属分会、分所，转知烟酒商人各派代表到沪莅会，共谋进行。

【下略】

（1916 年 7 月 28 日，第 7 版）

烟酒联合会记事二则

中国烟酒联合会总干事陈良玉致浙绍酒业公所函云：顷阅报章所载，贵同业通告内称因认烟酒联合会经费起见，有照贵公所前议，每坛抽洋一分一节，具见贵同业热心公益，固所深佩，惟按坛抽费，迹近派捐，鄙意不以为然。况鄙人发起此事全为两业生计起见，经费两字始终不愿提及。前日大会时，诸公提议及此，鄙人又力主自由担任，且请公举会计、董事，以资稽核，此中苦衷，早蒙在场诸公洞鉴。既蒙贵业赞成，本会宗旨但求合力进行，不必虑及经费。况本会痛恨苛捐病商，倘如贵业按坛抽提之法，则尤人自效，实与鄙人宗旨不符。本会草章凡我远近同业，一经报告即为会员，并无担任经费方可入会之规定，务望劝告同人幸勿误会，鄙人恐抱罪于两业同胞，问心难安，不敢缄默，区区愚见，统希鉴纳为荷。

中国烟酒联合会于前日（二十六日）五时假座一品香欢宴，国会议员到会者为褚慧僧、吴莲伯、张雨樵、杜子珍、黄献庭、许达夫、周志成、张申之、傅可堂、王奠伯、杜冠卿等。先由该会总干事陈良玉、副干事赖汉滨二君致词欢迎，并谓本会成立，正当国会开议之时，议员诸君已多北上，不及遍邀，且设备未周，诸多简慢，更深抱歉。诸君为人民之代表，必能造福商民，敬举一觞，为议员诸君祝，为全国商民贺。旋由褚辅成君代表在座同人致答词，略谓国会成立，不自今始，两院同人能力薄弱，深恐有负国民委托，今承诸位宠召，感愧交集，并望诸君有所指示，愿以人民为议员之后盾云云。全座拍掌，复由陈良玉君欢呼万岁！国会万岁！国民万岁！宾主欢洽颇极一时之盛，又闻吴景濂君原定于十一时乘晚车北上，因秦待时君介绍临行赴宴，尤为欢迎。是日，在座除议员外并有各界人物，由该会总副干事暨裘子怡、金鉴三、秦待时诸君为之招待云。

（1916 年 7 月 28 日，第 10 版）

烟酒联合会又将开会

中国烟酒联合会事务所总干事陈良玉自开成立大会后，已将外埠烟酒两业寄来函电及意见书详加讨论，编定号数，汇纂成册，并拟定草章，定于旧历七月初一日午后两时，在大东门外该事务所开特别大会，表决一切。昨已通函该两业董事暨代表等，届时一体莅会。

（1916 年 7 月 29 日，第 11 版）

宁商会接中国烟酒联合会来函*

【上略】

宁商会昨接中国烟酒联合会来函，请将该会宗旨简章通告各分会、分所，转知烟酒商人，各派代表赴沪与会，筹商一切。

【下略】

（1916 年 7 月 30 日，第 3 版）

烟酒联合会之扩张

中国烟酒联合会自成立以来，远近各省均以宗旨正大，无不一致赞成。现该会叠接江西南昌烟酒公所、福建兴化烟酒两业、安徽芜湖烟酒两业、扬州八属酒业公会、徐州铜山烟酒全体，并陕西、甘肃等来函，拟派代表来会陈述意见。总干事陈良玉以事关全国，暨蒙远近各省函电来询，一律赞同，务使普及，以昭大公。兹拟定各埠设立烟酒联合分会，或在公所、会馆、商会等处，总以交通利便为主，以便互相接应，并拟于旧历七月内续开大会，俾远处同业联络一气，一切进行手续均待明日特别会议决定。

（1916 年 7 月 30 日，第 10 版）

记烟酒联合会之评议会

中国烟酒联合会昨在事务所开评议会，烟酒两业到会者共一百三十余人。湖北代表张志滩，汉口代表王祖荃，安徽第三区烟酒公所代表凤仲屏、吴涌泉、凤吉康、翟昌侯，扬州代表祝正坪，绍兴代表章楠庭、沈秀山、周又山，泰兴代表徐锦程，昆山代表潘逊贤，常州代表徐士爕，海宁代表储鉴卿，吴江代表顾文奎，硖石代表干格安等皆预焉。午后开会秩序如下。一、总干事陈良玉报告前日大会后办事之经过阶级［段］。二、提议改良税则问题，总干事声明，本会处于请愿之地位，须静候政府解决，不得逾越范围。三、提议各埠分会问题：（甲）苏湖代表主张照商会办法，各县各埠各设分事务所，以资联合而期一律。（乙）赖副干事主张除发函转托各埠商会通告本业外，另由两业函知同乡、同业之在他埠者，以期普及。公决：双方并进。四、提议修改章程。公决：即照现定章程办理，惟将各埠应设分会及经费问题，另于常会时加一公决。

（1916 年 7 月 31 日，第 10 版）

烟酒联合会之进行

中国烟酒联合会前日开会时，由总干事陈良玉君宣言，谓本会既以改良税则为宗旨，一切手续甚多，全赖诸公督促进行，以期达到目的。一时在座代表各员均主张税则一日不改良，本会一日不停止，众皆拍掌。总干事又言，我烟酒两业久苦重税，生计日蹙，皆有迫不及待之势，遂将各种应办之事，如订定分会简章、修正本会草章、抄印各处同业意见书、编制会员名册，并拟定请愿书稿，推定赴京代表等件列入议事表，以便陆续进行。兹定旧历七月初三日下午二时即星期二日特开职员会，昨已通告各职员知照矣。

（1916 年 8 月 1 日，第 10 版）

烟酒联合会职员会纪事

中国烟酒业联合会昨日下午两时特开职员会，先由总干事陈良玉报告应办事件。当经砀山代表刘春生提议，此次请愿书务须格外审慎，双方兼顾，切近易行，庶几提交国会时易于通过。旋经汉口汾酒业代表王积甫提议，请愿书内所应提及之要点在改轻税则、统一办法、裁并机关，此为各省烟酒业同一宗旨。继由北京烟酒总署、驻沪办事处处长史久龙到会陈述，现接北京全国烟酒事务署署长钮君传善来电云：据上海烟酒联合会酒业运商公所、征雅堂酒业公所，各商先后来电，均悉。查各商所请求，与本署商承国务院规划统一征收办法，大致尚相符合，惟事体宏大，必须详细调查各省新旧税额情形与商业状况，悉心研究，折中允洽，始能呈请大总统明令布告。前已饬知该处长代表，仰即将本署筹划大概到会转告各商，静候酌核办理，商界不乏明达之士，如具有意见书，均可由该处长随时转呈，以备采择云云。敝处长调查东南各处烟酒两业，因捐税繁重，备受困难，今值贵会成立，又奉署长委为代表到会述明意见，并承贵会具文相邀，兹特来会。敝代表之意，总以上裕国课、下便商情为唯一宗旨，当与各埠代表互相讨论。至傍晚六时后始行散会。

（1916 年 8 月 2 日，第 10 版）

拟定烟酒联合会分会简章

中国烟酒联合会近因远近各省纷纷函索分会简章，以便即日成立，互相接应。总干事陈良玉、副干事赖汉滨以事不可缓，业已拟定分会简章如下：

一、宗旨

本会联合全国烟酒两业请求政府废除苛税捐，改良税则，颁布划一办法，以期保全生计。

二、范围

本会现处请愿地位，凡我两业各宜遵守法律，不得逾越范围。

三、名称

本会以事关全国，凡省、县、城镇等处有两业所在地，皆得组织分会，与上海总会联络一气，共图进行，故名为中国烟酒联合分会。

四、组织

分会由各处两业中人公共组织之，凡两业中人均得入会，须将姓名、籍贯、年龄及营业牌号、地点，填写志愿书，缴存分会事务所。

五、会所

设立分会地点或附设于商会及会馆公所等，以交通利便为宜，由就近组织员酌定之。

六、职员

分会职员由两业中公选正干事一员、副干事二员、会董六员、会计董事两员、调查四员，均任期一年，续举连任；正干事有事时，副干事得行代行其职；务文牍书记庶务员由正、副干事遴选雇用，不以会员为限，遇有应派代表时，由正、副干事遴派或公推之。

七、会期

每月常会两次，每年开大会一次，遇有特别事故时，得临时召集开会。

八、调查

（甲）就近各处关于烟酒各种捐税名目征收方法及沿途经过关卡之状况。

（乙）就近各处新旧烟酒税之比较总额及近年各处营业之状况。

（丙）两业中各种出产营销之货物种类名目等件。

（丁）征求各处两业对于改良税则意见如何。

（注意）以上调查各项预为改良地步，限一月查明，以便接洽。

九、报告

分会成立日期及地点，各职员会员姓名、年龄、籍贯、牌号、地址并前条所列调查报告，总会以资汇集参订，并预备将来编成烟酒杂志，俾两业得资研究。

十、协进

（甲）遇有事件酌量轻重缓急，用函电互相通知。

（乙）遇有意见，随时开送，以期集思广益。

（丙）总会力有未逮之处，量力协助及匡救之，藉收补弊救偏之效。

（丁）总会开大会时推举代表到沪列席，倘或交通不使，得就近委派临时代表入席；或无人可派时，得通函电陈述意见；又遇开常会时，亦得随时列席。

十一、经费

分会经费宜就近酌量事务繁简、商业大小情形，由两业同业中各自量力自由担任，免致扰累。

十二、改良

我两业土货滞销，有关生计，亟宜改良制造，以挽利权。

十三、附则

如有未尽事宜，得由分会酌量情形增订或修改之。

（1916 年 8 月 5 日，第 10 版）

改良烟酒税则之预备

中国烟酒联合会联络各省各埠烟酒同业组设分会，要求改良税则，已迭详前报。兹闻此事已由北京烟酒事务署署长钮善传接准，财政部咨商，准予从事调查，将税额最重各省先行改革，继再推行全国。大旨以值百抽二十五为定率，烟丝、烟卷则值百抽五十，如已设有公卖局者仍归公卖局征收，某未设公卖之处，或由厘局，或归县公署，或地方团体为之承办。业已电饬驻沪调查处处长史久龙，赶将江苏各属及上海通商口岸最近收税情形切实调查，电详来署，以便再与烟酒联合会电商妥洽，然后咨部请示办理。

（1916 年 8 月 6 日，第 10 版）

烟酒联合会常会记事

中国烟酒联合会昨日（星期日）常会，该两业代表及各省埠代表均先后到会，由总干事陈良玉报告各处组织分会者已有数十处，已将分会简章印刷分致各埠，一致进行。现在最要宗旨宜举定代表赴京请愿，要求减税，剔除中饱，以上裕国课、下便民生为宗旨。众皆赞成，并议决先将本会宗旨函致南北商会各商辈互相接洽，直至五时后始行散会。

又一访函云：中国烟酒联合会昨日时开常会，总干事陈良玉报告进行各件：（一）副干事赖汉滨提议通告各埠，速查报全年所销烟酒总数。（二）提议通告各埠分会，速查报各埠公卖局栈之地点及其开办之月日。（三）提议通告各埠分会，速查报各埠公卖局开办日起至今年旧历六月底止共收公卖费总数。（四）提议分会成立之报告，务于旧历七月二十五日以内报到。（五）提议各埠意见书务于旧历七月底一律送到。（六）提议本会限于旧历七月内聚集各种意见书，延聘法律专家拟成请愿书稿。（七）陈良玉提议请公举议长，以资监察督促会务。甲说本会为临时机关，目前无须另举议长；乙说现在但求共同进行，不必另举议长；丙说现在应即以总干事为议长。众皆赞成不另举。

（1916 年 8 月 7 日，第 10 版）

烟酒联合会要电二则

中国烟酒联合会致北京财政总长电云：

袁氏柄政苛税病商，烟酒两业受害更深，杂税之外，既加牌照，复立公卖，剥削扰累，生计欲绝。尤可痛者，同一种类外来酒订为饮食品，中国烟酒编为消耗品，彼轻我重，非自杀政策而何？兹当共和再造，与民更新，蒙大总统颁布豁除苛税命令，凡两业商民莫不延颈盼望，以为政府眷怀商困，稍有一线生机。乃近阅报载，北京烟酒事务署接准大部咨商，大旨以值百抽二十五为定率，烟丝、烟卷则值百抽五十，若照此办法，比前更酷，且外货课一次之轻税，土货课五十之重税，是不啻抑制土货、推广外货。应请大部轸恤民瘼，从长计议。另订保护便商办法并乞转呈大总统，先颁明令罢免公卖苛税，改良划一税则，以纾民困而挽利权，不胜迫切待命之至。

中国烟酒联合合总干事陈良玉，副干事洪小楚、赖汉滨、陈樾屏、陈祝三、宓友琴暨各省代表等公叩。

又致北京参、众两院全体议员电云：

袁氏柄政苛税病商，烟酒两业受害更深。杂税之外，既加牌照，复立公卖，剥削扰累，生计欲绝，今共和再造，国会已复，从此重见天日，人民欢胜。贵院为立法机关，诸公为人民代表，凡此未经两院通过之烟酒苛税，提议废止，并希议定划一办法，以维约法而纾商困。

中国烟酒联合会总干事陈良玉，副干事洪小楚、赖汉滨、陈樾屏、陈祝三、宓友琴暨各省代表等公叩。

（1916 年 8 月 8 日，第 10 版）

烟酒联合会之响应

中国烟酒联合会近日续接各埠烟酒两业来函，加入者仍络绎不绝。兹将各埠致该会函电摘要录下：

福建泉州同安金联和公司共十一家来函，称烟草生意既收价捐又收牌照，既加烟捐又抽公卖，痛恨已极，愿加入联合会一致进行。直隶正定商会函称，民国三年烟草新定牌照税，每家四十元、十六元、八元、四元不等，四年又加公卖税二元。至酒有黄、白二种，黄酒系本省自造，白酒系来自山西，山西白酒运至直省，既加税银，又加公卖费四元，并有特许牌照税，以致土货滞销，而卷烟、洋酒日见发达，本地烟酒两行几至不能营业，极愿一致进行。湖南长沙来电，贵会成立，全国同业无任欢跃，敝处同人一律附骥，谨电先容。

（1916 年 8 月 9 日，第 10 版）

烟酒联合会之进行

中国烟酒联合会总干事陈良玉，以近日各处烟酒两业赞成入会者颇形踊跃，若不急速进行，何以慰各省各埠同业之渴望。故除邮寄分会简章及通告外业已修正总会简章，并请编辑员汇订各处同业意见书，即日付印，以供全国同业之讨论。并闻该会昨日又接山东省城商品陈列馆、芜湖槽业公所、衢县酒业公所、平湖烟业全体、鄞慈酒业公所、江宁酒商、淮安烟业代表、苏州酒业、醴源公所等来函，亦均一律赞成加入云。

（1916 年 8 月 10 日，第 10 版）

烟酒联合会总会简章

中国烟酒联合会近因远近各省纷纷函索总会修正简章及分会简章，以便即日成立，互相接应，总干事陈良玉以事宜急进，已将总会修正简章付印，不日邮寄。兹将简章照录如下：

第一章　大纲

第一条　本会联合全国烟酒两业群策群力，请求政府废除苛细杂捐、改良税则，颁布划一办法，以不达不止为唯一之宗旨。

第二条　本会现处请愿地位，凡吾两业同胞各宜遵守法律，静候政府解决，不得逾越范围。

第三条　本会为交通便利起见，设总事务所于上海，定名曰中国烟酒联合会。各省、各埠各设分会，以期联络一气，一致进行。

第四条　本会以征求同意联合团体为主义，凡远近各省或通函电或派代表，宜随时答复，以符联合之意义。

第五条　本会应办之事务如左：

（甲）就各分会各处调查所得关于烟酒各种捐税名目征收方法、沿途关卡状况，编列表册以揭苛税之真相；

（乙）各分会各处所报到之公卖税数目汇总造表，以核全国担负之总额；

（丙）就各分会各处调查所得新旧烟酒各种捐税之比例、数目及营业状况编列表册，以为参考税率之依据；

（丁）就各分会各处调查所得烟酒产销货物种类、数目编列表册，以为推广改良之准备；

（戊）就各分会各处所来改良税则之意见书，分业、分类编制成集，以定请愿书之方针；

（己）就各处报到之分会日期、地点，职员、会员姓名、年籍等编造会册，以备存查；

（庚）就前项所得编成烟酒杂志，分发各埠，以资研究。

第二章　会员

第六条　凡属烟酒业中人，将姓名、年籍、住所、牌号来会，报名者均认为本会会员。（未完）

（1916 年 8 月 11 日，第 11 版）

烟酒联合会再开特别大会

中国烟酒联合会近由各省埠同业将意见书递寄到会，赞成加入者已达二百余处。现经该会总干事陈良玉特聘编辑员编定付印，并决定再开特别大会，以便共同议决，赴京请愿。兹将通告书录下：

谨启者：现因事机急迫，须决定请求改良税则之方针，预备请愿书，推举代表进京呈递，特定于旧历七月三十日下午二时，假座南市大码头外滩自来水公司南面郑宅公开特别大会，务请届时准期莅临，事关全国两业生计，幸勿迟误，是为至要。计开：

一、现就各省所到意见书之主张分取消公卖、合并公卖、产销并征、产销分征、裁并机关、减轻税则、归商认办，及裁撤各种捐税、值百抽二十后一税通行，各种主义，诸君赞成何种主义，尚祈开具理由书或派代表或通电到会，以便共同讨论，取决多数；

二、各省各埠及各分会或愿自派代表赴京者，应自备公费，尽旧历八月初五前齐集北京，会同呈递请愿书，至京城内镇海试馆内临时通信处报到，以便接洽，如不另派代表到京者，可委托本总会代表，或他埠代表兼摄之。惟须有正式委托函电，方为有效。

附录　烟酒联合会总会简章（续）

第三章　职员

第七条　本会设总干事一员，副干事六员，评议员每业各四员，会计、董事两员，调查主任一员。总干事于大会时投票互选，副干事、评议员等由各业公推，均以一年为任期；总干事有事时，副干事得代行其职务。

第八条　本会设文牍一员、书记三员、会计二员、庶务四员、调查四员，均由总干事遴选，不以会员为限。

第九条　本会有特别应办事件须派员办理者，得由总干事选派，亦不以会员为限，但须得评议员多数之认可，方为有效。

第十条　本会除雇员外，一律皆尽义务。

第四章　会期

第十一条　每星期开常会一次，每年开大会二次，遇有重大事件时得临时召集开特别会。各分会正副会长、各埠代表于大会及特别会时，均须列席，道远者或通函电亦作有效；遇常会时，或愿到会，或派有驻沪代表，亦均得一体列席。

第五章　会所

第十二条　本会暂以大东门外坝基桥二十九号烟业公所为总事务所，俟有相当地点再行择用。

第六章　经费

第十三条　本会经费分甲、乙、丙、丁四等，由本埠、外埠两业团体、各分会机关及已入会之行号会员等热心自由担任。

第十四条　按月收支出入细数，于常会时报告；每年收支出入总数，于大会时报告。

第七章　附则

第十五条　本会章程有未尽事宜得随时公决，列入议案另订专条，关系重大者则于大会特别会时公决，增订修改之。

第十六条　分会简章另定之。

（1916 年 8 月 12 日，第 10 版）

烟酒联合会开会通告

中国烟酒联合会订期阴历本月十五日再开大会，已纪昨报。昨由该事务所通知烟酒两业，略云：烟酒重税，生计将绝。迭经集议，公决：在本公所设立烟酒联合事务所，以便互相讨论，各抒意见，并定每星期日开常会一次，共图进行，倘有特别事项，再行临时召集。兹订于旧历七月十五日下午二时即星期日，务请执事先生届时准到。本公所集议决定办法，事关公益，幸勿他却。

（1916 年 8 月 13 日，第 10 版）

烟酒联合会常会纪

中国烟酒联合会昨开常会，到者四十余人，先由总干事陈良玉报告，现因事机急迫，业经发出通告，准于阴历七月三十日开特别大会，以便八月初进京请愿。暂假北京东华门小憩水井胡同镇海试馆为临时通信处，并提议各件照录如下：一、提议现在已收到之经费，应请会计，择定存放机关。议决：烟业德隆彰、酒业乾昌。二、总干事声明，此次发起是会全为公益起见，所有赴京时川资等项由鄙人自备，以期节省会中开支。三、提议拟举裘子怡为本会赴京交际员，众赞成；当由裘君声明，事关公益，亦愿自备资斧，以尽义务，众拍掌。四、提议现在各处意见书纷至沓来，亟须编辑，以定请愿书之方针，特请法律专家金鉴三君为编辑员，众欢迎。金君声明既承公推，自应勉力担任。五、报告史处长来函声明，已得京着复电，前报载烟酒值百抽二十五，烟丝、烟卷抽五十等语，实系传闻之误，幸勿惶惑云云。至六时后始行散会。

（1916 年 8 月 14 日，第 10 版）

烟酒联合会联络商会

中国烟酒联合会总干事陈良玉致南北商会函云：自袁氏秉政，凡我商人同遭苛税，烟酒两业受创尤深，弟忝居烟业董事，久悯同业之颠运而慑于专制之威严，呼吁罔效，隐忍至今。自共和再造，薄海人民，殷殷望治，我侪商民正有绝而复苏之日。弟受同业之委托发起烟酒联合会，以改良烟酒税则为目的，以维持烟酒土货为职志，以遵守法律、合群请愿为范围，计自发表以来，未及匝月，而或派代表或通函电来会，赞同者已有十余省之多，甚至外埠商会亦表同情，公卖人员亦来与会，群谓烟酒虽系消耗，而重税独及土货，坐使外货畅销，两业生机遂绝，公家税源反枯，上下交困，莫甚于此。现定本月旧历三十日开特别大会，共同讨论，以定要求改良税则之方针。贵会为商业领袖，处于商人最高地位，提携保卫，夙具苦心，为特专函奉布，尚乞遇事指导而纠正之，俾得有所遵循，不胜盼祷欢迎之至。

（1916 年 8 月 14 日，第 10 版）

烟酒两业之不平

中国酒联合会昨接各处来函，大旨以此次请求改良烟酒税则，实为两业中之命脉关系。况目前营业日衰、生计日蹙，皆因外货一税通行，遍地皆是土货苛税，留难无人过问。近日有人说及烟酒两项为消耗品，不妨加倍重税，请问卷烟、洋酒是否非消耗品？如果中外一律加倍重税，我两业亦无可如何；否则畸轻畸重，是不啻维持外货、阻遏国货，请贵会力为主持云云。

（1916 年 8 月 16 日，第 10 版）

烟酒联合会之稳健主义

中国烟酒联合会因接某处烟酒同业来函，以该处公卖局及分栈等利欲熏心，往往故意留难，希冀与之疏通，商人积怨已深，恐将暴发等语。该会接阅后，业已函复，大旨谓此次请求宗旨全为两业生计问题，并无其他意气，此时无论如何为难，只得暂时忍受，静候政府解决，幸勿轻举妄动，转致偾事云云。

（1916 年 8 月 17 日，第 10、11 版）

烟酒联合会之声应气求

中国烟酒联合会昨接浙江杭县全体酒商同福泰、永昌公等八百三十六户公函，略称：自支去年实行公卖，捐税重叠，烟酒两商罔不切肤抱痛，呼吁无门。今逢贵会成立，为商请命，敝县酒业极愿急起直追，以附骥尾，已于旧历七月十六日邀集全体会议，公决加入贵会，联络进行，并公推酱业董事姚宣甫、沈禹卿两君为代表，于七月三十日来会接洽云云。又接直隶滦县、唐山、永遵十县酒业公所函称：烟酒苛税，商困已极，近阅报载上海组织烟酒联合大会，敝公所闻风兴起，极端赞成，请将名附列南北一气，和衷共济，以图进行。并由直隶迁安县商会会长凌星楼君附来一函，本拟来申与会，现因敝省公推为全国商会联合会干事，即日赴京为代表，如有意见书，请即交下，鄙人情愿介绍作为议案，以待公决云云。总干事陈良玉接函后，以此次既由各省一律赞同，自应抱定宗旨，联合请愿，已备函答复凌君，约在北京会晤磋商办法，以期一致进行。

（1916 年 8 月 18 日，第 11 版）

烟酒同业之协力进行

中国烟酒联合会昨接九江烟酒联合分会来函，报告该埠两业同人业于八月十号开全体大会，宣布宗旨，均以事关切要，当即表决，即以是日为成立之期。举定吕匿夫为正干事，陈体仁、陈霭亭为副干事，并举定职员张西朋等十二人。又接盛泽来函，报告分会定本月十八号举行，选举职员，并公推正干事到申参预大会云云。现计连前报告组织分会者已有数十处，因之近日会中一应手续更觉纷繁，总干事陈良玉以组设分会，系为利便，调查实情起见，已通告各分会赶将各种税目及商业状况详细列表报告到会，以便汇集，讨论改良方法云。

（1916 年 8 月 19 日，第 11 版）

烟酒联合会赴京请愿之预备

中国烟酒联合会昨接吉林商务总会、安徽宁国县烟酒公栈、安吉妙递铺镇分所、汉口中国烟酒联合会驻汉事务所等来函，均以该会宗旨纯正，愿与该会一致进行，静候政府颁布划一办法。该会接函后即分别函复商酌办法，以便赴京，互相接洽，合力请愿。并闻该会现定于旧历七月二十二日开常会，预备七月三十日大会时讨论一切云。

（1916 年 8 月 20 日，第 11 版）

烟酒联合会常会记

中国烟酒联合会于本月二十号即旧历七月二十二日开常会：（一）由主席报告各埠已成立之分会；（二）宣布嘉属黄酒业调查表所叙各节甚为详细，所望各埠均照此办法，庶敝会有所依据；（三）嘉兴六县代表许尉农君报告民国元年嘉兴六县黄酒认捐，每年九千三百元，至今叠次加增，每年捐款不下十万余元，总额比较亦照民国元年增至十倍有余，担负之重，于此可见；（四）既定本月二十九日二时开职员会，预备大会一切手续。

（1916 年 8 月 21 日，第 10 版）

烟酒联合会记事

中国烟酒联合会自成立以来，各省各埠同业之赞成加入者已实繁有徒。兹定阴历七月三十日下午，假大码头郑宅开会，当众推举代表，以便赴京请愿，故各埠代表业已陆续到沪。昨日又接河南周口镇烟酒业代表夏华坪、孙子林来函，谓敝镇同业久苦苛税，已有四省同业于本月十六日开会，提议改良税则，并拟公举代表进京请愿；今读七月十四日报载贵处业已设立中国烟酒联合会，赞成加入者已得多数，具见利害切身，同声呼吁，敝处同人之意以事关全国，独办不如合办，均愿加入贵会，以期联络一气等语。该会当即函复，谓此项烟酒两业请求改良税则，各处心理相同，正不独上海一埠为然，既承赞同，祈即示请愿之方针云云。

（1916 年 8 月 25 日，第 11 版）

请求改良烟酒税之双方并进

中国烟酒联合会预备请愿手续现下积极进行。昨又接到汉口中国烟酒联合会事务所函称：敝镇烟酒两帮均有意见书陈请，汉商会代表携入京师，提议既已公推代表，即日赴京，先向商会联合会建议，复用烟酒联合会名义请愿，俾行收双方并进之效，并约八月初与敝会代表接洽，一致进行等语。该会当即答复，谓贵处双方并进，极表同情，当随时互相接洽云云。

（1916年8月26日，第10版）

烟酒联合会常纪

中国烟酒联合会昨日（星期日）开常会。由总干事陈良玉声明，翌日开特别大会，各职员准十时齐集会场，预备一切。计举定职员如下：书记：金拜宸、史燕堂、张少孚、胡叔平；会计：史燕堂、乔良干；招待各省代表：洪少楚、邱思铣、陈樾屏、朱信斋；招待来宾：潘如兴、郭维仕、庄成道、王品三、裘如邦、陈博泉；收发同意书：王阊敷、赵顺生；庶务：王颂芬、张廷卿、俞葆康、徐春德；管理签名：张德林、金纯柏、杨逸伦、张少孚、蒋子安、乐维高。

一、举定赴京代表，本埠旱烟业举定陈良玉、绍酒业举定陈樾屏、绍兴分会举定陈子怡，余俟续举，再行到会报告。二、规定明日特别会秩序：（一）振铃开会；（二）报告开会宗旨；（三）报告已经举定赴京代表姓名；（四）报告各省意见书大旨；（五）报告请愿方针；（六）填写请愿同意书；（七）提议请愿书列名办法；（八）来宾演说；（九）摇铃散会。三、铜山县代表毕瑞昌、张兆昌、靖有科诸君到会报告，已联合铜、邳、睢、丰四县设立分会，业于七月二十六日成立，当即提出意见书。其余各埠代表到者甚众，均有意见书递到。直至六时余，始行散会。

（1916年8月28日，第10版）

全国烟酒联合会欢送代表入京纪

全国烟酒联合会于昨晚（二十九日）假座福州路美德利西菜馆，欢送代表入京请愿。到会者陈良玉、秦联奎、张让三、金枭翔、裘子怡、赖汉滨、张晓雯、乔良干、陈越屏、洪少初、俞咏詹等三十九人。五时半开会，由会长陈良玉致词，谓：鄙人承烟酒两业各省代表不弃，委为代表请愿，自惭才识谫陋而负此重任，惟今日之联合会赞成者已有十四省之多，足证诸君热诚为商民造福，鄙人畏喜交集，喜则有十四省诸公之扶助，畏则恐不能达到目的。今日临别，希望两业诸公时惠箴言，以匡不逮。裘子怡谢词：今日蒙诸位同志□召，愧戚之至。我烟酒两业之捐税，重重叠叠，生计日难，民命不堪，今幸共和再造，得脱离专制，乃结团体，联合同业呼吁困苦，事关两业千余万命脉，诸君热心共同赞成，得能大会成立，并有国会议员、北京商会联合会及言论机关一致赞助，再蒙张让三、俞咏詹先生指教，金律师尽义务编辑意见书，秦律师同行代表晋京请愿，两业前途幸福，无既某受同志委托为交际员，恐人微言轻，有负重任，尚祈诸君见教为幸。秦联奎演说略云：辱承招□，不胜荣幸，此次代表入京，当勉竭愚力以达目的，惟恐不能满意，则殊负两业盛情。故鄙人不愿受今日之欢送，而愿受他日之欢迎，想亦诸公所欣允者也。其次则有赖汉滨、张晓雯、王邦泽及徐州代表等相继演说毕，即举杯互相庆祝（所饮之酒均本国出品），至十时尽欢散。

（1916 年 8 月 31 日，第 10 版）

西烟帮对于烟酒联合会之真情

上海南商会昨接西烟帮董事穆萼楼、潘其俊函云：近沪上爱国商人以利国便商之宏愿组集一烟酒联合会，斯乃鉴于烟酒二商苦捐税之不能统一，日处困穷之境，而于营业又渐被洋商烟酒□销殆尽，政府不思维护，乃于上年忽又发生烟酒公卖，专横迫压，吾国烟酒商人一线生机将绝矣。兹幸共和重光，约法复活，商民困苦得以陈请政府□□［鉴核］，况此烟酒公卖等发生于解散国会以后，即使国有利而商不受困，照法治之国亦实不能成立，矧吾国烟酒二商受种种逼迫，几无立足之余地乎！此烟酒联合会之设立，商榷政府，改良税则，不容或缓者也。吾国商人性质和平，咸知爱国，即烟酒联合会之成立，亦既有时预备上书请愿，静候政府与国会之解决。所以于新增之公卖牌照，旧有之厘金、捐税，未尝稍抗，依然进行如平时。讵知目前突见报载有第一、第二、第五公卖分栈合词公禀公卖总分局兼烟酒公卖事务署，以烟酒联合会之动作妨碍公卖进行，呈请维持等语。敝帮同人不胜骇诧，缘第二公卖分栈即为敝帮所承办，实无合词具禀之事，当询分栈经理，亦曰无之。复责令细查，始知此禀由第一分栈送至敝同帮义兴东，经东记司账书一字条，到第二公卖分栈盖印。是时省公卖局适有更换零件、烟酒小印照之通饬，各分栈议以联词具禀，请仍其旧，以免纷扰。义兴东司账及分栈办事人咸因事匆忙，不遑调查，于是张冠李戴之，第二公卖分栈图章遂被骗去，迩年盛行所谓强奸民意即此，何莫不然。敝帮同人见报之下，便欲详叙情，由登报剖白，乃一因禀底皆未目睹，再以联合会干事陈君玉嘱勿登报，陈君之言曰：烟酒商人依据法理集合，组此联合大会，研究挽回利权及裕国便商之根本大计，殊无毫厘私意存乎其间，亦非少数私人耸词饰说可得而阻挠之，不辩庸何伤，同人以为然，亦即置之。近悉贵会接道署移文，奉国务院先后来电，饬查贵会为商业之保障，烟酒联合会近在咫尺，定必见闻较详，度能据实移复。然我同人闻之而窃有感焉，官厅赫赫之势，积习相沿，牢不可破，欲期官商破除隔阂，相见以诚，难矣！如是不但实业不能兴，且于共和法治国之制度远甚；再者烟酒零件、公卖小印照向日到局领取，每百张缴洋三角。近有省局通饬改换另定五色小印照，并须每张缴铜元二枚。纸价之贵，宁非创闻，比较前值一倍且成五倍，捐税厘、公卖牌照、印花、牙帖、叠床架屋，应有尽有之外，尚嫌不足，乃再有此朝令暮改、枝节横生之种种需索，吾烟酒商人其不致垂毙也几希！旋因商帮啧有繁言，乃奉暂免收费之恩命，只要今后公卖二字之存在，或虑此费终难免耳。兹将敝帮列入烟酒联合会之详情及三分栈之公禀、西烟第二分栈实未预闻各缘由，呈报贵会存案，以昭实在。

（1916 年 9 月 1 日，第 10 版）

烟酒联合会常会纪事

昨为中国烟酒联合会常会之期，下午一时开会，经总干事陈良玉声称：我烟酒两业苦苛税久矣，方今共和再造，约法已复，皆欣欣然有喜色，亦情不自禁者也。然而约法复矣，我人民应如何恪遵约法，以符合共和国民之程度，此不能不研究者也。本会依据约法，为两业请愿，我两业亦当共守约法为唯一之宗旨，谨按临时约法第十三条之规定，人民依法律有纳税之义务，可知请愿之时，仍宜照常纳税，不得逾越范围。又约法第七条之规定，人民有请愿于议会之权，请愿云者不过人民请求之希望，是否能如民愿，须静候政府解决。况兹事体大，言之匪难，行之维艰，究非旦夕所能就，有识者当不致一时误会也。鄙人赴京在即，不得不贡一得之愚，作为临别之赠言，按约法上虽分第七条、第十三条之规定，而在我两业中人当合两条，参观而并守之，庶不致误会，亦不至违犯，以符共和国民之程度，是则鄙人所深为盼祷者也。演说毕，提议会中各项事务，计共决定三项：（一）总干事晋京后，所有本会一切事件照章由副干事代行，并另举史燕堂、俞葆康每日到会，协助一切；（二）常会照常按一星期开会一次，如有特别事故，再照章开特别会；（三）会中寻常函件照例由文牍员金拜宸答覆，其特别函件取决公议，再行裁答。

（1916 年 9 月 4 日，第 10 版）

烟酒业代表即日进京

中国烟酒联合会成立以来，曾开大会举定各省同业代表赴京请愿，迭详前报。兹闻各代表现已部署一切，定于今明偕同总代表陈良玉起程进京，会齐各处同业代表联名请愿。

（1916 年 9 月 5 日，第 10 版）

烟酒业请愿代表启行

中国烟酒联合会总代表陈良玉暨各省代表将次进京，请愿改良税则，已叠详前报。兹悉各代表部署一切业已完备，昨晨同乘沪宁早车起程，预由烟酒两业中人于六时至车站恭候送行，至六时半，各代表先后到站。两业中各商人佥云：陈君此行，实为我烟酒业同胞生计起见，关系诚非浅鲜，务祈陈君努力进行，为烟酒众商请命，并祝前途健康。旋由陈君答称：此次承诸君公推，义不容辞，惟自愧才力薄弱，深恐有负委托，自当勉策驽骀，以期无负诸君子之期望；再鄙人所属望于诸君者，在谨守法律，一切须静候政府解决。众皆赞成，随即公送登车，彼此脱帽而别。闻各代表此行皆不带仆从，除各省意见书装成一大箱外，其余行李亦极简单云。

（1916 年 9 月 7 日，第 10 版）

烟酒联合会常会纪事

中国烟酒联合会昨（星期）开常会，由该两业所举各职员到会，提议进行事宜。录其议案如下：一、干事部报告，现在总干事陈良玉已由各埠、各帮公推为晋京请愿总代表，业于本月六日北上以后，会中应推定临时主席，当经公推洪少楚为主席。二、评议部报告，现在各业评议员中有已举为正、副干事者，照章应另推一人，以符每业四员之定数，旱烟业补推魏庆祥，西烟业补推杨逸伦，土酒业补推杨存良，绍酒业补推裘如邦，当经公认为本会评议员。三、干事部提议，本会章程原规定庶务四员、调查四员，亟应举定，当经公议定为每业庶务一员、调查一员，当经推定俞葆康、朱昆山、苏瑞甫、洪德润、沈子健为庶务员，邱介帆、丁庭福、林晓青、顾瑞丰、马金桂为调查员。四、陈樾屏报告，昨日自绍来申，现定旧历本月十六日乘晚车北上，会同总代表陈良玉列名请愿，今特到会告辞，众起立欢迎。五、报告江西烟帮交来公卖条注一件。六、报告福建已举定阙仰西为晋京请愿代表，即日赴京。七、报告山东济宁裕华卷烟公司吕同辅拟到会陈述意见，愿加入本会，众赞成欢迎。八、报告长沙酒商张子良等来函，已将改良税则意见书交由湖南商会，提交全国商会联合会，提议并派张、魏二君不日到会，协同进行。九、报告阜宁等处烟酒联合会成立日期，并举定正、副干事陆联甫、朱耀卿、殷理卿等，另由阜宁交到，委托总代表晋京请愿之委托书一封。公决：将各处寄来之意见书及公卖条注并委托请愿书等，即日包封寄京，请总代表察核办理。

（1916 年 9 月 11 日，第 10 版）

烟酒联合会常会纪

昨为星期日，中国烟酒联合会常会之期。午后二时开会，烟酒两业各代表到者数十人。首由临时助理员史燕堂报告：鄙人为节省印刷费起见，将各处交来意见书量加斟酌、删繁就简，惟各处真旨不敢谬改一字，以存其真，一得之愚是否有当，尚乞诸公匡正。众称史君热心公益，同志无不赞成。次报告昨接京电悉，陈总代表现移驻西河沿同义栈一号。又次报告江苏省第五区烟酒公卖分栈来意见书六通。公决：抄录存会备查，并将原函封寄京交总代表酌办。

（1916 年 9 月 18 日，第 10 版）

烟酒联合会常会纪事

中国烟酒联合会于昨日午后二时开常会，该会副干事赖汉滨、评议员乔良干、裘如邦、邱思铣及职员金拜宸等到者数十人。首由金拜宸报告，本会法律顾问员秦联奎君、浙江代表徐申如君均于今日乘早车晋京，皮丝业代表即本会副干事赖汉滨君、福建代表阙仰西君，亦定于明日起程，绍酒业代表陈樾屏君则已于二十三日到京；并报告接到赴京请愿总代表陈良玉君来函，现设全国烟酒请愿代表公寓于前门外西河沿同义栈，所有尚未到京各代表，务于月底一律到齐，幸勿再迟；又接河南邓县商会公函报告，该处分会已于七月二十四日成立，举杨君兴俭为总干事，孟君继黯、刘君学诗为副干事，王君家选等董事六人，王君家修等调查员十人联络进行等语。旋有山东济宁商会会长王慕周到会声称：因接汉口事务所来函知申汉两会，本是同气连枝，鄙人为烟业中一份子，今特来会，趋聆诸公宏教，诸公发起此会，为两业造福且团体坚固，宗旨正大，鄙人绝对赞成，所以不远千里，特来与会，尚须到汉一行以资联络云云。众皆起立欢迎。山东代表吕同辅，亦专诚来会讨论一切，并出示其手创之济宁裕华公司所制卷烟数种，不独色香味美，形式装潢亦甚灿烂。此烟纯用中国上等烟草制成，并无他项杂质，吸之益卫生，并声明现在山东、北京、天津一带已营销甚广，亟思在申组织分销机关，务请诸公竭力提倡云云。即由赖汉滨答称，本会示旨除请求改良税则外，本有提倡国货之决心，今吕君实开改良国货之先导，本会同人甚为欢迎。又安徽宁县烟酒代表吴渭生君到会报告安徽捐税情形若不改良，则生机乘绝。嗣提议本会常会期应否改两星期开一次。公决：现在正在进行时期，且各省代表时有到会讨论者，每星期开会一次尚嫌其少，目前会期万无变更之理。旋又由请愿代表赖汉滨告别留言，谓：现在我烟酒两业在请愿未解决以前，对于纳税义务本是照常履行，不致令人藉口。惟现在发生一种洋行代运办法，实属有乖，吾人爱国之心，鄙意如果政府能体恤商情，则此项事实定易消灭，否则商人图眼前之小利，国家失永远之税源，均非计之得也。福建代表阙仰西君报告我烟酒两业有诸公如此热心，所以敝代表亦不惮跋涉之劳，勉力一行，以随诸公之后。敝处皮丝一业，近年已岌岌可危，此次请愿务求达到目的，不但顾全生计，亦且挽救国家权利云云。议毕已逾五时，即行散会。

（1916 年 9 月 25 日，第 10 版）

财政厅错怪烟酒联合会

全国烟酒联合会推举总干事陈良玉等赴京请愿，减轻捐税，已迭志前报。兹悉江苏齐省长以据财政厅长胡翔林等呈称烟酒为消耗品，非人民日用所必需，重征之不为病。近沪上发生烟酒联合会奔走号召，各地响应，以致商民误会，动启观望，应收牌照、印花、公卖等税大受影响。请饬各县谆切晓谕，严行稽征，倘事藉端抗缴，立罚毋贷等语。齐省长昨已通饬上海等六十县知事，一体遵办矣。

（1916 年 9 月 28 日，第 10 版）

烟酒同业联名请愿之预备

中华全国烟酒联合会总代表陈良玉君，前与各省各埠同业代表相约赴京预备请愿，已迭纪前报。兹闻各埠代表到京者已有十余人，推各省分会举定之正、副干事会员等姓名，迄未全数报告。此次请愿均须列名，是以由陈君函致上海事务所，请速转函各埠分会，迅将举定名表造齐送京，以便实行请愿云。

（1916 年 10 月 14 日，第 10 版）

烟酒联合会常会纪要

中华全国烟酒联合会昨开常会。一、报告陕西凤翔分会成立日期，举定张继厚为干事，杨发、戴钰为副干事，并举定评议员岳□、调查员白茂等十一员；二、报告福建、晋江、全和成酒商全体函告地瓜、烧酒苛税歇业情形；三、报告青浦县方家窑镇函告土白酒困苦情形；四、请土黄酒业赶开会员名册；五、请绍酒业赶开会员名册；六、报告驻汉事务所职员名单。

（1916 年 10 月 16 日，第 10 版）

烟酒联合会请愿书

中国烟酒联合会推举代表赴京请愿，详情已迭纪前报。兹将请愿书原文照录于后：

为请愿事。窃维烟酒两项为我国之极大利源，商民业此者数逾千万人，两业病，则栽烟草者、制烟者、种粱秫者、造酒者皆病。世之谈新政者，辄袭各国绪余，以烟酒为消耗品，多取不虐，寓禁于征，捐税新章日增一日，遂使两业蒙不测之亏损，停种减制，害及农工相率歇业，影响全市。夫至两业病，欲求税源之增收不可得矣，而我国更受商约之拘束，输入外货纳税至微，领一子口税单，即可通销全国，卒至卷烟盛行、洋酒充斥，我烟酒业之衰落早已寓诸无形。近且厉行公卖，为国沽怨，长此不变，必至两业生机与国家税源同归于尽。现状如此，无可讳饰，两业痛深切肤，联合全国同业合词请愿。敬将两业状况请愿理由主旨胪陈于左：

（一）烟酒业之状况

烟之大宗，甘肃产青条、黄烟，福建产皮丝，广东产净丝、潮烟，其余红、黄烟叶各省均有。烟税之名目，除普通缴纳之产地税（为烟丝捐）、落地税（为熟条捐）、通过捐（为货物税及各处厘金），又有牌照捐、分捐、刨子捐、榔头捐、公卖费、地方附加税等。

酒之大宗，浙江产绍酒，山西产汾酒，直隶、奉天产高粱，其余黄、白土酒各省皆有。酒税之名目，除坛捐、厘金等属于普通正税外，复有缸照捐、印照捐、出属印花糟烧捐、曲麦捐、公卖费、牌照费、附加税及地方慈善等特捐。

烟酒业负担捐拷之繁苛，实为中外古今所仅见。今约举数端：如绍酒一坛运至北京，纳捐之数几过成本三倍；即福建烟丝运至最近之浙江，每担纳税亦需洋三十余元之多。更兼办法参差地异，其施稍有误会，辄膺严罚，局栈则愈设愈多，捐税则愈征愈短。因上列之□［忧］累发生，下述之弊害，如安徽宿松、福建永定、浙江桐乡、湖北均县等向恃栽种烟草为生计，近则减种十之六七，绍酒（酿）额岁计十五万缸以上，自公卖实行减至八万三千余缸；闽、广等烟草料畅销洋庄，几占十之七八，烟业自制旱烟，不逮十之二三；汉口汾酒帮去岁迄今亏银二十余万，歇业十有余家。自余、浙、赣等省两业之亏资、辍业不胜枚举，举一隅以概全国。我烟酒业之陵夷至堪感喟，而洋商来华经营烟酒业者因税率之便宜，岁获盈余达数千万。外国烟公司前在产地收买原料，近复辟地自种烟草，运销全国，获利甚丰。税务所公卖局侪首侧目，不敢过问，其所获之千万金钱，不啻攫我烟酒业农、工、商人之手。今闽、广发现外人欠费包运情事，沪商复有谋迁租界之议，汉口有华法合组之酒厂仿制汾酒，认捐不缴，经征员司置诸不问。本国烟酒业行将减绝，非捐税之不良（外货税轻，国货捐重），何致于是，蠹国病商，莫此为甚！又查财政部五年度预算，烟酒项下所列税目，曰正杂各税，曰正杂各捐，曰烟牌照捐，曰烟酒税增收，曰烟酒公卖，收入统计银洋二千七百九十九万四千一百八十一元。在部中以散汇总名目，具五项之多。各省经征烦苛，更可想见（因沿革习惯有归货物公所者、归统捐局或厘卡者，牌照捐各县征收公卖设局专管），机关愈杂，积弊愈多，病商亦愈甚。且税捐公卖均有不平之憾，仅就公卖言之，畸重畸轻，各省不一，印照印证重叠加征，既有巡丁侦缉，复许军警协助严查，苛罚漫无制裁，视商民如寇盗，假法令为纲罗（江苏烟酒公卖细则之苛扰，有通崇海泰总商会驳议可证），是以烟酒业对于公卖尤感苦痛。

（二）请愿之理由

征税当养税源，为理财家不刊之论，参照亚丹·斯密租税原理要旨：第一，应就国民之财力分担政府之费用；第二，租税之种类额数，纳税之时期、地点，以公平确实为必要；第三，租税之征收方法要谋纳税人之便宜；第四，租税之征收费用要省时间，要速。十九世纪后，各国奉为圭臬，卓著成效。独我国征收烟酒税及公卖费等诛求无度，名实背驰，与租税原理例成反比，不得不请愿者一。

查财政部五年度预算，全国烟酒卖费统计收入洋一千一百六十八万元，其支出之办公费，除北京烟酒事务署各省区之总分局由国家岁出栏开支外，余如分栈、支栈、代办处、稽征所、查验所，名目繁多，岁糜巨款。仅举浙江第五区言之，计分局一、支局六、稽征所五、查验所二十二，复有栈二处、支栈二十二处、酒捐经董五十四人（烟捐另有经董），所有开支出诸公家报销，销者半额外取诸商民者，半统计全国之糜费，为数不下数百万金。自有公卖以来，无裨国计，自遏民生，古今来亡国浩劫，无不因重税殃民而起，国是方新，民穷可畏，不得不请愿者二。

人民对于国家依法律有纳税之义务，而国家颁行税法须得国会之同意，此共和国之通例。我国现行烟酒税则以及会卖章程，先后均以命令颁布，未经国会通过。当此民国再造，何忍以不合法之捐税、公卖费强制人民负担，削骨剥肤，讵堪终受，不得不请愿者三。

（三）请愿之主旨

甲、请求将新旧各项烟酒税则例及公卖章程一律废止；

乙、另订全国烟酒统一税法，俾一税通行不再重征；

丙、烟酒税率应基于商力之强弱、外货之影响酌定，成分至多不过值百抽十五之度；

丁、本产本销（以产地省区为限）不纳，通过税应依照额定税率折半征收；

戊、征收机关与查验机关亟宜裁并，以便商民而裕国课。

上列请愿至为简单，苟能立见施行。商困已除，商业自盛，岁入之增，方兴未艾。今大总统继任之始，豁免苛税，与民康乐，贵院为人民代表，利国福民，薄海喁望。敝会爰于本年秋间联合全国烟酒业会议公决具请愿书，责陈良玉等三十二人代表全体诣京请愿。兹良玉等谨遵约法第七条之规定，呈送贵院鉴核，仰祈调集财政部及烟酒事务署档案，依法审查，提出议案，咨请政府迅速颁布烟酒税统一税则，藉纾商困，不胜迫切待命之至。谨上。

中国烟酒联合会请愿代表署名：陈良玉浙江、王肇泰浙江、马炎文浙江、张宗华浙江、裘子怡浙江、马绛裔浙江、章达浙江、陈越屏浙江、严达浙江、章梅荪浙江、徐光溥浙江、陈凤锵浙江、周墨林浙江、赖汉滨福建、林守仁福建、阙仰西福建、王祖基湖北、魏经武湖北、张之翰陕西、王维义陕西、聂家陕西、张断宗陕西、鲁奎儒江西、蔡鹗江西、李宝瀚广东、茅佐腴江苏、胡炳堃四川、周珍河南。

（1916 年 10 月 21 日，第 11 版）

烟酒联合会常会纪事

全国烟酒联合会总代表陈良玉及法律顾问员秦联奎等前曾赴京，会集各省同业代表，请愿改良烟酒两业税款。此项请愿书递呈财政部后，该部允为查明征收实数，禀请大总统察核，以故该顾问员已先行回沪。昨日星期联合会开常会，秦君特赴会与上海同业各代表、各职员等接洽，并陈述进京后状况，略谓改良统一问题已有希望，惟该部意见须由各省烟酒同业认包税项，现在同业对于未解决以前应仍照法定范围纳税。闻京师烟酒总署钮署长派员到江浙、直隶、察哈尔等处调查，得弊窦甚多，除已分别将各该局长处置外，现又派员三十余人，分赴各处，秘密调查真相。烟酒两业乘此机会，可有良好之结果云云。嗣经各职员讨论良久，至傍晚时始散会。

（1916 年 10 月 30 日，第 10 版）

烟酒联合会常会纪事

全国烟酒联合会昨（星期日）开常会，午后二时，各职员先后到会。

旋由主席报告，近接京师请愿总代表陈玉良君来函，所有全国请愿书已于旧历九月十六日午后四时，由陈总代表暨汉口代表林焕章君亲递众议院，各省代表署名者三十二人。至此次请愿书所以迟迟投递者，由于各省代表到京先后不齐，且事关全国，必得逐条讨论，共同表决，而介绍议员又须签名，处处出以郑重，遂致迟缓，请愿书提出之后，议会提议必付审查。目前因筹备一切审查时应付之手续，且尚须续递说明书，故在京代表现正逐日开谈话会，讨论一切。所有京师办事机关此时尚应筹备种种，未便即行裁撤；各省在京代表亦不便撤回，否则接洽无人。现请将堪为呈递众议院说明书之资料，择其切实可行、易于动听者，各据所见，即日开送京师西河沿同义栈代表公寓，俾便采择，以收集思广益之效，惟所开条件未便，与请愿书之主旨有异，所有各分会各埠应行调查之事项如下：

（甲）就近各处关于烟酒各种捐税名目、征收方法及沿途经过关卡之状况；

（乙）就近各处新旧烟酒捐税之比较总额，及自公卖成立后与公卖未成立前营业状况之比较；

（丙）两业中各种出产营销之货物种类、名称、数目及每年货物价格；

（丁）各埠公卖局栈之地点及其开办之月日，并自公卖开办日起至本年阳历六月底止，共缴公卖费总数。

以上各条，或分县、分省、分市、分镇调查，既须详细造报，切忌重复云。二次提议，本会并不规定入会费，所有因公费用，或由自备，或由各业热忱担任。现在续印会册以及各项费用，应如何□自由筹济，以期持久，并谓请愿书虽经提出，须静候政府解决，严守法律，无论如何困难，应守忍耐主义，以期不负商人资格，保全商人名誉。至各处受重税之影响以致减种减制，滞运滞销，生机绝减，失业者众。虽烟酒为消耗品，似无足惜然，卷烟盛行，洋酒充塞，国货衰而洋货增，华商哭而洋商笑，人民言之酸心，政府决不膜［漠］视，自应设法维持市面，勉力经营，以免税则改良后反有缺货之虞云云。

（1916年11月6日，第10版）

烟酒联合会电贺副总统

全国烟酒联合会昨致冯副总统贺电云：南京冯副总统鉴：明公保障东南，重光民国天下，仰望今膺懋选晋登副总统位，从此利国福民。凡我商人同深爱戴，特谨电贺。

中国烟酒联合会总干事陈良玉等暨两业全体同人公叩。

（1916 年 11 月 7 日，第 10 版）

衢县酒商攻讦分栈经理

全国烟酒联合会昨接浙省衢县酒业公函云：径启者：衢属酒类公卖第四分栈经理卢积昌（庆和）征收城乡酒业，计已完纳洋九千元，除解认办公卖费正额洋七千二十元外，仍余一千九百八十元，尚言不敷分栈支销，专欲外加需索，以饱私囊，酒业决不承认。查卢庆和征收乡区公卖费，间有印照而无联单，城区虽发印照而又不给联单，苛罚充公又无罚单，尤敢私刻各酒店牌号、图章，捏造伪账，任意蒙蔽，苛扰不堪。其违法病商，行同盗跖，迭经具禀省局长核办在案，请予撤销，另举经理接办，以苏商困。特此布闻。

（1916 年 11 月 7 日，第 10 版）

烟酒联合会常会纪

全国烟酒联合会昨（星期）开常会。因福建代表阙仰西赴京请愿后，有事返申，故由各职员公决表示欢迎等情。宣布在京经过情形，旋经阙代表报告一切，并将在京各代表之照片一纸交由该会悬挂，以志不忘。既将总代表陈良玉邮寄递呈众议院之请愿说明书，揭其要领，略谓我国烟酒税法复杂烦重，实为中外古今所未有。至今日而欲讲求税法，非从大体讨论不可，讨论大体先宜证以法理，与税则原理不相背驰，更宜按诸事实，与国计民生两有裨益，谨就范围而说明请愿五项之主旨，以贡一得之愚为改良办法之入手云云。至五时即行振铃闭会。

（1916 年 11 月 13 日，第 10 版）

仪征调查烟酒税之复函

全国烟酒联合会昨日接仪征县境烟酒联合分会发起人张洛书复函云：贵会通告请愿两书及附件一纸，捧读之下，具见贵会为全国两业代表，藉苏商困，表示舆情之至意。洛书等当即邀集同志组织烟酒联合分会，将原文明白宣布，敦促进行，一面将改良烟酒税问题陈请省议会列入议案，转达参、众两院，迅速议决办法，现在洛书与陈、汪、郝三君共同调查烟酒新旧各种捐税名目、征收方法、机关详细列表，呈复贵会鉴核所有，敝分会俟成立后，再行造册呈报，并希京中倘有消息，时赐玉音云云。其调查表如下：

一、烟酒各种捐税名目事项。坐贾、门销捐通过厘金、营业牌照税价估公卖费。

二、征收机关方法事项。门销、牌照由县经征，通过厘金由关卡经征，公卖由分栈经征。

三、新旧烟酒捐税之比较事项。门销每年约征一千数百千文，牌照每年约征一千余元，通过厘金约征数百千文。

四、公卖未成立前营业状况之比较事项。现在卷烟盛行、洋酒充塞，加之受重税影响，以致减种，制烟业较逊于前。

五、两业中各种出产营销之货种类、名称、数目及每年价格事项。酒业状况：敝邑出产白烧酒用麦制成，大率农家者，流以年岁之丰歉为酿酒户开闭之标准，价格视成本之贵贱，每担约四五元不等，故无一定之捐数。烟业状况：营销本作旱烟，福建、江西皮丝本作旱烟每担约二十千文，福建、江西皮丝上、中、下三等平均数目每箱约二十余元。

六、各埠公卖局栈地点及开办日起至本年六月底止，缴公卖费总数事项。江苏烟酒公费第六区分局分栈设立，扬州支栈设立，仪征十二圩，四年九月间开办至本年六月底止，约一千元。

（1916 年 11 月 19 日，第 11 版）

烟酒联合会常会纪事

昨日（星期日）全国烟酒联合会开常会。由该两业代表报告京师总代表陈良玉来函，陈述在京近时状况；次报告接工商研究会来函，通知开会并附入场券二十纸，因时间已促，不及推举代表赴会，惟派书记员前去旁听，各业中亦已有派人赴会者；又报告接得扬州仪征烟酒联合分会发起人张洛书、陈凤池、汪俊卿、郝子铮四君来函，报告苛税情形并分会组织办法；又报告接得皖省无为县土桥、牛铺宴酒两业公函，报告苛税情形，报告既毕，提议进行事件。议毕时已五时，摇铃散会。

兹将皖省无为县土桥、牛铺烟酒两业原函照录如左：

烟酒联合会诸先生钧鉴：敬肃者：读报章知贵会诸君为挽回烟酒利权，沥诉华商困苦为宗旨，敝两镇同人逖听之余，雀跃三百。查无为县乃皖北一部分，向固产烟亦兼酿酒，在前清末叶民国肇基，既经水旱频仍，又因兵戈扰攘，烟酒之歇业者不知凡几。乃今者税益加增，业形困难，兹就烟酒之捐税而言，烟之有叶，犹酒之有米、麦、粱、黍，则先完出产税；烟酒制就，则完消场税；烟酒出口，则完出口税；烟酒落地，则完落地税；烟酒既不出口又不落地，在本处售卖者，则又完牌照捐、公卖税。税不统一，捐实繁苛，凡派来收捐者甚且巧立名目，到镇则有夫马费，驻镇则有所折席费，来役则有草鞋费，写票则有纸张费，种种苛捐，不一而足。烟酒之困苦不达极点者，其何能及？查烟酒捐章，以烟酒为消耗品，寓禁于征。夫既曰禁，自当中外一例，何得纸卷烟、各洋酒有统捐税，无以上各项繁苛捐乎？洋酒、洋烟充街盈市，华烟、华酒望尘却步。若不及此挽回烟酒，前途何堪设想？今贵会诸君热心公益，提倡在先，敝两镇同人自当步尘于后，务祈诸君将以上各苛捐极力陈明，乞恳大总统重申命令，使各项捐税改归统一，备烟酒两业得以保全，则全体同沐鸿慈，曷名感戴，临颖不胜盼切待命之至。

（1916 年 11 月 20 日，第 11 版）

整理烟酒税之建议案

全国烟酒联合会昨日接得寓京总代表陈良玉等邮寄众议院议员陈变枢，近将整理全国烟酒两业之税则改良法，提出建议案由，略谓：烟酒一项本属嗜好品，各国均采重征主义，然税率难可加重，而税制不宜苛杂。吾国之烟向有叶捐、捆捐、丝刨捐、货捐等名目，酒则有缸捐、有灶捐、有筒捐（吉林烧酒），烧锅有捐、牌照有捐、门售有捐、运销有捐，及米捐、曲捐、印照捐，各地方特别附加等捐，繁苛已无与比。至去年增设烟酒公卖章程（该章程于公卖费外又有特许税，既已特许何有公卖，既已公卖何有特许，两者兼征，宁非怪事），税率益重，税制并乱，黄酒、烧酒税率，轻重不均，嗜饮者多去黄而就烧，有碍卫生非浅，且鄂、皖等省则抽百分之十五，江、浙等省则抽百分之十二，重叠征收，税源涸竭（如泾阳水烟产自甘肃，改装运沪，经过七省，逢关纳税，过卡抽厘，再加公卖、产销二项及各行销地之公益等捐，实超成本二倍余。绍兴之酒营销全国，故捐最早而率独重，当公卖将行之际，既以照率加倍征收，免行公卖，报部立案及饬部厉行公卖，而旧日之捐与新加之率同时并征，经各酿户商会函电，纷驰交涉，半年仅于新加捐率灭去十分之六，将错就错，新旧并捐，故绍邑酒捐之重甲于全国，无怪懦弱者相率停酿，奸黠者勾串洋人合股仿造。如汉口康成酒厂抗捐攘利，是其殷鉴以上，随举两事余可类推）。查公卖章程既非专卖性质，又非课程办法，名为设局收买，实则按斤抽捐，多一处征收即多一处流弊。局员检役吹毛求疵，阴历阳历之误，填大写、小写之号数，轻则倍征，重则没收，且加惩罚，盖员役花红在于罚款，以故滥行职权，藉作财源。且各省公卖试办细则多有军警协助缉捕之文，欲杜奸商之抗避，适启军人之干涉，种种苛扰，更难胜数。以视外来烟酒完纳正税、子口税通行无阻者，其苦乐利害奚啻天渊，谓政府摧残国产、奖励洋货，虽百喙莫能自解。夫烟酒之嗜好，在今日社会已成为不能废除之品，即使寓禁于征，似不应遏其生机，纵能遏内货之生机，究不能遏外货之输入。为今之计，亟宜减其繁苛、去其纷扰、剂其不平，将新旧杂捐及公卖办法一律取消，采用制造与营业课税法，酌定税率（凡贩卖国内外烟酒者一律课以特许税，盖外货既离洋商之手，零星分配于各贩卖人，外人即不能过问，我自课营业税办法一律，彼洋商将何所藉口而反抗之，至制造额税率除仿造之纸烟，洋酒业尚幼稚，宜酌减以示提倡外，至重不能逾价值百分之七五，以保内外货价之平均。如是则外货腾贵，国产易销，而金钱之外溢自少），由同业承包，剔除中饱，挽回利权，国库改入数倍于前，利国便民无逾于此，否则竭泽而渔，后患不堪设想云云。

（1916 年 11 月 22 日，第 11 版）

烟酒业对于公卖抵款之愤懑

全国烟酒业联合会对于公卖抵押一案，叠开会议，讨论反对，详情迭纪前报。兹悉该会因连日各埠函牍纷至，佥谓公卖一经抵押，苛税难望废除，所可怪者，议会一方面将请愿废除公卖之案审查交议，一方面将公卖名义借款之合同遽尔通过，群疑滋惑，莫知所措，务请力争，以维大局云云。因于今日，由该会共同具函，专差晋京递送京师代表团函，内略称：务请探明合同内究竟有无公卖二字，议会对于请愿之案究竟是否提议，所有苛税是否尚有改良之希望，如竟全无希望，是政府置我全国烟酒两业呼吁于不闻也！是置我全国两业生死于不顾也！直是政府绝我烟酒两业人民也！万人乞命数月，呼号力竭声嘶，竟无结果，乃一纸合同制我死命，两日之间，遽尔断送。呜呼！我两业之应归淘汰，与夫洋酒洋烟之应行提倡，竟变成天演公例，夫复何言？临颖涕零，伏候裁复，所有代表应否留京及此后如何自救之处，容俟复音到后，再行公决云云。

附全国烟酒联合会福建请愿代表阙仰西致北京电：

北京大总统，国务院、参众两院钧鉴：公卖苛税请愿不提，公卖抵借秘密通过，群商自救，一致公决，概由子口或挂洋旗，恳速取消成议，以顾税源。

全国烟酒联合会驻沪请愿代表阙仰西叩。

（1916 年 11 月 28 日，第 10 版）

烟酒联合会开会纪事

全国烟酒联合会接京师代表团报告抗议公卖抵借美款情形，已志昨报。昨为星期日，例开常会，毕复为此事，于午后特开会议，讨论办法。当经公决：（一）要求财政总长明白宣布，究竟此次借款合同于改良苛税之主权是否不受拘束。（二）要求众议院将已经审查通过之本会请愿案，即日提前议决，以慰众望。旋经裘如邦声称，目前政府对于两业所受痛苦竟至不一顾恤，两业生计总无希望。第一须筹自救之策，现绍酒业因抵款已成，苛税废除无望，业经同业公议决定七制绍酒之办法，将内地各区作场迁至上海租界，通年约计于捐税上便可减少十余万元之负担，税无则本轻，本轻则价廉。我绍酒业之定计可不致绝减，此自救之策也。目前已纷纷在曹家渡、杨树浦一带购地建厂等语。次由俞葆康报告，现在宁波、象山、慈溪一带人民，因烟酒税重价贵，经公议，凡遇婚丧祭祀宴客等事，皆不用酒，以糖茶作代，而各项工匠由各作雇主等公议条规不给烟酒，通年约计烟酒两项销路大受影响，税重商灭之言，已成事实，吾两业前途正多悲观等语。次由象山酒业石渭川及各埠所派留沪候信之代表发言，谓现因苛税难望废除，已决定停止营业，另谋生计云云。当经公决营业自由，载在约法，此种办法，原无不可。惟目前请愿尚未议决，税则改良尚未绝望，不如稍缓，以待后命。旋经主任员金拜宸宣布，京师代表团及闽、赣、鄂、浙、皖、湘、豫、宁等所来函电，并本会所发各方面函电及湘潭酒业、湘裕丰函助本会经费等件。报告毕，即于五时半钟散会。

附烟酒联合会驻京请愿代表陈良玉等致全国商会联合会陈请书：为陈请事。窃查政府以全国烟酒公卖税向美国芝加哥大陆商业银行抵借美金五百万元报告国会通过，业经陈祈转请参议院维持修正在案，查烟酒公卖名实不符，此应取消者一；烧锅散处各乡，关系小民生计，中国地大人众，公卖制度万不适用，此应取消者二；公卖机关独立，每年开支约一千万元，政府因财政困难而加税，何必设立病国病商机关消耗此千万巨款，此应取消者三。公卖名称既不能存在，万不得已而借用外债，只能以烟酒税作担保，万不能用公卖二字，使烟酒税永无改良之希望，抑更有进者，烟酒营业完全商民资本，公卖即专卖之代名词，如果以公卖作抵，将来外人干涉我烟酒营业，稽核所之设立，皆意中事也。盐款前车殷鉴不远，生命财产所关，不禁栗栗危惧。两业商人奔走呼号，来京请愿已数月，于兹乃政府以数分钟之时间断送之，而无所顾恤，言念前途，回堪设想，迫切陈求会长鉴核转呈财政总长，请求为负责之答复，以救烟酒两业人民生命，毋任迫切待命之至。

（1916 年 12 月 4 日，第 10 版）

纪烟酒联合会之常会

昨（十日）为全国烟酒联合会例开常会之期。烟酒两业代表职员纷纷到会，午后二时许开会。一、报告农商部特派调查绍酒委员孙吉人于昨日到会，当经金拜宸接待，并临时邀集绍酒业驻沪代表陈樾屏等在中华楼宴饮，详述绍业困难情形，欲求提倡先除苛税，并经本会具函介绍绍兴酒业章楠庭等，俾孙委员赴绍时，得以实地调查，与商融洽。旋公决俟孙委员回京时，由本会拟具说明书，详叙苛税病商、酒业减衰之真相，转呈农商部。二、宣布各埠所来函电。三、宣布京师代表团所来各函。四、宣布上大总统陈请书稿件。五、报告近日续缴会费情形。

（1916 年 12 月 11 日，第 10 版）

烟酒业抗议公卖抵债之请愿书

全国烟酒联合会驻京请愿总代表陈良玉等上大总统请愿书，其略云：窃思我国烟酒两业，合农、工、商三界，而赖以谋生者数逾千万人。自公卖厉行，捐税苛扰，国产滞销，外货充斥，长此以往，势必至人民生计与国家税源同归于尽。两业痛深切肤，爰组织中国烟酒联合会并各省推举代表诣京请愿，废除公卖，乃代表等驻京已逾三月，议会尚未解决，正求提前开议，忽发生中美借款五百万金，以全国烟酒公卖税作抵押。得悉之下，不胜惊骇，按英美烟公司于民国三年曾向政府有专卖烟草之议，嗣因舆论反对，幸未成议。就中国烟草而论，即使税则相等，已难与之抵抗，观于该公司去年报告各种卷烟，盈余计二千七百余万元。近在湖北辟地，自种烟草，运销全国，获利甚丰，其盈余之金钱不啻攫我烟酒业农、工、商人之手。今若以公卖税抵押于美银行，是何异授予抵押权与该公司，他日要求多端，将见该公司昔日专卖烟草之议，势必成为事实，且变本加厉，或为烟酒专卖，而我国奄奄一息之烟酒业悉归诸该公司掌握之中，垄断独登，恐烟酒商业不旋踵而沦亡殆尽，此非故为危词耸听也。当此国库支绌，政府不得已而借用外款，商民具有天良，何敢抗议。第思公卖既名实不符，且为人民所痛苦，亦当双方兼顾，只能以烟酒税作抵，万不能用公卖税名义为担保，受合同之拘束。代表等近接各处函电，人心愤激，实由于此。为此迫切具呈，请求大总统眷念民瘼，俯顺舆情，迅交财政部将此次借款合同内所载以全国烟酒公卖为担保等语删去，公卖两字改为烟酒税作担保，并附加条件声明，将来改良税则，债权者不得干涉，以免牵制而保主权。

（1916 年 12 月 12 日，第 10 版）

改良烟酒税之端倪

全国烟酒联合会总事务所致各省埠烟酒联合分会函云：隔昨发奉通告一件，谅已浏览。顷接京师理总代表来函，内开：众议院开会时，代表陈良玉、魏金武、赖汉滨均到院旁听；三时半，提议本会请愿烟酒改良税则案，全体表决。照请愿原旨咨达政府，是本会请愿案实已完全成立，对于请愿书内第一项（即请愿主旨之甲项）亦未稍有异议，为特据实布告，藉慰廑系，伏乞察核，惟此后手续正繁，尚须详细讨论，现定旧历二十三日午后二时开会研究一切云。

（1916 年 12 月 16 日，第 10 版）

烟酒联合会常会纪事

全国烟酒联合会昨开常会，到者四十余人。首由金拜宸宣布广东全省酒业研究所、山西临汾县商会、浙江泗门酒业、江北烟酒联合分会等来函，条陈意见，并报告一切苛税困苦情形。又宣布京师请愿总代表陈良玉来函，报告近日在京情形，函内并称：近其报载有人在我国各商埠组织转运机关专代包运货物，且有投资组织公司制酒种烟等事，倘果属实，则不独两业生机更绝，实与我国利权大有关系。务祈同胞注意，幸勿受愚。况税则一事，现在京师正在讨论，不久必有办法。各埠两业如有意见，尽可照旧开寄京师，以便转达政府。现在当轴诸公均深悉商家困苦，只以事关存废问题，不得不略加研究。此亦手续上应有之事，尚祈各埠同胞忍痛须臾云云。报告毕，旋由西烟业代表俞保［葆］康起言，现在各埠烟业已多包运，而敝业至今尚未实行者，因彼包运之人要求订定合同，深恐日后受其挟制，所以同行屡经提议，不敢冒昧从事。然近闻已有一二货客受人笼络，苟有一家实行，则包运与不包运者，成本既殊，售价亦异。为维持营业起见，亦有不得不暂顾目前之势，此我西烟业之实在情形也。苟政府能恤商艰，税则上有良好之改革，则同行断无甘受人愚之理。旋有酒业代表王恺敷言，日前早有某国人借游历为名，在我绍兴一带秘密调查，利诱厂作资本家合组公司，而一般歇业之酿酒工人已有受订雇工契约之事，从此我业前途不知现何景象。旋经金拜宸宣布各处来函，亦多此类之报告。因即讨论救济办法，当经公决：据实报告驻京代表团，要求政府速照议会议案颁布统一办法，以维两业危局，毋再游移，使国计民生尽沦于危险之地步，并经公众议定办法数条开送京师。

议至此，适皮丝业请愿代表赖汉滨方自京师因公来申，与阙仰西一同到会，众皆起立欢迎慰劳。当经赖君报告在京数月内经过情形，只以时间已晚，略述一二。已钟鸣六下，尚有未议事件由洪副干事订定下期再议，即摇铃散会。又闻昨日皮丝业因见有烟酒署通令公文，特在该业公会开临时会，筹议对付方法云。

（1917 年 1 月 1 日，第 10 版）

烟酒捐税之扰累

全国烟酒联合会昨接山西临汾县商会来函，并附八镇酒行等来函，内开：近年捐税之繁多，关卡之林立，偶一不慎，加重征罚。关卡既多，经费自不能少，商民受莫大之剥削，政府仍所得无几。今众议院为商请命，完全通过，上可补政府之税源，下可延商民之残喘，正是我两业绝处逢生之候。查临汾、襄陵棉烟一项，从前每年可行销三万斤。自税捐加增，近又印花、牌照、公卖等实行之后，较前陡少十之八九。八镇公卖自去年阴历十一月间传商等到会磋商，未得要领。越五日，局长即邀功遽报成立扣货重罚。运城一带尚有蒙城、隘口两卡，每每遇事挑剔、卸篓过称，不问成本若何，自由估价抽捐。虽屡经呈请县长及贵会代诉商苦，均无效果。故合行皆虑亏本，已尽行歇业矣。尚祈贵会切实进行，务必铲除恶税，以死相誓云云。安徽江浙等处来函亦皆称自众议院将请愿案通过后，公卖益见滋扰，大有倒行逆施之概。务望要求政府迅予豁除苛税，否则天下扰扰，民心安赖等语。现该会主任金拜宸已转告京师代表团矣。

（1917 年 1 月 4 日，第 10 版）

烟酒联合会常会记

全国烟酒联合会昨日（星期日）午后开常会，到者颇众，纪其大要如下：一、金拜仁报告，闽晋江金和成函报组织分会。二、报告皖省土桥牛铺襄安组织分会，随来各册及意见书调查录。三、报告宁城烟业公所函报，筹备对付事宜。四、报告绍兴沈秀山函报农商部所派调查员孙吉人业已动身晋京。五、报告广东近时状况。六、报告福建顺昌烟酒业函报苛税情形，催促要求政府迅照议会原议即日实行。七、报告湖南华容县烟酒业胡维祺来意见书，以外国烟税应一律抽收销场税为主旨。八、皮丝业代表报告烟酒署采用闽省公卖局之条陈有用，洽标办法以为抵制洋商采运之计。业经该处公卖局栈商，催同业限两日内答复，否则认为默许云云；现闽省同业已一致答复，不能承认。公决：请愿，既已成立税则，正等改良，此项新章对内对外窒碍殊多，当然不能承认。九、留沪代表赖汉滨提议，现在各处来函，均以政府对于改良税则一层尚无明令宣布，情甚焦急，有另筹最后对付方法等语。本会急宜报告驻京代表，要求政府速定办法，以安众情。众赞成，即于五时半散会。

（1917 年 1 月 8 日，第 10 版）

烟酒业请愿代表返沪

全国烟酒联合会总代表陈良玉赴京，联合各省代表，向参、众两院声明两业迭受苛税苦痛情形。曾经两院通过呈请中央改良税则变通办理，已奉大总统批令财政部长查明核复在案。兹值阳历岁首，一切手续尚未妥定，陈君因留京已四阅月。近来天气严寒，且逢阴历年关，是以先行南下。昨已抵沪，闻阴历正月间，仍须赴京候示。

（1917 年 1 月 11 日，第 10 版）

烟酒联合会谈话会纪事

全国烟酒联合会昨日（十一）开谈话会，首由金拜仁报告，请愿总代表陈良玉君于旧历十六晚专车来申，已由同人等于昨晚在华庆园设宴洗尘。今日由到会诸君提议开临时谈话会，宣布在京一切经过手续，并表示公众欢迎慰劳之意云云。旋由陈良玉报告，此次赖两业同人之福，请愿案已完全通过，总算告一小结束。惟以后一切手续正繁，当此新旧历年关、停止办公之际，特暂行来申与诸君握手，藉以讨论一切。今日承诸公络绎而来，欲开临时欢迎会。但此案尚待财政讨论会解决，目前尚未达到圆满之时期，万不敢辱承欢迎，应请将今日定为临时谈话会。并声明此次暂时离京，原为此后进行办法取具同意起见，所有京中一切事宜，已恳托聂、胡、魏、茅诸代表接洽。俟此间议有办法，当即重行赴京，但求不负两业同胞之委托。庶几稍免愆尤耳，辱承欢迎，万不敢当。众皆起立。次由副干事洪少楚、陈祝三等发言，此次请愿案之通过，全赖总代表及各省代表之艰难困苦，得有今日之结果，造福同人，实非浅鲜，同人敢代表全体伸达谢忱。后由陈总代表提议，此项之事全赖本埠及各省各埠团体坚固，始得有此现象，所望本埠及外埠同业永远维持同心同德，以期达到最后之目的。至于挂旗包运、迁地休业等办法，目前税则改良不久，当成事实，务祈两业同人竭力忍耐，免致权利外溢，日后受人牵制，想诸公素抱爱国热忱，必蒙体此苦衷也。又由陈祝三起言，总代表抱此苦衷，固所共谅，然商民困苦已深，正有刻不待缓之势，欲求挽回利权，不受他人牵制，全赖政府税则即日改良，官商合力维持，始克于事有济。次提议，现在各省各县报告成立分会者已居多数，惟偏远省份及内地各县尚有未尽普及之处。应用何方法以期普遍而联气谊。公决：欲求偏远之普及，全恃精神之团结，本会既经十八省公认为总事务所，自应始终振作精神，以资观感。末报告，留沪请愿代表赖汉滨定于今日赴镇江，一行众皆起立欢送。

（1917 年 1 月 12 日，第 11 版）

烟酒业请愿代表之布告

全国烟酒联合会驻京总代表陈良玉致各省埠分会及商会等函云：谨布者：窃良玉猥蒙两业同胞公举为请愿总代表，自八月初首赴都门，联合各省代表三十二人上书众议院，要求改良税则。征十八省之同意，经十余次之讨论，请愿书始得产出。迨至审查会方经通过，而美借款遽尔发生，斯时良玉几无以见天下同胞，奔走呼号、以死自誓。正在危急存亡之候，幸赖各埠协力之争，议会鉴此颠连，请愿案完全通过，于是一线曙光始有发明之象。今者此案已蒙政府发交财政讨论会，尚须静候表决，然后咨复国会，方可见诸施行，其间尚有种种手续正在设法进行。良玉回自都门，所足以报告于诸公者仅此。自惭德薄能，鲜莫能急解倒悬，惟有始终自励，以冀稍免愆尤。此次暂行回南，因在京数月之磨折，便生种种之感觉，急欲掬诚布告，以与诸公商榷者，计有数端：一、团体永远坚固，方足以图存；二、经费量力协助，方足以持久；三、营业互相研究，方足以改良。（中略）同德同力，众志自可成城；有始有终，精神自可贯彻。凡此数者当务之急，其余详情细节不及缕陈。一俟布置就绪，即须重赴京都，以求得达最后之目的。藉慰公众之殷拳，特此布达。

（1917 年 1 月 26 日，第 12 版）

烟酒改良税之条陈

烟酒联合会驻京总代表陈良玉致各省埠分会乃商会之布告，已纪昨报。兹将所送京师各机关办法十条照录于后：

一、政府整顿全国烟酒税之收入应并公卖废止，以实行收税办法为适当；

二、我国原有新旧杂税应一律归并另订统一税则，定名为烟酒统税；

三、征收查验机关务求减少，拟请径由财政部酌量情形，将从前各项征收机关并为统一机关，其偏僻地方不妨由各地商会协助之；

四、我国烟酒税率应请当局与外人协商，将烟酒两项仿照洋商办法作为特别税，以昭平均而增收入；

五、我国烟酒税率受外货之影响，苦商力之薄弱，不得袭各国绪余而偏重之，应以值百抽十五为度；

六、烟酒税之征收方法宜从简单，应仿照海关办理，由财政部制定四联单式一税，通行不再重征；

七、产销宜分征其产场与销场之划分，应以省之区域为限；

八、土产土销均系小本营生，就近销售，向无通过税；应请依照额定税率折半征收，以免偏苦而保生计；

九、烟酒既完纳产销各税后即改制，他项烟酒不再重征；

十、施行细则由当局酌量各省情形酌定之。

（1917 年 1 月 27 日，第 10 版）

烟酒联合会之新年团聚

全国烟酒联合会于昨日（星期四）开团聚会。首由主席陈良玉报告，略谓：今日为本会成立以来第一次新年团聚，承诸公光临，良玉谨为诸公贺，并为本会前途贺。主席鞠躬，全体鞠躬。次由主席宣言，本会得有今日之团体坚固者，全赖两业同人热心辅助协谋进行之力，此则良玉所深感者也。主席鞠躬，全体鞠躬。次主席报告在京情形：（甲）初到京时与各省代表之讨论；（乙）呈递请愿书之经过；（丙）美借款发生时之困难；（丁）众议院之通过；（戊）请愿案现经政府交财政讨论会核议；（己）商会联合会会长吕超伯之热心协助（众皆起立表示感谢吕会长之意）；（庚）此次出京后京中一切由聂允文、魏和阶、茅估腴诸代表担任进行，近日时有通信悉财政讨论会，尚未将本会请愿案列入议事日程等种种情形。次提议协进事项：（甲）本会团体既坚尤贵持久到底不懈；（乙）拟用本会名义陈请政府迅赐解决，由众公决；上海两业共同具名盖章合力呼吁，以冀早苏商困。次主席报告在京开支账略，次收支员报告本会成立起至旧历年终止收支账目，次报告广西省城设立分会并助经费。末茶点、摄影而散。

（1917 年 2 月 2 日，第 10 版）

烟酒联合会讨论会纪事

全国烟酒联合会于昨日午后开讨论会，到者七十余人。首由主席陈良玉宣言：前日星期四开团聚会时，因须摄影，于本会进行事宜匆匆，未及详议，故于今日开讨论会，研究进行方法。现在裁厘案政府已在筹备提议，此案与本会有连带关系。近经京师，聂允文君函托本会转致王文典君即日进京。王君已定元宵后启行至本会，请愿案不久亦将议及，自新正以来，各埠及本埠两业时来询问实在消息。惟诸公欲知此案真相，须先明财政讨论会之性质，遂将关键所在逐一陈说，即由洪少楚代表两业同人声言，此次之事全赖陈总代表热心公益，同人感激万分。惟值此时机，应请陈总代表早日进京，以达最后之目的。一切因公费用，由同人等担任云云。旋经议定办法四条：一、函告各省代表本埠同业对于此事之决心；二、致函全国商会联合会吕会长，趁此美国加入银团更订借约之时，陈请政府附加条件，以符前议；三、函请驻京各代表聂允文等探听京师实在消息，力谋进行；四、函约皮丝等代表赖汉滨来申，会同陈君晋京。议至此，有人报告马炎文到申，当经公推陈良玉、王闿敷二君前往接洽，嗣由金拜仁将京师及各埠来往函件摘要宣布。毕于五时半，摇铃散会。

（1917 年 2 月 5 日，第 10 版）

续志烟酒联合会之欢迎会

全国烟酒联合会于前日（六日）开会欢迎马炎文、王文典二君。马君演说词已略纪昨报，兹为赓续于下：

人民对于政府一方面当以法律为根本，否则徒事争持于事实无济。炎文曾经草具一种常关税法草案，以为改良税则之计划。我中国向来收税并无一定之税法，所以目前解决先在规定税法。至于请愿书，现虽经国会通过，尚待财政讨论会解决。现在须提出法律案，方于事实有济。说至此报告，去年美借款发生时种种手续及与钮督办谭［谈］话情形，谓督办总以二千数百万之预算为措词，嘱令烟酒代表定一预算数目，如照值百抽二十，能否不减二千数百万之预算数。当经炎文报告，以中国共一千八百县，每县烟酒两业生意匀扯每天三百元，以值百抽十五计之，年可得税银三千万元。苟无中饱，断不致不敷五年度之预算。曾经炎文照此主张，提出预算于事务署。总之，我烟酒两业生计前途，全在固结团体，庶几尚有挽回之希望云云。王文典君演说略谓：文典主张裁厘加税以来，已及六年，今始有政府提议裁厘之举。现在烟酒两税担负最重，若不裁厘，则国货将绝；若不加税，则洋货日增。不独商业衰颓，抑且利权盖失。此文典所以对于贵会两业同人极愿尽力者也。现在我商界中有全国商会联合会及中国烟酒联合会国货维持会，譬如兄弟一样。不独贵会之事，文典等应当竭力赞助。即敝会之事，亦须请两会赞助。此文典一得之见也，兹承欢迎，谨此表谢云云。

（1917 年 2 月 8 日，第 11 版）

烟酒联合会常会纪事

中国烟酒联合会昨日下午二时开常会，到者胡静轩、朱昆山、王颂芬、庄成道等三十余人。首由主席陈良玉报告，公致全国商会联合会谢函业于昨日发递，近日迭接京师聂允文、茅佐腴等来函，叙述近日情形，悉财政会尚未将烟酒税提议。报告毕，即由副干事陈祝三起言，本会请愿一案自经政府发交财政讨论会以来已将两月。乃至今延搁不议，实使商人万分悬盼。现在两业中人盖章到会，催促公呈政府迅予饬议者，已有七十余家，自应早日进行。嗣由乔良千声言，敝业同人之意，须请总代表早日进京，设法催促。现西烟帮同人对于此事非常坚决，所有因公费用均愿赞助，特先报告。次提议附入全国商会联合会问题公决，本埠同人一致赞成，应再通函外埠各分会征求同意，以便实行。议毕时已五钟，遂散会。

（1917 年 2 月 12 日，第 10 版）

烟酒联合会之对内事务

全国烟酒联合会布告各埠分会、商会及各公所团体文云：谨布者：窃良玉自京师归后，曾将在京经过大略情形及拟改良税则办法十条，印刷布达定邀，鉴及至于会务上对内事件，现经赖汉滨提出七条，业已共同修正通过。事关会务前途，为特刷印布达，统希察核，一并赐复为荷。

一、本会前因临时发生组织，究未完备，所有名称除上海总事务所、汉口事务所外，其余各处各会应一律定名为中国烟酒联合会某处分会。所有已成立之分会，急宜立册报告。其未经分设之处，急宜就商会或本业公所迅速组织，以期普及。总以全国脉络贯通，遇事协应为主旨。

二、本会及各分会应永远存在，将来请愿结果后，应作为永久机关，即着手进行改良土货之方法。

三、此次在京，颇蒙全国商会联合会吕会长及杨、赖二副会长、全体评议员鼎力维持，气谊相通，各宜联络感情，以收他山之助。

四、本会拟编辑一种杂志，将各埠会中要务及各处规则良枯、营业盛衰，暨各种应行宣布之文件、烟酒改良之方法、各地货名价目、各种市面状况按期刷印分送，以通消息而资研究。月出两册，每年每份定为六元，半年四元。如荷赞同，请先函定，集有成数，即行开办。

五、本会附设烟酒介绍所，不论各省旧有或新出之烟酒品，欲推广行销者，均可代为介绍。

六、凡我烟酒两业同胞，吃用烟酒以本会范围内之商品为限，惟万不得已时，如调剂药品之类视为例外。

七、请愿案虽已成立，而改良办法政府尚未宣布，据各处来函报告，公卖局在此时期内一切设施颇有变本加厉之举，如何共谋对付以期急救燃眉，尚祈各抒所见，仍以法律为范。

（1917 年 2 月 13 日，第 10 版）

烟酒代表函告并未加税

全国烟酒联合会两业同人，自见报载烟酒加税之说，奔走相告，颇有市虎杯蛇之势。当经陈良玉函询在京代表，顷接聂允文由京来函，内称：已由全国商会吕会长向政府探听消息，始知加税之说，实系讹传，并称政府对于改良税则已有俯顺舆情之意，正在讨论筹备，务望转告各埠同人幸勿惊疑等语。该会接函后，昨已通告各埠团体矣。

（1917 年 2 月 14 日，第 10 版）

烟酒联合会常会纪事

全国烟酒联合会昨日（星期日）午后二时开常会，两业代表阙仰西、林伟卿、乔良干等到者五十余人。首由主席陈良玉报告，按驻京聂允文来函，得悉商会联合会吕会长近日回汉，不久即可返京，所有值百抽二十，先从一省试行一节，业经致函询问，尚未得复等语。又报告近日连接沛县燕振声，兴化烟业徐筱山、费庭芝，及海门、铜邳、睢丰等各分会来函，催问财政讨论会提议情形，并函定烟酒杂志公决，即行分别答复。次金拜仁报告旧历二十八日报载政府办理烟酒公卖计划一则，于我请愿案大有关系，应请到会诸公特别注意。当由阙仰西起言，此项计划竟欲以一手掩尽天下人之耳目，如照此实行，于我两业生计仍无裨益。敝业全体同人均极愤激，嗣由林伟卿、王闿敷起言，此为一种理想之语，如谓洋商便可乐从，恐非确论。互相讨论后公决致函驻京代表探问此项计划是否确实，俟得复后，再筹对付办法。次提议同意书盖章，截止日期公决，现在各业交到者已得多数，遂定下星期截止。议至此已过五句［时］，遂摇铃散会。

（1917 年 2 月 26 日，第 10 版）

烟酒业请愿总代表赴京

中国烟酒联合会请愿总代表陈良玉，自请愿案通过回申以来，已将两月。近日叠接京师各方面来函，谓财政会议已于一号开议烟酒税则一案，不日即须提议，促令赶速进京。前昨两日接到敦促函电甚夥，因此陈总代表即于今日随带书记一员启程乘早车赴京。

（1917 年 3 月 8 日，第 10 版）

公卖局兼收烟酒税之反响

——烟酒商又开一场会议

烟酒联合会近日叠接各埠函电，对于江苏财政厅烟酒各税归并公卖局征收之训令，大为惶惑，纷纷催请开会讨论。因于昨日星期常会开议，烟酒两业到者七十余人，钟鸣二下，振铃开会。首由副干事洪少楚报告开会原因，毕由烟业代表乔良干请代理主任，将十六日报载训令一则，当众宣读一过，张少孚起言，商民对于公卖两字，久已痛心，奔走呼号，要求取消，另易良税，而当局者置若罔闻，今更裁并各税为实行公卖之计，即为将来实行专卖之计，裁并划一，固所欢迎。而公卖不除，誓不承认。旋由俞葆康起言，烟酒税归并公卖之计划早经发生，曾记去年春间，亦有同样之布告，嗣因窒碍未行，今江苏厉行此策，不过仍踵前议，希图一试，万一实行公卖或竟进一步实行专卖，试问我等商民有何能力对付？当经公众讨论决定三种办法：一、厉行公卖时之对付；二、江苏单独厉行公卖时之对付；三、各种自救之方法。讨论毕时已五点余钟，由主席将各处寄来函电摘要宣布毕，即行散会。

（1917 年 3 月 12 日，第 12 版）

烟酒联合会开会纪

中国烟酒联合会前因见官厅有归并公卖之文告，曾于上星期开会讨论办法，近因各埠代表来申甚众，故于昨日午后二时又开特别讨论会，到八十余人。首由代理主任金拜仁报告近日各埠代表到申及各分会所来意见书、京师总代表陈良玉函报情形。毕即由副干事洪少楚宣言，本会同人对于归并公卖一事业，于前届决定三种办法，今日应否重付讨论，众以此案应再加讨论，遂由赖玉如起言，前拟办法固无异议，所望坚持到底，不可徒托空谈。总之，公卖二字，前钮督办亦曾宣言认为非驴非马之税名，则是公卖两字，此后无论如何万无存在之余地。现在请愿案未经财政讨论会议决，之前税则上如有发生他项问题，誓不承认公决，再行切实函告驻京代表坚持勿懈。继由象山西乡第二区溪口街石同源店主石渭川到会报告，谓象邑酒捐每缸存本不过十元，竟捐至五元一角九分六厘之巨，无力担任，因而歇业，而该处酒捐董仍勒令缴捐，并派警将小店主拘去，正是暗无天日，请求维持云云。众以此种情形各处时有报告，可见公卖之扰累，应并函报驻京代表团察悉，但求税则早日改良，商民早苏困苦，为最要之希望云云。议至此时逾五钟，遂摇铃散会。

（1917 年 3 月 19 日，第 11 版）

烟酒联合会复总代表函

中国烟酒联合会接总代表陈良玉等由京来函，询问两业近日对于公卖存废之意见。当经开会集议后，由代理主任金拜仁据情函复，略谓：此间同人之意，苟公卖名称不除则实行专卖，即在目前，所以对于公卖二字总是痛心疾首，视同恶兽毒蛇，莫不掩耳疾走，不知当轴何必留此恶名，重违亿兆之心。昨日报载最近两次之财政会议第四项改良烟酒税费案，袁永康动议请以税费一道征收，多数赞成表决，而卢学溥动议请将烟酒税与公卖费名目两存，及苏世樟等请存公卖办法，则均否决云云。是与本会统一征收废除公卖之意，实相符合。税是各税，费是公卖费，既税费并收，则原有之公卖费名称当然不能适用，自应重定税名。而卢学溥、苏世樟等所提议税费名目并存，及请存公卖之议既经打消不应存即应废，更属毫无疑义。且既然统一则竟统一矣，何以昨日各报所载事务署征求统一烟酒税办法之意见，则分归并、统一为两层办法？必先将各种杂税划归公卖局代收，而后徐图统一，何不即照值百抽十五，将各种杂税公卖费名目一律取消，另定税名，一面归并即一面统一之，为直捷痛快乎？万商倒悬以待久矣，而当轴者犹行此迂缓之手，是不过统一其名而揽权，其实也是名为改良而实则敷衍也。此间同人对于公卖名义之不取消，归并政策之徒为当轴谋权利，不为商民谋生计，一致愤激将自谋对付方法，不得不据实布告，务恳先生与各省代表先生据情转告当局，并转求全国商会吕会长鼎力坚持，以顺舆情，而慰众望，不胜迫切待命之至。再，此次会期本埠及外埠代表到者共八十余人，全体主张一致相同，合并附陈云云。

（1917 年 3 月 22 日，第 11 版）

烟酒联合会致各分会启

中国烟酒联合会上海总事务所征求对于公卖存废及归并之意见，昨特致各省埠分会通启，略谓：我烟酒两业商人受公卖之流毒已非一朝，当请愿之先，各省来书均以取消公卖、删除杂税、归并统一、另定税名为唯一宗旨，议会即照此通过。近日财政会议亦以税费一道征收，得多数之表决，而对于卢学溥之烟酒税与公卖费名目两存，及苏世樟等请存卖之议，则全然否决。是公卖之应行取消，已是上下一致，无复异议。今见烟酒事务署致各省公卖局训令，征求统一烟酒税办法之意见，一则既分，归并统一，为两层办法；而其语气又全然注重于归并公卖，不知何以与议会通过案、财政会议决案不相符合，既云统一则竟统一已矣，何以必先归并而后统一？且标其名曰代收，是明明各税并存，不过将征收之权归并于公卖局而已。是名为归并，实则集权；名为统一，实则敷衍。此间同人对于公卖名义之不除，各种杂税之犹存，两次开会讨论，全归一致愤激。窃思公卖局乃征收机关，人民乃纳税主体，以公卖人员言公卖天然同具保存之决心，以纳税人民言公卖，方可得其利弊之所在，究竟公卖存废问题、归并公卖问题，及事务者所言先代收后统一之办法，与我两业商民利害何在？如何意见，事关全国两业休戚，合亟布告征求意旨，以验确切之商情、真正之民意，务祈迅赐切实裁复，不胜盼切之至。

（1917 年 3 月 23 日，第 11 版）

烟酒联合会常会纪事

中国烟酒联合会昨日午后二时开常会，到者四十余人。首由代理主任报告京师代表团陈良玉等来函，叙述此次财政会议决烟酒税费一道征收情形毕。继由洪少楚宣言，我烟酒同业盼望税则之改良，已半载有余，去冬议会既经通过，今兹财政会亦已解决，实行之期自当不远，公费之悬存应废，亦无待烦言。惟闻公卖局有即日将各税归并征收之议，此节并税入费之主张，业经财政会否决，不知何以仍有此风说？苟仍并税入费，不独与议案不符，且与我商界仍无丝毫利益，便是畏虎之噬，而反投其口也云云。经众公决：公卖不除，税则不减，据理力争誓必坚持到底。次报告各处来函至福建皮丝公会一函，措词尤为悱恻。余由潘如兴提出请求讨论办法。公决：据情转报驻京代表团向政府呼吁，以全民命。兹将福建皮丝公会原函录左：

中国烟酒联合会大鉴：敬启者：我烟酒两业赴京请愿，年将一周，自众院将全案通过咨达政府之后，未见政府作若何救济之表示。近顷代表复行北上，究有真确消息否，敝业人等受害已烈，盼望亦独切。近阅报纸载福建长汀县属新溪地方滋事，杀毙男妇老幼二百余人，焚毁民居二千余家，谓肇事者以潮人、以闽省失业之皮丝工匠为最多，刻正派兵往剿及举办清乡云云。敝等为家园业务两属关心，虽报纸所称皮丝工匠确否未详，而公卖局开办后，失业工人之多，则处处可见。目前召集会议商量维持地方办法，佥谓此辈工人非甘作匪类者，不过失业之后而走险，今不从生计问题解决，徒欲派兵剿治不特难奏功效，而且驻兵愈多负担愈重，势必愈剿愈乱，推其结果非将该处居民概行剿灭，尽易之以长驻军队，万难平息。刻下失业工人想必逐渐授首矣，而政府对于我两业请愿之事仍无诚意之表示，公卖者仍复变本加厉，嗟乎！唇亡齿寒，兔死狐悲，我两业之命运岌岌乎殆矣！敝等以安危生死关系，非轻忧患，方深终难缄默，用特修书奉告，究竟最近京讯如何，务祈即行赐复为盼。

（1917 年 3 月 26 日，第 11 版）

照录烟酒联合会所接函件

烟酒联合会昨接泗泾酒业同人函，照录于下：

近阅报载，见北京烟酒事务署而于公卖未能贸然废除，议员虽多数赞成，其间亦有未能明了者。公卖之复杂，束缚繁难情形，去岁贵会得各处意见报告，千篇万牍，良已尽稔，其偶一不慎，动辄违法，重征苛罚，指不胜屈，倚势横行，扰累难堪，民不聊生，有人比之洪水横流、毒蛇猛兽，虽激不过，不谓暴虐之政，于今日共和时代见之，吾民何以不幸也！若归并一层，更不啻如蛇添足、狼虎增翼，两业同胞尤无遗类，吾同人二年奔走呼吁、汗血淋漓者，为何独怪？夫在上者，何必斫斫然留此恶法以蠹国而殃民？敝意以为，今之计舍尊处宗旨，而外无他良法，总在乎办理得法，爰达寸启。伏乞死力以争，斯全国之公，非一人之见也。竭诚忠告，顺请公安。

（1917 年 3 月 29 日，第 11 版）

烟酒联合会讨论会纪事

中国烟酒联合会在京总代表陈良玉，因接该会函电报告，各埠同业自得归并公卖之消息后纷纷来函询问，情词甚为急迫，深恐事多隔阂，特于前日快车来申宣布京中情形。并于昨日下午二时开讨论会，报告此次全国财政会议时主张并费于税者居多数，审查报告后表决税费，合并一道征收。次报告全国商会联合会会长吕超伯及各评议员，均热心协助，并由吕会长派聂允文、胡钧堂、高景韶、汪得深四君与烟酒署磋商改良办法，以慰众望。据烟酒事务署督办发表意旨，烟酒改良税法，须先从杂税归并统一着手，而后修改章程，订定税率，俟拟就草案，当与全国商会联合会并中国烟酒联合会征求同意，始可实行等语。当由陈祝三、朱信斋、张少孚、乔良干、潘如兴等发言，既允修改章程、订定税率，务请从速施行，否则敷衍从事，毫无裨益，再当另筹方法。旋又由陈良玉报告此次暂时回南与诸公磋商妥善，即须北上，现京中一切事宜，已托汉口代表王积甫、魏和阶及聂、胡、茅诸君代为接洽。末报告甘肃全省总商会、松江商会、广西横县博合商会、睢宁商会、浙江衢县酒业公所、海宁分会、常熟江西客烟业全体、泗泾酒业全体等来函，均说明利害。毕时已夕阳西下，遂摇铃散会。

（1917 年 4 月 2 日，第 10 版）

铁岭商会复烟酒联合会函

中国烟酒联合会昨接东三省铁岭商会复函云：奉到惠函，招集同城烟酒各商详细讨论，佥称烟酒税烦苛已极，既有每斤加价之税，又有附加税，又有公卖税，又有牌照税，迭床架屋，应接不暇，加以执行不善，多方挑剔，故入人罪，常此扰累，难免不趋附外人，国体权利同归于尽。既承函询，拟请愿将各项名目如数取消，省税、国税划归一致，共计约需若干，与就近初成交易之所在地一起征收，发给照据。一税之外无论运赴何处，概不重征税，纵有加商可免累。管见如斯，尚希核办，特此奉复。

（1917 年 4 月 4 日，第 11 版）

纪烟酒联合会之星期常会

中国烟酒联合会昨开常会，各业代表杨耿之、会员俞葆康等到者五十余人。首由主席陈良玉宣布驻京代表聂允文等来函，报告京师近日情形。次宣布牛庄铁岭商会、山西代县商会、直隶永遵十县酒业公所、浙江衢县酒业公所、徐州兴化酒业公所、仪征分会、阜宁分会、宝应鲁文伯、东海赵瑞斋、太仓王君等来函，均对于公卖情形及近今烟酒事务署之计划颇不满意，非一面归并即一面统一，无以救目前之急。而于各处公卖苛勒情形，言之尤为沉痛。宣布毕，杨耿之起言，公卖之害，既众口一词，江北一带现在挂洋旗者，日见其多，为公家计，如不赶紧改良，则收数亦必日减，不知当轴者亦曾计及否耳？即不为商家计，独不为国家计乎？次洪少楚起言，如当轴者改良税则一案，一二月内不即实行，则众情外向，本会诸公虽具爱国保商之热心，恐无所用其力矣。公决：摘叙各函要旨，函达京师代表团转陈当轴，请其一省及之。迨时逾五钟，始行散会。

（1917 年 4 月 9 日，第 10 版）

烟酒联合会之紧急会议

中国烟酒联合会前日接京师代表团快函，略谓：烟酒预算案暨制烟专卖厂案已经众议院审查会悉照原案通过，与钮督办先商税法再交国会之原议，全然相反云云。该会接函后，即于昨日午后特开临时讨论会，一时余各业领袖及代表等纷纷齐集，钟鸣二下，振铃开会。首由陈良玉宣布开会宗旨，继将京师来函当众宣读，众皆谓政界如此欺人，我民何望，自宜众志一心，协力抵制，到此地步，万勿再事迟回。陈祝三起言，此次审查之案表面上虽为预算、为烟厂，实为专卖之根据，无论预算之成立、不成立，与商民无关也。现因公卖不除，商业日衰，税已日减，预算已成虚设。今政府不恤商艰，则我等挂洋旗者挂洋旗，不能挂洋旗者停业，试看此项预算，将从何处取偿？至于制烟厂一事，名为提倡国货，实则绝灭国货。试问中国各烟草公司究竟用中国原料多，抑是用舶来品原料多？则是提倡卷烟，即绝灭我国固有之土货也，亦即绝灭我商固有之生计也！凡我烟商，为自保计，急宜组织维持烟酒国货会，以资抵抗，相戒不吃卷烟外酒，凡行销烟酒地方赶紧设立分会，广为劝导，如此则不独商人生计可保，国家利权可保，而制烟专卖之计划，当然不攻自破。林伟卿言，查制烟专卖厂建议，原案欲以一百二十万之官款独揽全国烟业之利权，是直梦想耳。日本烟草专卖投资至二千九百十七万元，而税关条约改正后，不论外烟、内烟均经政府收卖，我国则外债日增、税约未改、幅员尤广，试问有此资本，有此权限，有此能力乎？是真纸上空谈，将来必无结果。所苦者我商民目前之生计耳。况从来官办实业无一发达，徒饱私囊，我闻该厂尚未成立，而公款一百三万已消磨殆尽。此次秘密运动，实为无可报销，盖为个人计，非为国家计，否则如钮督办之机警百出，岂不知烟厂之终难有成哉云云。遂由众公决，即照以上所议两种办法各自筹备。次由陈良玉声言，现在审查虽已完竣，而众院尚未通过。良玉谬承委托奔走半载余，今竟若此，实无以对吾两业同胞，为目前计，惟有赶速函致京师，设法维持，遂决定将所议情形，邮寄全国商会联合会吕会长及在京各代表，就近竭力斡旋，为商请命，一面并通告各机关。旋即起稿分别发函，直至上灯时始散会，而内部办事各员至钟鸣十下时，尚未散去。

（1917 年 4 月 11 日，第 10 版）

烟酒联合会又开会议

全国烟酒联合会因悉烟酒专署预算案列入经常门，作为永久机关，两业商人颇为惶急，当即开临时会议讨论情形，已纪前报。昨日该会又接京师代表团来函报告情形，因又续开会议，到者较前更众，讨论甚久，其结果公决趁此案尚未结，众议院提出大会之时，姑先公电众议院，请求维持通过之取消公卖原案，于该署预算案提交大会时核议打消，且俟议会如何议决，再照前项预定办法，各自进行云云。当交文牍部拟稿拍发，至傍晚始散会。

（1917 年 4 月 13 日，第 10 版）

烟酒联合会致众议院电文

吁请打消烟酒专署预算案，中国烟酒联合会昨致北京众议院电云：众议院议长、议员公鉴：窃敝会去秋请愿废除公卖改良税，则冬季仰蒙通过，咨达政府，两业商民若望云霓，讵迁延半载，在政府百端待举，兼顾未遑。而烟酒署为保存禄位计，竟乘间揽权，把持愚弄，一方面与商民敷衍，允我商订税法征求同意；一方面将预算蒙混提议，希图实行专卖。今悉贵院审查会突然通过，万商惶急，商民等十八省之同意、半载余之呼吁，竟不敌烟酒署一人之私见。查取消公卖之议案，商会联合会多至数十起，四川、浙江等省议会多至十余次，此次全国财政会议，亦决定税费合并一道征收，足见上下一心，今竟一概抹煞，不知如何情形，遽尔审查通过，一若中国烟酒税非专卖不可，中国改良烟酒税非斯人莫属。一听其颠倒播弄，置千万烟酒商人于死地，呜呼！即不为人民计、独不为国家计乎？查日本烟酒专卖投资二千九百十七万元，接其实行时期，尚在税关条约，改正之后，且外烟外酒均经政府收买，我国外债日增，税约未改，而欲以百二十万官款制烟求利，为专卖之张本，是直梦想耳！闻该厂尚未出品，而公款已尽消磨，无非冀预算成立弥补报销，固守位置势必至迫令两业商人均挂洋旗，蠹国殃民，莫此为甚！贵院为人民代表，两业生死存亡，全悬于诸公之手，伏乞于该预算案提出大会时，秉公详议，立予打消，毋为一人而祸全国。临电不胜迫切惶悚之至。

（1917 年 4 月 14 日，第 10 版）

烟酒同业之惶急

中国烟酒联合会自得北京众议院烟酒专署经费审查通过之消息，叠开会议并公电众议院力争，经纪前报。连日该会又得各埠纷纷来函，请速为续开大会，共谋最后对付方法，其所主张约分数厘：（甲）实行挂洋旗；（乙）泣电大总统、国务院、参议院顾全商命；（丙）请愿国会提出质问去年烟酒借款及公卖押信作何开支，现存何处？（丁）续电众院请求维持去冬已通过之请愿案，以免政出两歧。

该会现定阴历二十四日（即今日）续开会议，业已遍发通告。兹将京师代表团来函摘录于后：

昨日探悉国会预算委员会于烟酒署经费一案，业经提议，其中暗幕以及详情另纸录奉，钮之运动保存机关，各报已详，此中隐情路人皆知。窃思烟酒专署既藉预算而保存，则其所定税章自必照题发挥。夫我国现情，因财力支绌，海关条约之关系不能实行公卖，已为政府所深知。乃钮督办只图自己位置，不惜牺牲全国烟酒商，以留此非驴非马之公卖，而贻祸于无穷，如此情形，吾两业无噍类矣。亟宜趁此未经提交大会之前，尚有转还［圜］之望，务希开会公筹办法，迅赐电复，不胜急切。

（1917 年 4 月 15 日，第 10 版）

烟酒联合会之紧急通告

烟酒联合会总事务所昨日通告各埠分会云：谨启者：接京师代表团快函，内称烟酒事务署钮督办多方运动，将烟酒专署经费列入经常门，制烟厂经费列入临时门。业经众议院审查会通过，不日提交大会决议，其所提议理由书中有先从公费入手，将来必须办到专卖，造端宏大，非部中附属机关三数员司能胜任，故设置专署与部划分独立等语。烟酒既特设专署经费，既列入经常，是机关无裁并之希望，公卖无废除之希望，且其目的竟从公卖而进于专卖，置两业已经众议院通过之请愿案于不顾。前钮督办与吾总代表在京谈判时允我先商税法，彼此同意，再行提交国会，今乃自食前言，竟将预算案提出审查，同业莫不痛恨。迭经一再开会讨论挽救之策与对付之方，到者极众，群情大为激昂。公决：除一面筹备抵制外，一面致函京师设法挽救，并急电众议院要求俟该预算案提出大会时，立予打消。今将原电刷印寄奉，尚祈察核公决挽救方法，即日详示，俾便进行。事机急迫，特此布告。

（1917 年 4 月 17 日，第 10 版）

烟酒联合会常会纪事

昨日（星期日）为烟酒联合会常会之期，午后两时开会，到者四十余人。首由金拜仁报告总代表陈良玉偕同汤椿年于今日早车北上，濒行时因各业领袖到车站送行，特嘱鄙人代为道谢，并嘱转告同人，此次晋京当代表众意竭力进行，能尽一分即做一分，望同人再忍须臾，静候议会解决。次报告京师代表团南昌总商会皮丝业阙仰西及各埠分会等寄来函件毕，即由副干事洪少楚起言，此次各业所定计划，原为出于万不得已，惟陈总代表临别时殷殷以再忍须臾为言，自应奉劝同人，暂时静候，但各处公卖人员，往往不照定章，行使无限制之职权，实足令人寒心云云。次由陈越屏报告各公卖人员舞弊情形。次议决会中进行各事。至五时散会。

（1917 年 4 月 23 日，第 10 版）

烟酒联合会第八次常会纪

中国烟酒联合会昨日（星期日）开第八次常会，首由金拜仁报告接到赴京陈总代表来函，知已同汤椿年于二十三号抵京。次报告山东临清县全境烟酒商来函，拟组织分会，索取章程。公决：复函承认，并将分会章程及组织法即日送去。次报告江西南昌总商会及吉林依兰商会来函，均赞成本会宗旨，请坚持废除公卖之原议，协力进行。公决：即日函复并报告近日进行状况。继由皮丝业代表阙仰西来函报告，据天津皮丝帮来函，该处公卖局新增出省公卖，请致函该处各机关据理力争。公决：于请愿案既经通过之后，新税法尚未颁行之前，凡未经国会通过之新章，当然不能承认，自应致函天津公卖局照各省办法，暂缓实行静候政府解决。次俞葆康询问烟酒署钮督办行贿通过预算案情形，当经洪少楚发言，此中情形本会早有所知，近日经各报披露，更属无可讳饰，钮氏以商民之脂膏为运动之资料，言之痛心，亟宜趁此时期将各业缴存公卖分栈之押款，要求明白答复存放何处，以免钮氏一朝去位，遂无着落。议至此时已五钟，摇铃散会。

（1917 年 4 月 30 日，第 10 版）

烟酒联合会致国会议员函

——取消公卖及裁撤专署之理由

中国烟酒联合会致函国会议员云：窃自国会解散以后，种种苛税一时并进，而烟酒公卖费则较他税为尤苛扰，分局遍设，分栈林立，假名公卖，实则征税，动辄估价，官吏可以任意高下，员司可以从中勒索，一不如意，罚即随之，此等苦况，谅在诸公洞鉴之中。当两业商民呼吁无门之会，适值国会重开之日，乃集合同业，推举代表，诣京请愿。曾蒙贵院予以通过，咨达政府，方期改良税章，为两业留一线之生机，引领翘待，于兹数月。讵意日前，贵院预算委员会审查岁出类财政部所管者，经常门第七项第七目之全国烟酒事务署经费，临时门第七项第二目之筹办制烟工厂特别临时经费，悉照原案通过。又岁入类之中央直接收入烟酒牌照、烟酒公卖费，亦悉照原案通过，是公卖永无取消之日，即商民永无昭苏之望，逖听之下，不胜诧异。窃思人民依法律有纳税之义务载在约法，烟酒公卖章程施行，在两院解散以后纯系一种命令，是公卖费之是否应征，事务署之应否存在，尚待两院之是否通过，则该署之经费当然不能列在经常门，审查委员会初议认为捐税机关归财政部设局办理，未始非卓识高见，一则名实相符，一则裕国便商。政府委员以为政府对于烟酒先从公卖入手，将来必须办到专卖，造端宏大，非部中附属机关三数司员所能胜任，故设置专署，与部划分独立云云。是欲借专卖之名目，以保存有名无实之公卖机关也。烟酒专卖固不能谓为无理，但以一百二十万元之资本而开办专卖，何啻以管窥天，以蠡测海。且设一制造厂，以为专卖之准备，而各省分局、分栈、支栈依然存在征收，与此项制造厂有何关连，而欲以一厂之设，遂以此为非征税机关乎？更进一步言，以吾国今日之财政、今日之国情衡之，其不能实行专卖可断言也！即以日本比例终觉其不合，日本初行烟草专卖投资八百万元，及试行制造专卖时投资至二千九百十七万元，吾国财政奇绌，公卖收入之押款尚未筹还，法美借款之抵押尚未脱离，而欲以一百二十万元官款制烟求利，能乎不能？又日本施行专卖实在关税条约改正以后，不论内烟、外烟，均经政府收买，发商贩卖。故彼中学者称为独占。今内烟专而外烟不专，是与闭门自杀家人有何异焉？烟专卖既窒碍难行，酒专卖更无论矣。要之国步方艰，财政支绌，商人具有天良，对于法律上应纳之税，当然不能有所异议，惟烟酒公卖久有非驴非马之诮。创办以来，两业商号，倒闭相望，失业日多，生计日蹙，迫不得已，迭次请愿，希望诸公取消公卖，订立统一税则，在国家可增收入，在人民可免烦累。岂料政府为欲保存一机关之故，而不惜以非驴非马之公卖病商虐民。委员会既已通过，尚祈诸公于大会时察纳商人呼吁之言，将此种经费均列入临时门，以为将来改良之余地，仍恳请照审查会之初议，并入财政部直接管理，则专署经费可省，更就此议推而广之，外省隶属财政厅分局之经费可裁各处，归之百货征收之县知事，而辅之以商会，则监理、分栈、支栈等项之名目可除，国家收入无丝毫之减少，而可遽减各项经费。其利一，人民负担，归之立法机关议决，尊重议会，即所以保障民权；其利二，各省财政厅及县知事征收事权统一，便于稽查；其利三，税则统一，人民乐从，不必特设机关，而事易举；其利四，俟关税条约改正之后，外货能受支配，国家财政充裕，力能专卖，然后实行专卖，添设专署，因势利导，未为不可，固不必因有一百二十万之制造厂，而预设专署以待之也。临启不胜迫切待命之至，唯我议院诸公加之意焉。

（1917 年 5 月 1 日，第 10 版）

函请天津公卖局止抽新税

中国烟酒联合会前日接天津皮丝帮会员来函，略谓：天津公卖局新发布告，定五月一号起增抽出省公卖费一道，当此税繁商困之时，万难再担此新增之税款，请致函该局，代陈商困，免予实行云云。当经开会，公决：据情函致天津公卖局请免补抽。兹将原函录下：

敬启者：顷接天津皮丝帮敝会员来函云：贵局因奉署饬拟补抽出省公卖费等情，备闻之下令人诧异。查此项公事，各省公卖局早已奉到，然所以迟滞实行者，因烟酒请愿案业经国会通过实行统一，全国商民当然认为有效。现中央正筹办统一之时，而贵局又厉行补抽出产之费，无益于国，有损于商。敝会有维持两业之义务，用特函请贵局可照各省公卖局，静候中央统一办法，以裕国课而恤商艰，无任感荷。

（1917 年 5 月 2 日，第 10 版）

烟酒联合会常会纪事

中国烟酒联合会昨因星期日例开常会。首由金拜仁报告，汤椿年君因事于前日由京回申，详述在京代表团进行情形，并述陈总代表之意——力劝同业暂为忍耐。现因京中发生公民团围逼议院之事，烟酒专署预算案大会议事日程不免捺后，代表等一俟大会议决如何情形，即当电告，以慰公众盼望云云。次提议旱烟业代表即本会副干事宓友琴君病故，应另行公举公决，俟下星期补举。次提议绥远总商会因归察公卖局创办蒙地销场税，请依法协争案。公决：由会致函归察两属公卖局力争。次宣布各埠来函，并筹议急进方针。至五钟始散。

（1917 年 5 月 14 日，第 10 版）

烟酒联合会常会纪事

——对于新拟公卖章程之意见

中国烟酒联合会昨日星期例开常会，到者五十余人。首由干事陈祝三宣言，近见烟酒署登布新拟公卖章程八条，征集本会意见以便提交国会云云，不识今日到会诸公对于此项章程有何意见。旋由张少孚起言，此次烟酒署所拟办法中，如归并统一、产销分征、不纳杂税、不纳通过税、本销者不纳销税等数条，尚与本会宗旨相合，惟本会唯一之目的，因共受公卖之苦，所以志在取消公卖，而该署当必独受公卖之益，所以志在保存公卖。目前讨论当以公卖存废为先决问题，究竟烟酒税何以非定名公卖不可？岂公卖可抽税，非公卖便不可抽税乎？况公卖两字名不正则言不顺，已为中外人士所讥议，政界保持愈急，则我商民疑虑愈深，乃谓由公估价，所以定名公卖，则应称谓公估，不应称为公卖。且试问商家之货，须由公家估价，其理安在？夫货价之高低须随市面而转移，岂可任一人之妄断？继由俞宝［葆］康起言，此项章程之如何，姑不具论。烟酒署既不用正式公文到会征集意见，则本会对于此案并无讨论之价值，而第一不取消公卖，便与本会取消公卖之宗旨、国会通过之原案全然相反，所抱宗旨既异，大纲未决，何论细目？遂公决由本会致函京师代表团，先从公卖存废二字上注意。次由西烟业报告，本业为维持业规起见，曾共同组织裕通公司，今昆山则有裕通分公司，特将裕字缺少一点，广发传单，希图混淆观听，扰乱市场，请设法维持公决。自称分公司影戤名称，实干商律，容俟查明，再定办法。次西烟业报告公卖代征东三省之货，自改征全税后，客商裹足，上海同业营业上大受损失云云。

（1917 年 5 月 21 日，第 11 版）

烟酒联合会总代表回沪

中国烟酒联合会驻京总代表陈良玉近因烟酒公卖请愿案，经财政讨论会决议后，交由参众两院通过，方可实行。讵未及大会开议，政界忽生变故，是以暂行回申，以待国是大定后，再行北上，继续请愿。现已于昨日乘招商局安平轮船返沪，并拟将在京情形于常会时当众报告云。

（1917 年 6 月 8 日，第 10 版）

包办烟草牌照税之不确定

中国烟酒联合会前据南洋兄弟烟草公司报告，闻有外商某烟公司包办烟草牌照税，请电政府维持，以免垄断等情。业经致电国务院财政部饬查，并接财政部税务处电复查询在案。顷又接全国烟酒事务署来电，照录于后：

中国烟酒联合会鉴：准财政部税务处、农商部咨，据电称：顷闻外商某烟公司，用其属下华人出名运动，包办全国烟草牌照税款，垄断烟草营业，制死全国烟商命脉，恳速阻成议等情，咨请查办。前来查各省烟酒牌照税，现在均系遵照大部章程办理，并无外商某烟公司运动包办之事，此种谣传不知从何发生，望勿轻信为要。

全国烟酒事务署。寒印。

（1917 年 6 月 16 日，第 10 版）

烟酒联合会常会纪事

中国烟酒联合会昨日星期例开常会。首由总干事陈良玉报告接京师全国商会联合会函开：准烟酒事务署复函内称：改良税则办法现正在审慎筹议中，一俟草案议定，即当征求卓见藉臻完善，并抄附与事务署往返函件及福州总商会原电、绥远总商会原案二件，又抄案二件。公决：请愿已及半年，税则迄未议定，且于公卖存废问题至今敷衍不决，商人困苦伊于何底，应函请商会联合会，继续催询。次宣布接京师全国烟酒事务署来电声明，并无外商某烟公司运动包办烟牌照税之力（原电已见前报）。次宣布泗阳烟业代表陶海轩等来函，报告该处公卖苛扰情形，并函询南京维持会究竟抱何宗旨。公决：据情函复议。至此适山东临沂县新组烟酒分会会长李信余派人持片到会接洽。公决：将本会叠次印刷品检送一份，旋经决定节支分组等办法。时已逾五钟，即行散会。

（1917 年 6 月 18 日，第 10 版）

烟酒联合会常会纪事

中国烟酒联合会昨日星期例开常会。首由总干事陈良玉报告，现当政局尚未大定之时，所有本会进行事件，未免暂时搁起云云。公决：本会为全国两业商人之枢纽，众情所结，无论时局何如，苛税不除，店可休歇，而会务必永远坚持。次陈良玉言，诸君对于本会即一致保存，固无须再事讨论，维鄙人意见开支一切急应再事节省，方足以期持久，请即讨论。经乐维高、王闾敷起言，本会开支向甚俭约，实已无可再省，惟总干事即一再以节省费用为言，凡我两业亦未便过违盛意。此事应请会计董发表意见，旋由会计部议决裁书记两员，一为张德邻，一为胡叔平，即经评议员通过。次提议公文书函盖章事件。公决：嗣后本会所发公文书函，一概由总干事盖章，以昭郑重。次俞保［葆］康起言，本会今日所议各件与全国各分会均有直接关系，应发通告，俾便接洽。公决：交文牍部，即日起稿，刷印分发。议至此时逾五钟，摇铃散会。

（1917 年 6 月 25 日，第 10 版）

续借美款声中之烟酒业常会

中国烟酒联合会昨日星期例开常会，各业领袖均到，南洋兄弟烟草公司亦派代表余长顺与会副干事洪少楚新从宁波来申，到会销假，计先后至者六十余人。首由总干事陈良玉宣布驻京代表聂君来函报告调查事件。次提议报载烟酒税续借美款有仿照盐署办法设立稽核所，条件甚苛等语。公决：此案前经张督军质问，业由国务院电复，内开：因所开条件甚苛，早经拒绝，停止开议等语，今何以发生此议？应先函致驻京代表查明报告公卖续抵美款事，并详查设烟厂、设烟酒银行及外商包办牌税等种种内容。继又接裘振声来函报告，美借款复活，请设法挽救事。公决：据各方面报告而论，续借美款事必有因，两业命脉所关，誓死力争，一俟京函复到，即开临时会议决。

（1917 年 7 月 2 日，第 10 版）

烟酒联合会常会纪事

中国烟酒联合会昨因星期日例开常会。首由临时主席金拜仁宣布所接驻京代表来函，报告京师状况，到会者颇抱悲感。次王闿敷及南洋烟草公司陈茂楠起言，际此时局，会务不免停顿，惟于改良国货一层，正可从长讨论。公决：赞成。次宣布山东临沂县分会于六月十九号成立，举定正干事李世芳，副干事伏庆珍、王士儒。公决：当此时局孔艰，而依然进行不懈至深敬佩，极表欢迎。提议公贺冯副总统摄任。公决：黎大总统功在民国，仁被天下，今遭忧患，国本动摇，副总统依法摄任巩固共和，正是民国之幸福；况烟酒苛税早承洞鉴，苟时局一平，改良自有希望，应先由文牍部拟电，再行公决。

（1917 年 7 月 9 日，第 10 版）

政局渐足中之烟酒业常会

昨为星期日中国烟酒联合会例开常会。首由主席陈良玉宣布驻京代表由汉转递叠次函件，内谓：此次政局骤变，百端停顿，劝我同人对于本会事宜，仍当勉力为之，并报告京师烟酒事务署，有暂迁天津之说，恐督办一席此后当有更动，则本会进行事件，势必搁浅，俟大局宁静，再图进步云云。次赵赓亭起言，钮督办当复辟时，已受清职，并加侍郎衔，现京师回复原状，未知再受何职。俞葆康言，两业受苦已深，所望继任得人，尚有改良希望，然钮氏素来圆活，回复原职，亦未可知，请诸君注意云云。次宣布河南潢川县商会函询，六安皮丝至潢销售验票后，仍须补抽，以致互相争执，究竟应否重征云云。公决：新章未颁，各省办法不一，目前无论如何总以商力能否负担为衡，否则竭泽而渔，鱼尽而水亦涸矣，当交文牍部起稿答复。次由余长顺报告烟草业状况。次绍酒业王闿敷等讨论制酒改良方法。至五时后，始行散会。

（1917 年 7 月 16 日，第 11 版）

烟酒联合会常会纪事

昨日（星期日）中国烟酒联合会例开常会，到者三十余人。首由主席陈良玉宣布驻京代表函，告京师大局已定，地方秩序渐安情形。次南洋公司代表陈茂楠及旱烟业乐维高等起言，所望政局从此巩固，我侪商民庶可渐安营业，所有本会请求改良税则一案，务望诸君协力进行。次宣布山西高平酒商公记、裕丰、恒兴、胜永等七家来函，内称酒无销路，烧酒停烧，拟将所派按月公卖费暂缓缴解，俟稍有销路，至开烧后再行一并补缴，函请据情转请山西公卖总局，准予暂为缓缴。又酒商泰顺亿来函，称因无销路，陈请歇业，该处公卖分局批饬不准，请据理函请准予报闭各等情。公决：即日分别函请山西省局长酌核办理。又宣布酒商裕丰恒函报，河南辉县吴村镇警兵拦货，重惩有违定章，请转河南省公卖总局派员彻底查究等情。公决：据情转请河南省局长彻查，均交文牍部，即日起稿，核定缮发。议毕时逾五钟，当即摇铃散会。

（1917年7月23日，第10版）

烟酒联合会常会纪事

昨日星期中国烟酒联合会例开常会。首由主席陈良玉报告前次常会公决旧历七月二十三日开第一届选举大会，业已提交通告部起稿，惟内中应行讨论之点有二：其一，各省道远者选举时是否须亲自到会投票；其二则为开会地点请公决。经众决定：各省道远者，如能亲自到会，固所欢迎；否则仍照前届办法，或派代表或通函电，均为有效。至于大会地点，即由干事部择定相当之处，再行宣布可也。次报告接京师代表聂允文来函，前次本会议决上财政部书，现已拟就稿件，不日即可寄到，再行公决。次宣布汉口事务所王积甫、邵敬之来函报告汉口近日会务进行情形，并表明上财政部书与本会取同一态度。次宣布乌镇烟商代表陈儒珍、朱干洪、沈芝香、张锡圭、童桂青、沈学治等通告并附原呈。公决：此案俟该处公卖局如何呈复省长后，再定办法。议毕，时逾五钟，摇铃散会。

（1917年8月13日，第10版）

记烟酒联合会之星期常会

中国烟酒联合会昨日因值星期例开常会。首由主席陈良玉报告，接西烟帮来函，因陕西新增三成捐税，实难担负，不得已止运，请设法维持。公决：改良之目的未建，加税之计划又生，病商日甚，万难担任，急宜转达驻京代表，竭力挽回，以维商困。次报告接江西烟酒第五区铜鼓分栈经理王际钟函，详叙公卖弊病及条陈改良办法。公决：以个人言个人事，深切著明，应将此函提交文牍部，起财部文稿时采择录叙。次提议福建日商组织礼和制造酒厂抵制捐税案。公决：照此情形，利权尽失，上下交困，急宜上书政府，请求省察，以资挽救，毋使滋蔓难图。次裘如邦提议，趁此总统继位、国会成立，宜联合一致，请求迅予改良烟酒税则。公决：目前先上书财部催请核办。议至此已钟鸣五下，摇铃散会。

（1917 年 8 月 27 日，第 10 版）

烟酒联合会开会纪事

中国烟酒联合会昨开星期常会，两业中人到者甚众。首由史燕堂提议本会大会日期，已定旧历八月初一日，为时已近，一切手续急应预备，今日应否作为预备会。公决：赞成，遂由主席陈良玉宣告作为预备会。次杨逸伦起言，今日既作为预备会，似应将大会时之一应手续先付讨论。次乔良干、赖秋宾、王聘之、庄成道提议，先推临时职员，当经公众推定开列名单，交通告部通告。次俞葆康、邱介帆、王闿敷提议大会秩序。公决如下：一、摇铃开会；二、报告本会一年经过情形；三、报告一年收支账略；四、修改章程；五、投票公选总干事；六、公推副干事及各职员；七、演说；八、开票；九、散会。议毕时已五钟，即行摇铃散会。

（1917 年 9 月 10 日，第 10 版）

请改烟酒税则之文件

中国烟酒联合会，日前接到全国商会联合会为烟酒税上财政部并公卖局书暨公卖局复文，兹为披露于下：

商会联合会呈文

为呈请事。据本会评议员聂家楷、高昆、胡炳堃、尉功焕、云维儒、安迪生、郝登五、郑晓峰等提出改良烟酒税则意见书，当经提交评议会核录。佥以烟酒公卖施行以来，苛商扰民，闾阎苦之，又益以旧税种种输纳，诸多不便，故本会大会期间，提议改良烟酒税则之议案甚多。而中国烟酒联合会呼号请愿，全国一致，该评议员等拟恳取消新旧税费名目、另订统税之处，既便人民之输纳，亦复无碍于国课，应即据情转呈听候大部核夺采择，以慰两业人民之喁望，而维国家之税源。公决：据情转呈，理合将该评议员等意见书，照缮清折备文，呈祈大部鉴核示遵，谨呈。

公卖局复文：径复者：顷准贵会函送评议员聂家楷提出改良烟酒税则意见书等因到局。准此，查此案业由部批示，仰候提交烟酒行政评议会，列入议案，以资研究在案。兹复准函前来，具见贵会，热诚擘尽，至深纫佩，现在烟酒进行事宜，头绪纷繁，总期筹画周详，方可推行尽利，尚祈贵会酌推代表二三人，约期来局藉聆伟论，准函前因，相应函复。

（1917 年 9 月 16 日，第 10 版）

改良烟酒税则意见书

全国商会联合会昨将具呈财政部暨全国烟酒公卖局对于改良烟酒税则之意见书，分抄函致各事务所，及本埠烟酒联合会查照备核。兹将所拟意见书录下：

案查上年大会期间，各省代表提出议案，请将烟酒税率改订统一办法，当经全体表决通过，向参议院提起请愿。嗣经参议院通过，咨达政府去后，本会迭次推举代表会同中国烟酒联合会代表等，向烟酒公卖事务署钮督办屡为口头之协商，钮督办虽自认此项公卖办法为非驴非马之政策，屡以改良为言，而连月以来，迄无正当之办法，以答两业人民之喁望。既而福建商会电告本会以该省发生烟商悬挂洋旗之事，上海国货维持会为南洋兄弟烟草公司事件来电呼吁，绥远、陕西、湖北等处各商会亦为烟酒局栈苛扰不堪，发生交涉情事，时有所闻。迭由本会分别呈咨财政部暨事务署各在案，财部委之于事务署，事务署之函复，非诿之候令查复，即为之饰词虚掩。于是烟酒两业之商民请求改良则遥遥无期，频受苛扰，呼吁无门。为共和之人民，实受压制之痛苦，频年以来，倒闭相望，谁实为之，而至于此。今幸共和，再活天日，重见新任财政总长梁公，以计学之专家，司全国之财政，莅任之始，即首先呈请将烟酒事务署归并部收，仰见硕谋伟画，允洽与情。曩当财政会议期间，本会曾会同烟酒联合会代表陈良玉等，条具意见，请将该署事务归并部办，并恳将新旧各税费名目一律取消，另订统一税则，产销分征各等情。请由陕西财政厅长景君介绍去后，嗣财政会议审查结果，终以是否费并于税，抑或税并于费，迄无确切办法，又以国事纠纷，亦竟无表见而罢。其后预算案提交国会时，本会又会同陈良玉印刷传单，分投各议员，声述公卖之病商扰民，请求将该署岁入岁出，暂弗通过。恳其咨行政府归并部办，另订统一税则。乃国会议员上年既得本会之请愿案于审查会通过，今年预算委员会又将该署岁入岁出通过，而于本会及烟酒会之请愿案，竟若事过即忘，不可思议。窃思烟酒本属消耗之品，各国皆取寓禁于征之义，取之而不为虐，第吾国人民习惯太深，此种消耗之品，已成为日用所必需。况各国海关税则可以自由，国货、外货之轻重，因有抑扬操纵之特权，吾国海关关税为条约所束缚，纵使将国货之烟酒禁绝尽净，亦徒为洋烟酒辟其销场而已。故寓禁于征之主义，在各国为可行，在吾国则尚待斟酌也，故与其扰民苛商而不利于国，曷若统一税则，以恤商而便民？且可培养税源，免致竭涸。谨就管见所及，参以本会大会期间各省商会代表之提议，及中国烟酒联合会各省代表之请愿书，酌拟统一税则、改良征收各条，缕述如左，敬希公决转呈大部鉴核酌夺，实为公便。

（1917 年 9 月 19 日，第 10 版）

改良烟酒税则意见书（再续）

一、土产土销之烟酒，拟请折半征收，以示宽大也。查土产土销，或系农民自食，或系小本营生，向章既无通过之税，既以公卖章程之烦苛，亦有允准家酿自食百斤以内之规定。将来订定统税，拟恳将此项土产土销之烟酒折半征收，以示国家之宽大，而维贫民之生计。此回吾侪商人代表贫苦之农民，预为恳求者也。

二、拟请政府与外人协商，将外来烟酒两项，仿照洋药办法作为特别税，以昭平允也。查外国各种之入口税重、出口税轻，而于烟酒两项之入口税，则尤为特别繁重，今吾国既不加重外税以保国内之商业，亦当力求彼此一律，以免国货之偏重。拟恳政府急与外人协商，烟酒两项单独提出，仿照洋药办法作为特别税，亦征收值百抽十五至二十之数。兹事虽非一时所□［能］办到，似亦应恳政府为之注意也。

三、请政府根据条约征收洋商在中国设厂□造之出场税也。查进口洋货根□条约之值百抽五，通□［行］无阻，即在内地设厂制造。《马凯条约》第八款第九节载明，应纳出场税，则现在汉口康成酒厂□及沪上等制造烟厂，均应请政府根据条约切实推行，既裕国课，亦保主权，固不独与华商平均担负已也。

以上数端，略具梗概，如蒙大部核准，为详细陈明要之。华商凋敝已达极点，洋商有条约之保护，故值百抽五，而通行无阻，华商虽凋敝之余，犹不敢仅顾□［营］业而忘国计，故以值百抽十五乃至抽二十，吁恳斟酌损益。大部自有主张之权衡而保护维持，商人实怀莫大之希望。本会各评议员等一年以来，对于改良税则之件详细研究，今试预计改并另订之后，其收入当必不短于五年度之预算。盖百分抽十五已加旧税一年有余，即以全国烟酒两项营业计算，每年约有二万万余之贸易额，更就全国每县产地平均计算，每年约有一万八千万之出产额，以值百抽十五乃至抽二十计之，视五年度新旧税费之预算，当有过之无不及也。抑本会尤有进者，商人两年以来频受公卖之苛扰，去岁共和复活之后，呼号请愿，又复一年于兹，当兹国库支绌之时，万不敢于正当之国税妄思减免，唯冀裁并中饱之机关，订立统一之税则，上无碍于国课，下有裨于民生，则吾侪商人区区之苦衷也。

全国商会联合会暨全体评议员聂家楷、慰功焕、安迪生、高昆、胡炳堃、云维仔、郝登五、郑润岚等呈。

（1917 年 9 月 21 日，第 10 版）

烟酒联合会常会纪事

中国烟酒联合会昨因星期日例开常会，到者有南洋兄弟烟草公司陈茂楠，西烟业陈祝三、俞葆康，绍酒业王闿敷、裘如邦，皮丝业赖秋宾，旱烟业邱思铣、乐维高等三十余人。首由主席陈良玉报告接京师总代表聂君来函，烟酒行政评议会业已颁布简章，日前与高景韶同往公卖局晤见胡汝霖总办，谓大约产销分征，抱定方针，倘有意见随时到局陈述，或送意见书亦可等语。次俞葆康起言，此次财部弹劾钮传善呈文内云：该督办于五年九月与礼和洋行订立合同购定制烟机器一架，价洋六十八万元，现烟酒署未见一纸之图，已付四十五万余元之款，可见官场办事胡涂，无不失败。若视南洋兄弟烟草公司经营十余年大着成效，且制烟精良，价廉物美，营业发达，足以挽回利权，实为我同人所钦佩。最次报告福建泉州城内第二区晋南两县烟类公卖分栈来函，拟就晋江、南安设立分会，公决赞成。议至此已钟鸣五下，摇铃散会。

（1917 年 10 月 8 日，第 10 版）

烟酒联合会常会纪事

昨为星期日中国烟酒联合会例开常会。首由主席陈良玉报告接京师总代表来函，近因津浦路阻碍，以致往来函牍稽迟，所有公卖驳议书正在起稿，务将各埠同业续到之意见书赶速汇集寄京。公决：迅即汇齐送京。次由俞葆康报告泰兴阜丰烟作为数十年老店，资本丰厚，营业甚广，现因受公卖之苛扰，以致停止营业，兔死狐悲，同业莫不自危。次议及上海发生挂洋旗案，佥以去年请愿时，本会曾将江西、福建等处挂洋旗之事忠告烟酒署，请政府从速改良，以免蔓延，无如言者谆谆，听者藐藐，致有今日之结果。次提议钮督办停职，所有商家前存公卖押款，各省约计有四百余万，去年据钮督办自称只有二百万存在银行，不知此项巨款究竟现存何处？即以二百万而论，每年利息亦有十余万归公乎？归私乎？商民不得而知，众议应函致驻京代表详查核办。议毕散会时，已五钟矣。

（1917 年 10 月 15 日，第 10、11 版）

烟酒联合会星期常会纪

中国烟酒联合会昨开星期常会。首由主席陈良玉报告叠接驻京代表聂允文来函，内称：自前呈请改良烟酒税则一案，由财政当局批交烟酒行政评议会以来，业经接谭［谈］数次，现另拟具烟酒公卖简章驳议书，特寄请研究，希即决定印刷寄京云云。当经公众详细讨论，佥称原书所驳各节，均已详尽足微，聂君苦心孤谊［诣］，无微不至，应付刷印，部赶速刷印分布。次报告聂君来函，所有陕西拟加烟税一案，已得陕西景厅长复函，俟陕财厅得□关监督复文后，如再有不妥之处，当再呈请财部核夺。

次宣布聂君来函，当轴嘱询及江浙公卖局办理情形，迅即详叙，函报公决，各据所知开送到会，以便转报。次俞葆康提议，目前进行方法公决，俟下星期开讨论会再行公决。次裘如邦报告，自绍运申，绍酒已贴印照，每因搬运擦损或雨淋剥落者，即遭苛罚，请会设法维持。公决：印照纸薄易损、扰乱不堪，惟此层聂君驳议书亦已详叙，自应速请解决，以杜苛累。议至此时已五钟，即行散会。

（1917 年 10 月 22 日，第 10 版）

烟酒联合会星期常会记

中国烟酒联合会昨开星期常会，到者有南洋兄弟烟草公司代表陈茂楠、土黄酒业代表洪少楚、西烟业代表俞葆康、绍酒业代表王阊敷、皮丝业代表赖秋宾、旱烟业代表乐维高暨各职员会员等共五十余人。首由主席陈良玉布告初十日特别会议决，致国务院农商部、财政部电稿业已发出。次陈茂楠起言，此次以公卖税抵款，实为中国烟酒两业商人之生死关系，决非一电所可了事，须筹后盾。洪少楚起言，此事须同业各抱坚决之心，一致进行，方为有效。俞葆康言，此为人人切己之事，万无推诿之理，惟事关全国，非仅上海一部份之关系，急宜征集各省意见，以定标准。公决：各将对于此事之意见，开具说明书，即日送会，再行集议。次赖秋宾提议调查各业状况及捐税情形。公决：拟定调查表式，分发查报，汇集成册。议至此时已五钟，即摇铃散会。

（1917 年 10 月 29 日，第 10 版）

烟酒联合会常会纪事

昨日星期中国酒联合会例开常会。首由主席陈良玉报告，略谓：本会事务所原设于烟业公所内，现因姚家弄公所新屋落成，本会亦拟即日迁移，惟一切布置尚未完备，故本届常会暂借大码头郑宅为临时会场，此后远近各处通信，可直寄大东门民国路姚家弄本会事务所，即烟业公所新屋内可也。次甘省烟业代表朱靖臣，自甘来申，到会报告甘省烟业困苦情形，并报告自甘至申沿途经过地方所见，因受苛税以致减种停运等种种凋敝情形，并称此次专诚来申，筹商办法，藉图补救，旋经公众起立欢迎，并筹定治标、治本方法。次旱烟业代表邱思铣报告，现在公卖分局忽又发生一种小印照，每烟叶一百斤只准领取两张，不敷分贴，致受苛罚纷扰更甚，请公众维持。公决：各业公卖现经认定，此项小印照于营业前途大有窒碍，况烟酒税则正由京师评议会提议改良，吾商人目前惟有照旧办理，对于意外发生之事如此次小印照等类，无论如何，万难承认云云。议至此时已五钟，摇铃散会。

（1917 年 11 月 26 日，第 10 版）

烟酒联合会常会纪事

中国烟酒联合会昨开星期常会。首由主席陈良玉宣布农商部批文一件，查复公卖税抵借英美烟公司款实系讹传（原文已纪昨报）。宣布毕，俞葆康起言，此事足见农商部总长顾全商业，遇事关垂，实为我商业之福。次宣布余姚范寿金君来函报告，该处新近起征烟丝捐，即捐烟叶不应再捐烟丝，且同一省区同一道区，杭宁无烟丝捐而单独行，诸小邑尤为偏苛。公决：来函所称各节是否颁有新章，应由会函询详情，再行核办。次松江全茂酒号张鉴文到会报告绍酒运至松江，已在五库厘局纳费，乃进店之后，松江烟酒公卖分栈强指五库所填之税票为无效，勒令重捐，否则即须充公，一货两税，实难担负，请设法维持云云。公决：由会先行函致松江公卖分栈，详询情形，再行核议，当交文牍部主任金拜仁分别起稿。议至此时已五钟，摇铃散会。

（1917 年 12 月 3 日，第 10 版）

烟酒联合会常会纪事

中国烟酒联合会昨开星期常会。首由主席陈良玉报告接驻京代表聂允文君来函，所有本会前日寄去之印刷品，业已分送烟酒行政评议会各会员。次报告接福建沙县烟酒公帮代表范荣成、廖观涛来函，已集烟酒两商同人在该县设立联合分会。又报告山西高平绍酒商来函，该处亦已组立分会，因尚未接有会函复，特再函请检发章程。公决：各该处组织分会皆为联络气谊，力图改良税则起见，宗旨既同，亟应函复欢迎；惟高平复函及章程等早于九月间交邮寄出，何以尚未达到，其中因何阻碍，亟宜详查，并一面赶速补寄一份，俾便依据。次王闿敷起言，现在南北和议又生阻力，国家大局一日不定，商人营业一日不安，本会改良税则一案不知何时方能解决，自应设法呈催，以苏商困。公决：即由会函请驻京代表向行政评议会迅即提议表决施行，以慰民望。议毕时已钟鸣五下，摇铃散会。

（1917 年 12 月 10 日，第 10 版）

烟酒联合会常会纪事

中国烟酒联合会昨日开星期常会。首由主席陈良玉报告，接安徽晋江、南安两县烟商来函，索取会章，组织分会。公决：宗旨既同，即行复函承认。次俞葆康言，现在世局不定，商业萧条，同业现认公卖费虽不无赔垫，而终得藉此稍免纷扰。况我业在租界居多，苟非认缴，则征收亦我困难。今既认定初有头绪，在商既称简便，在公亦有的款，自应勉持，众皆称善。次陈主席报告曾偕赖明三、王闿敷参观南洋兄弟制烟厂，蒙简照南君逐一指导。该厂规模之宏、机器之良、选料之精、出货之速，令人见之生羡，厂内一切职事及男女工人不下数百人，皆简君亲自督率，秩序井然。并经简君历叙经过困难情形，始知欲兴一业，必从坚忍而来。我两业同人自应效法，正不从以改良税则为目的也。在座皆以为然。议至此时已五钟，当即摇铃散会。

（1917 年 12 月 17 日，第 10 版）

烟酒联合会常会纪事

中国烟酒联合会昨开星期常会。首由金拜仁报告，今日总干事员陈良玉君因事不能到会，应由副干事主席。当经推定陈祝三为主席，报告接兴化县商会来函，内云：敝会于十二月四日由会董互选正副会长，当经选定王庭芬为正会长，茅本廉为副会长，业于十二月十日接钤视事，除呈报外，特函请察照云云。公决：复函欢迎。次洪少楚提议，我烟酒两业现在同处困难之境，急盼税则早日改良，而京师烟酒评议会尚未将如何改良之方法宣布，亟应设法请求速决，俾得早苏商困。公决：函请驻京代表聂允文迅向评议会提议。次王闿敷报告，此次新从绍兴来申，今年绍兴酿户之减少，较去年更甚，照此年减一半，我绍酒业殊抱悲观。俞葆康言，两业减退之原因，一在公卖之繁重，一在时局之纷扰。目前商人所望税则早日改良，时局早日宁定，若再迁延，正是不堪设想。旋经讨论挽救方法良久，至钟鸣五下，始摇铃散会。

（1917 年 12 月 24 日，第 10 版）

烟酒联合会常会纪事

中国烟酒联合会昨日开星期常会。首由主席陈良玉报告，江都高邮烟酒商代表王绍鹤、张云卿来函，拟援晋江、南安两县组织烟酒分会之例，联合江都、高邮两邑烟酒同业设立烟酒联合会江高分会，索取会章，函请承认，并声明分会办事员均系名誉职，仅就烟酒两项研究得失，不涉他项议事范围。公决：宗旨既同，即行检寄会章，复函欢迎，一俟成立，即将职员姓名、职业、分会地点、成立日期函报入册。次报告接驻京代表聂允文来函，谓改良烟酒税则一案以南北政潮，不能不稍有停顿，现停战布告既下，政局渐宁，即可从容提议。旋经洪少楚、陈祝三、王闿敷、俞葆康、邱思铣相继起言，我商界受战事之影响困苦已至极点，多一次战祸即多一次损失，今南北既以国民为前提，议和在即，正我商界之大幸；至于烟酒公卖一事，尤为我两业独受之痛苦，停辛忍痛两载，于兹所望早日解决，庶于国货商情，两无窒碍。议至此时已五钟，即摇铃散会。

（1917 年 12 月 31 日，第 10 版）

烟酒联合会星期常会记

中国烟酒联合会昨开星期常会。首由主席陈良玉报告，近接外埠各分会来函，佥谓时局不定，税则改良，迄未实行，商业日衰，年复一年，不知伊于何底，函请电致烟酒行政评议会，迅即提议解决救济方法云云。公议：现在政局如此，夫复何言？幸而两业团体坚固，有不达目的不肯松懈之势，应将各埠来函摘要汇报驻京代表，察酌办理。次提议旧历年关已近，各商业均在结束之时，并应暂行休会。公决：暂停常会两次，如遇有特别事故再开临时会议。其余各业领袖等均无提议，乃摇铃散会。

（1918 年 1 月 28 日，第 10 版）

陕西告警中之烟酒业常会

中国烟酒联合会昨开星期常会。首由主席陈良玉将一星期内所接汉口、武进、宿迁等各分会来函报告，去年营业状况摘要宣布，正与本埠两业情形相同。次言财政部之烟酒行政评议会，近据京师代表来函谓该会讨论主旨非不体恤商艰，而卒未见实行者，大半为时局纠纷所致。旋有西烟业俞葆康起言，目前陕省忽遭兵祸，地方蹂躏，交通阻隔，西烟来货顿绝，营业大受损失。然承认捐税仍须照额报解，我西烟业之苦况无从告诉。次乐维高起言，旱烟一业近更衰败，捐税既苦，重叠出品，又未改良，恐不旋踵而我业将无形消灭矣。次王闿敷起言，南洋兄弟烟草公司所制大喜、三喜、自由钟等纸烟，实已与舶来品齐驱并驾，政府苟有提倡国货之意，应竭力保护。乃捐税比外来卷烟反重，实堪浩叹。末由邱介帆、洪少楚提议会务进行办法，讨论良久，至五时始散。

（1918 年 2 月 25 日，第 10 版）

烟酒联合会星期常会记

中国烟酒联合会昨开星期常会。首由总干事陈良玉宣布答复京师商会联合会调和时局意见书。次报告盐城酒业来函，组织分会事。次报告驻京代表聂允文来函，询问公卖认税情形。即经西烟业代表俞葆康起言，自陕省不靖，至今信息不通、来货久断，上海存货已缺，认费无从筹缴，业经呈请公卖局酌量变通，以苏商困。次绍酒业代表王闿敷报告，我绍去年正在购米之际，适值宁波独立，现水飞涨，各作均减省制酿，且多迁至他阜，仿制绍酒，以避捐税。目前时事艰难，烟酒本属消耗品，社会经济既枯，用途天然减少，年来销路日见其疲，正是为难。其余土黄酒、皮丝、旱烟等业，亦因市面日清，支持不易，当经公决，将各业情形分别开明函复驻京代表，请为转达。至五时方始议毕，摇铃散会。

（1918 年 4 月 1 日，第 10 版）

烟酒联合会星期常会记

中国烟酒联合会昨开星期常会。先由总干事陈良玉报告福建沙县分会于二月初一成立。举范荣成为总干事，廖观涛、林荣基等为副干事，业于本月二十二日，接该分会来函报告。公决：除交文牍部拟稿答复欢迎外，并将来册交编辑部编入会册。次宣布沙县分会请议书一件，备述该处公卖费重、营业衰败状况，并开列条议改良征收方法，函请据情转达驻京代表聂允文，转陈京师烟酒行政评议会审察核议。公决：将原书抄送驻京代表查核。次讨论调和时局问题。至五时余，乃摇铃散会。

（1918 年 4 月 8 日，第 10 版）

烟酒联合会星期常会记

中国烟酒联合会昨开星期常会。首由主席陈良玉宣布接农商部对于山东植烟权抵借款之复文，内开：电悉。据称山东财厅以烟草种植权抵于英美烟公司，请严行拒绝等情，业经据情分咨财政部及山东省长查明，仰候复到，再行核办，合亟先行知照云云。次提议日本密谋烟酒专卖问题，此案虽经日使馆之宣言，称为并无其事，而据英文《泰晤士报》所载则确称实有其事，且云所开谈判已历三星期，正在积极进行。日本密使为西原龟藏，我国为财政总长曹汝霖，双方严守秘密，与闻此事者不出六人，日使馆或茫然不知亦未可知云云。次洪少楚起言，此事较山东一部份之种烟权为害更烈，直使全国两业商人蒙其不利，急宜注意。公决：呈请政府严行拒绝。次陈祝三提议呈请政府电致陕督，暂时停战，以便农人收获事。其意见书略称：我西烟一业，以陕西为来源。现在战事不息，来货净绝，我商人营业固已净绝，毋待再言。惟当此麦田收割之时，戎马蹂踏，垂弃可惜，急应暂时息兵，以留民食，为陕省农民稍留一线生机云云。公决：函请商会联合会要求政府速电陕督，暂停战事。次由金拜仁宣布接江西临刘烟酒两业公函，拟组织分会事，当经评议部俞葆康、王闿敷、乐维高、邱思铣、沈子卿等十余人讨论表决，交文牍部起稿，并检发分会章程，以便照章组织。议毕时已五钟，摇铃散会。

（1918 年 6 月 3 日，第 10 版）

烟酒联合会续开临时会议

中国烟酒联合会昨为专卖抵款事续开临时会议，到者五十余人。首由主席陈良玉宣布致农商部电文：北京农商部鉴：前批谨悉。顷探得财部又以全国烟酒专卖实权抵于日本，连开秘密谈判，条件严酷，太阿倒持，不顾主权，不惜破产，事关全国农工商生命，誓不承认。乞大部转向财政部力争取消此议，勿将两业一线生机任情断送。全仗大力回天，临电不胜迫切，鹄盼电复。宣布毕，王闿敷起言，得京中消息，自此项秘密抵款泄漏后，内部进行益急，关防益密，其款额为一万万八四，折交款回扣达一六成之巨，由中日两方各经手人均分。其紧要条件则各省烟酒公卖局皆由日人派员监督，种烟制酒者须由日人给照，上海、天津、汉口等大商埠设立烟酒总厂，承售之商须赴总厂领货。如是则我国营业权全操诸日人，与普通抵借不同，我两业将何以堪？此次陈祝三起言，今日西报有即日签字之说，诸公何以处之。旋由洪少楚、林伟卿、邱介帆、乐维高等先后起言，处此厄运，须筹后盾；当经公决，照上届特别会议方法，先由本埠发起并召集各省分会代表到沪另开大会。次邱云程、裘如邦提议政府秘密借款，我全国两业农工商数千万人无处谋生、无法抵抗，只有从良心上主张筹一善法，为后来地步。末由金拜仁报告，前次议决致全国商会联合会函及各埠通告，业已发出。议毕时已五钟，即行散会。

（1918 年 6 月 10 日，第 10 版）

烟酒联合会常会纪事

中国烟酒联合会昨开星期常会。首由主席陈良玉报告，近日迭接南昌、钟祥、铜山、临沂、宿迁、黄岩、仪征等各分会，及新昌、扬州、衢县、杭州、兴化、潮安等各同业公所来函，对于烟酒押款，均已协电力争，并接京师代表来函报告此项借款业已中止。公决：借款虽有停止风说，惟近政府作用往往令人莫测，应函请驻京代表切实注意探访。次俞葆康报告，陕西战事日见蔓延，地方益形门糜烂，西烟来货竟然绝迹。皮丝业代表报告，我业自汀州发生战事后，与西烟业抱同一之悲观。次讨论筹备大会手续。至五时余，始行散会。

（1918 年 7 月 8 日，第 10 版）

烟酒联合会常会纪事

中国烟酒联合会昨开星期常会。首由主席陈良玉宣布此一星期内所接各省关于烟酒借款之函电，如福州总商会、广西宁烟业分会、杭州烟业会馆等，均已一致电京力争，并筹后盾；而奉天、洮南商会所来洮南全体烧行函，则拟归商借，并拟请政府将烟酒公卖税归我各省烟酒联合会办理，以维主权而除苛扰云云。公决：来函所陈意见，实与前次本会陈祝三所提议者见解相同，最为切当。惟兹事体大，须俟开大会时公决之。次邵伯镇酒业代表戴天球到会演述此次留东学生种种之困难，及政府近来种种之借款，闻者莫不感愤。次西烟业代表俞葆康报告，陕西军事日亟，我业西烟一项，数月以来，竟无货可到，所有公卖认税赔累已深，实属难于支持。议毕散会时，已五点半钟矣。

（1918 年 7 月 15 日，第 10 版）

烟酒联合会常会纪事

——讨论大会手续　报告借款内容

中国烟酒联合会昨开星期常会。首由主席陈良玉提议，本会成立已届两年，照章应行改选，业已择定旧历十月初七日开大会，印就通告，陆续分送。惟开会时，一切手续应请诸君共同讨论公决，仍照前届办理。次陈主席报告三次烟酒借款之内容，略谓：烟酒借款，一在民国元年，京津洪水为患，西人曾允治河借款，先与廖世功接洽，由奥人介绍比国资本家之款，计借五百万元，其条件以黄河之北直隶省烟酒税作抵，实则此款并未用于治河。一在民国三年，以整顿北京市政为名，向法国借一万五千万佛郎，合华银五千万元，介绍者为王克敏，以全国烟酒税作抵，条件秘密。此项巨款，即散失于袁政府之耗用，亦未用于市政。一在民国五年，又以治河为名，以烟酒税全部作抵，密向美国借款二千五百万元。当接洽时，谣言烟酒税并未抵出，故美资本家遂交五百万元，法使知之提出抗议，美人即停止付款，陈锦涛急托廖世功疏通无效。照此情形，似烟酒借款一时尚难成立。然时局变幻莫测，难保不秘密进行，应请诸君注意。公决：函致驻京代表详密探访。议毕时已五钟，遂散会。

（1918 年 10 月 14 日，第 10 版）

烟酒联合会常会纪事

中国烟酒联合会昨开星期常会。首由洪少楚报告，接聂允文来函，欲求税则之改良，须先求政局之统一。吾人对于南北调和问题最关切要，国力民命之关系不可不调和，改良税则之问题不可不调和，应通告全国联合一致，以期国事早达和平云云。公决：此事前经本会通告各分会一致进行。次俞葆康起言，此次欧战和平会议关于商业上重要问题，莫如关税平等一事，本会前经加入中华工商保守国际平和研究会，应请各会员将关于此事之意见，迅即开具到会，以便研究。次绍酒业代表报告绍属减酿情形，预计来年绍酒营业更见衰减。次俞葆康报告，陕乱日甚，来货无望，西烟一业，日见恐慌云云。次宣布各处来函。毕时已五钟，遂散会。

（1918 年 12 月 16 日，第 10 版）

烟酒联合会常会纪事

中国烟酒联合会昨开星期常会。首由主席陈良玉起言，本会对于国内和议及万国和平会提议关税平等问题，业经叠次讨论。此两事与我国人民有重大之关系，自应详细讨论，积极进行，与各团体联合一致。次金拜仁起言，国内和平之要点首在南北意见之相融，苟当局处处以国家为前提，并以民生为主义，则此事容易解决；至于关税之平等，实为国际商业最要之关键，即如我烟酒两业，苟华货与洋货一律征税，无畸重畸轻之弊，则负担虽重，而国货不致消灭，华商不致坐困矣。俞葆康起言，关税平等与我商民最为切要，现上海已设有国际税法平等会，本会为两业全体组织应加入该会，以期共同进行。公决：先请主席至该会接洽云云。议毕时已五钟，乃散会。

（1918 年 12 月 23 日，第 10 版）

烟酒联合会常会纪事

中国烟酒联合会昨开星期常会。首由主席陈良玉报告，万国和平大会开议之期日近，实为千载难遇之良好机会，凡为国民，对于国际上所受种种不平等之待遇、足以妨碍世界永久和平者，不可无所表示。业经联合中华国货维持会、工商研究会、商帮协会等十余团体，撰具意见书，经众讨论即用国际和平研究会名义，呈递于梁、伍二君，以供赴欧会议时有所采择。此本会对于万国和平会筹议之情形，也惟凡事必先求其本，苟世界已底和平，而国内尚多纷扰，则欧洲列席时，无论有无窒碍，自问抱惭已多，要之此次万国和平重在公理，而国内和平只重公法，苟双方均能注重公法，必无难决之问题。况富国之源全在工商，国内一日不和，即商业一日不复正，不独我烟酒两业受其损失也。此事大堪研究，应请诸公从长讨论。王阊敷起言，相持不决殊辜我人民之望，设因此旷日持久，牺牲此可贵之光阴，或再起各友国第二次之劝告，使我国人民负重大之耻辱，或欧洲会议时致遭列国之责问，将何以自解乎？俞葆康起言，地点之无关紧要，人尽知之。而地盘权利问题将来竞争不决，更足以妨害国内之和平，如不顾公法仍存私心，即使言和，恐和而不和、平而不平，终非永久和平之计。金拜仁起言，金陵已有国民大会之发起，本会同人应各据所见预备意见书，以便该会成立时，与众讨论。公决：赞同。议毕时已五钟，乃散会。

（1918 年 12 月 30 日，第 10 版）

烟酒联合会常会纪事

中国烟酒联合会昨开星期常会。首由主席陈良玉报告，欧洲和平会议实关万国永久安宁，我中国所希望提议三件，就各处意见书而论，最注意者莫如税法平等。盖在商言，商欲图商业振兴，必先整理关税。本会前已联合各团体递意见书于梁、伍二公，亦首重于此。杨存良起言，我商人求收回此主权者，无非求国内外营业之发达，与各友国交互其利益。此世界有无相通，实为立国之要素，苟税则偏枯，则通商亦受其阻碍。洪少楚提议，美商有在华创设巨大制酒厂之举，此事不独关系我国酒业，且影响及于国税。政府苟不急图改良税则，势必公商交受其困，应请诸公注意，当经公众筹议维持办法。至五时余，始散会。

（1919 年 1 月 6 日，第 10 版）

烟酒联合会常会纪事

中国烟酒联合会昨开星期常会。首由主席陈良玉报告，此次农商部委员汤幼谙暨南洋三宝垄中华商业学校校长石鸣球莅沪，同人在国会维持会特开欢迎会。良玉当时将吾烟酒两业迩年所受痛苦，及税则不良之关系于商业国税者，详细陈说，汤君抱维持商业之热心，有裨于我两业者，必非浅鲜。次报告得京师来函，京中烟酒公卖现又另设专署，任命督办。此间风说，实为抵借外款之预备，特嘱注意云云。俞葆康起言，此即从前钮督办特设专署之故，智钮已身败名裂，避匿无踪。我两业商人，至今犹抱隐痛。如果仍循故辙，只借外款，则我业前途更不堪设想矣。王闿敷起言，此事应致函京师，秘密探访，再筹维持方法。次金拜仁报告，接山东临沂分会函报，该县东庄村新开恒源涌酒店，早经呈报县局开张，近忽被自称公卖局委员朱姓者，率领多人指为私烧，将经理捆去等情。公议：如此情形，实属暗无天日，惟既经分会电陈省长当必有公正办法，俟有续报，再行核议。毕时已五钟，乃散会。

（1919 年 1 月 13 日，第 10 版）

烟酒联合会常会纪事

中国烟酒联合会昨开星期常会。首由主席陈良玉报告，接聂允文来函，备言陕西叠受兵燹，地方糜烂情形，深望南北和局早定，并开具意见到会。次报告接皮丝业林常明来函，请俟和局定后，联合各省同业从改良烟酒税则上积极进行，以冀早苏商困。王闿敷起言，聂君之希望和平，与林君之改良税则，本会同人同具此心，亦经屡次提议，应请评议部将各处所来函件审查采择，预备进行。次俞葆康起言，前次所言烟酒另设专署一事，今已实现，则此后对于外债一层，更当随时注意。次金拜仁起言，现届旧历年关，商场结束之期，应照向例，俟来年第二星期再开常会。公决：赞成。议毕时已五钟，乃散会。

（1919 年 1 月 20 日，第 10 版）

烟酒联合会请阻借款书

中国烟酒联合会昨日致南北和平会议唐、朱两代表请愿书云：

为请愿事。烟酒借款，屡次发生，叠经呼号，至今抱痛。诚以公卖苛税独及华商，外货畅销，国货日滞，同为消耗，而税则不平。操纵乖方，已属政成自杀。设再抵押，则税权入于外人，太阿倒授，任彼把持，华烟、华酒尽归淘汰，全国数十万工商以烟酒为营业者，命脉立断矣！今阅报载北京政府又拟以烟酒岁收抵借巨款，两业惶急万状。查约法规定，凡国家税法及国库有负担之契约，须经国会议决，方可施行。曩年公卖牌照等税以命令行之，既未交国会议决，现时借款重提，亦未得国会同意，当然不能认为有效。况连年两业困于苛税，叠经各省各举代表到京请愿，于民国六年，经国会议决废除，今延不履行，反以抵押增人民非法负担，绝全国两业生计，事之不平，莫甚于此！现在和平已在开议，世界共享大同，而我业独连困厄，同属人民定蒙矜恤。贵代表为南北人民总代表和平公正，民生仰赖。除径电大总统、总理恳予取消期议外，理合向贵会议提起请愿，伏冀俯念法治、民命，转电政府取消斯议，迫切陈词，无任屏营，待命之至。谨呈。

（1919 年 2 月 26 日，第 10 版）

烟酒联合会之紧急会议

——会议挽救和议之办法

中国烟酒联合会昨因南北和议行将决裂，商业停滞，恐慌万状，特于午后二时开紧急会议。首由主席陈良玉报告，现在南北和议，因陕西问题停顿已十余天，消息日恶。北代表竟有决意辞职之表示。苟一朝决裂，从此兵连祸结，不独国内统一无期，且欧洲和席上之发言权，亦大受打击，税法平等亦从此无望。我两业同人皆为国民一份子，急宜竭尽心力以求和平。金拜仁起言，今大总统与长江三督军渴望和平，诚意与我人民一致，为天下所共知，不图日言停战，而陕祸不息，设和局因而破裂，谁司其咎？我国民争起图之。俞葆康言，呼吁无效，应由国民公判之公决先行，函致商业公团联合会，速开紧急会议共同解决。次洪少楚报告，近接京信，烟酒借款正在进行，草合同已成，宜筹对付方法。公决：前已公电政府，力阻当不致遽尔发生，以绝我两业生命。应先函询驻京代表，速探内容，再定办法。次何葆康报告，现在陕战未停，来货日缺。公卖认费，正虑难支，而局中政令纷颁，章则繁琐，我侪商人脑筋为之惛暗，正有不知所措之势。次议及有人运动取消钮前督办通缉命令之举，佥谓钮氏犯罪事实昭著，其私挪公款一案，尤为天下人所注意，如竟特赦，则法纪无存。议毕时已五钟，乃散会。

兹将该会致商业公团联合会函录下：

谨启者：陕祸未已，闽战又生，和议停开，情势日恶，沿江、沿海已呈停滞之象。敝会两业同人恐慌万状，深虑一朝决裂，国内统一无期，则欧洲和席尚有发言之地乎？国将不国，何有于商！趁此和议未尽破裂，成城众志，尚可回天！一发千钧，时不可失。务希贵会紧急动议，立召各团体速议挽救之方法，毋待失晨，而鸣致悔，噬脐莫及！

（1919 年 3 月 17 日，第 10 版）

烟酒联合会常会纪事

中国烟酒联合会昨开星期常会，讨论南北和议停顿事。先由陈良玉报告，略谓：此事日前各业代表在商业公团联合会一致要求，双方限日续开和议，并议决第一步、第二步两种办法。现已先接到朱总代表、王巡阅使复函表示同情，可知政界心理与民相同。公决：和议设再迁移，则商业不堪设想，惟有实行第二步以求自保。次提议烟酒借款事。俞葆康报告，各报宣传京师有人竭力运动且有互相抵排，以冀独揽此一种卖国之利益，正是可叹。次王閤敷、乐维高、邱思先、裘景芸等均起言，我各业抵死不认此项借款。公决：再催京师代表速探真相。次提议晓州业外人争办分栈，希图网罗利事。公决：分栈苟为业外人承办，殊背定章，且于商情必多扞格。次议及取消钮督通缉令事。金拜仁起言，察阅原电，有国步方艰、人才难得等语，殊不知此项人才正患其多，不患其少，国家教贪教廉，在此一举。次提议万泰隆事。公决：此系本店货物存储之所，并无营业行为，且非另立牌号，何得另捐牌照？应先由该号自行据理答复。议毕时已五钟，乃散会。

（1919 年 3 月 24 日，第 10 版）

烟酒联合会常会纪事

中国烟酒联合会昨开星期常会。首由主席陈良玉报告，本会对于烟酒改良税则一案，业经分据国会通过之原案，提出请愿书于和议两代表，请求列议咨达政府，颁布施行。对于烟酒借款问题，亦请政府阻止。次报告临沂分会来函，内称：该县公卖病商一案，现已在总局将朱局员撤差。次报告土酒业敦厚堂来函，内开：现在承包牌照税之陈商额外苛求，勒令重捐牌照。洪少楚起言，此事业经土酒公所邀集同业，对于作场另捐牌照一案，全体不认，应由本会函请公卖局长，向该包商诘问，以免扰累客烟业。宓启峰报告，近来该包商亦屡到敝业作场，嘱令重捐执照应请一并列入。全体赞成通过。次陈祝三提出意见书，条陈陕西清乡办法。公决：由会转送商业公团列议。次报告公卖局又有令商加增认数之举，查各业认税原案，一年之内不得增减，今中途加认，不独违反原案，且现在市面凋敝，实属万难担任。查八年份讼案于去年十二月核定，各分栈均有批准公文，为时已及四月份，至今忽有京署驳斥之语，公家信用何在？殊属令人莫测云云。议毕散会。

（1919 年 4 月 21 日，第 10 版）

烟酒业呼吁和会

庸

烟酒为奢侈品，其课税当视寻常日用品及有益品为重，律以财政学之法则，固属无可非难。无如我国以关税之协定，对于舶来物品，税权不能自操，即以烟酒两项言之，外货与国货税率之差，至一与三之比例而不止（现制外货只税百分之七·五，国货则税至百分之二十五）。为渊驱鱼，致外货盛侵，成为烟酒入口之第一等国，而本国烟酒两业逐日即于衰敝，自杀政策，殆莫此为甚。自经济学上观之，非恢复税权以后，烟酒重税之制，决不可行于中国，即无烟酒业之呼吁，政府亦亟当猛省者也。

烟酒联合会自成立以来，对于公卖制之弊害，陈诉已至再至三，呼吁于政府无效，而始请愿于国会，请愿于国会而仍无效，而今又请愿于和会，其傀焉不可终日之情，夫亦可以想见。特政府今方垂涎于税入六千万元之预想（见五日本报所载张寿龄谈话），而烟酒借款，又正在秘密酝酿之中，即使和平会议一如前国会之接收请愿，议决照达，亦岂能必政府激发良知，取消其重困华商、将进外货之公卖制度？呜呼！今之商人处于重税之下，无可告语，奄奄待尽，又岂独烟酒两业为然哉？

（1919 年 4 月 22 日，第 11 版）

烟酒联合会常会纪事

中国烟酒联合会昨开星期常会。首由主席陈良玉报告，本会前因烟酒公卖又有抵借外款以为军备之举，曾两次电请政府暨农商部阻止。今接农商部复文，业已先后据情函致全国烟酒事务署查询，兹准复称烟酒借款一事，现在并未议及，函请查照，当将原文宣布。次报告接兰溪烟商樊葆恒等来函，内开：公卖支栈，将奉令取消，归分局办理。查公卖章程，未经国会通过，本无存在之理由，既官厅命令可以随时变更，则我商民对于此项非法苛税正可趁此时期力争废止。乐维皋［高］提议，现在公卖朝令暮改，认数已经定案，中途忽令加增，分栈期限未满，忽又希图取消，有另改稽征分所之说，为消纳私人地步，名为整顿国库，实则多一官办机关，即多一层驳削，即公款又多一层中饱。我同业万难承认，急应通告各团体一致坚持，设再命令纷颁一意，在我全国烟酒两业生计上，任情搜括，则我商人逼而出此，不得不作最后之对付。公决：赞成。至五时后散会。

（1919 年 5 月 5 日，第 10 版）

烟酒联合会常会纪事

中国烟酒联合会昨开星期常会。首由主席陈良玉报告鄱阳分栈改归商办，致激成停种停业一事，前经该处商会、农会、劝学所、财产处、苗圃行政会议等各公团来电，请电京省维持此事。前经公决准予拍电，业已分用快邮代电致江西烟酒公卖局、北京烟酒事务署，并复鄱阳各公团云云。次俞葆康提议，南洋兄弟烟草公司简照南既已脱离日籍，而我国农商部又从而撤消其注册，则简君成为无国之国民。该公司为我烟酒中之一部分，简君对于地方公益夙具热心，本会职责所在，不能不主持公道，应电部力争。洪少楚、金拜仁将此事先后情形详加讨论，旋由主席提付表决，众皆举手通过。次报告接安徽泗县双沟镇商会分事务所朱福堂等来函，拟在该处组织分会，索取简章。公决：照发，并交文牍部具函答复。议毕时已五钟，乃散会（附快邮代电稿）。

（一）北京烟酒事务署督办、江西省公卖局长钧鉴：接江西鄱阳商会、农会、苗圃会议、财产处、教育会、劝学所暨产地四百余村公电，内开：烟酒公卖分栈向章招商办理，今江西省公卖局藉口绅商争执，派委到鄱收归官办。现产地四百余村已一致停种、停卖烟酒，各商已一致歇业，请电京省，一致力争，非达到商办目的不止等因到会。据此，查公卖税重，两业已不胜其苦，而分栈归商承办，可免意外种种困难，藉口稍延残喘，已奉行有年。今骤改官办实不便商，停种停业，原非得已，务乞迅电江西省公卖局长将鄱阳分栈仍归商办，以安人心，而维市面，不胜迫切待命之至。

中国烟酒联合会叩。支。

（二）鄱阳县商会、转农会、苗圃会议、教育会、劝学所、财产处暨产地四百余村钧鉴：丹电敬悉。分栈骤归官办，益增两业痛苦，自难承认。敝会已分电北京烟酒事务署，并省公卖局长请求取消官办，仍归商办。谨复。

中国烟酒联合会叩。支。

（1919 年 8 月 11 日，第 10 版）

烟酒联合会常会纪事

中国烟酒联合会昨开星期常会。首由主席陈良玉报告，接北京全国烟酒事务署复电，略称：赣省鄱阳支栈由局派员自收实为息争起见，昨据鄱阳商会等电陈到署业经批示在案，望贵会研究事实，是所企望等因到会。报告毕，当经公决：转电鄱阳商会、农会等各团体查照。次报告商邱烟酒联合分会函称，该分会业已成立，两业七十余家，会员三百有奇，公举陈陆楠、郭景春为理事，详册另寄云云。公决：容俟接到详册，再行审查，列册函复。次金印侯报告，江苏二区公卖分局屡图推翻八年度认额，两业同人颇深惶恐。当此时局，商业凋零，势难承认。况朝令暮改，此后更何所适从？此事于两业关系甚巨，应请公议办法。公决：应先由各支栈援案陈复。议毕时逾五钟，遂散会。

（1919 年 8 月 18 日，第 11 版）

烟酒联合会常会纪事

中国烟酒联合会昨开星期常会。首由主席陈良玉报告，接江西烟酒公卖局快邮代电，略称：此次鄱阳分栈实因绅商纷争，相持不下，调停无效。为息争起见，不得已派员接办，其余各栈姑仍其旧，以顺商情。恐贵会未知详情，合肃邮布达，希公察云。公决：此案前接烟酒事务署复电后，业已转复江西商会、农会等，各团体应将此项代电一并转达。次金拜仁报告，安徽泗县商会分事务所函索会章组织分会，业已复函照寄。次俞葆康提议，奥约中关于我国问题，我人民亦应注意。公决：应设法探听原约条文，再行研究。次王闾敷提议，现当提倡国货之际，我烟酒两业当将货物益加研究，以应社会热心者之需求云。五时余议毕，摇铃散会。

（1919 年 8 月 25 日，第 11 版）

烟酒联合会常会纪事

中国烟酒联合会昨开星期常会。首由主席陈良玉报告，接江西省议会议员姜伯新、戴翰藻自京来函，此次为鄱阳公卖分栈收归官办事由，各公团委托到京，向京署详陈事实，并历叙此事始末，请维持等情。公决：此案前经京署及江西省公卖局电复到会，业已照转。现既由各公团委托姜君到京，向京署直接，且候有无切实解决办法，再行公议。次洪少楚提议，酱酒各店伙要求增加薪水事。公决：酱酒业素抱俭朴主义，凡业此者，均以节衣缩食为宗旨，实足以养成社会节俭习惯，堪为商业上之模范。惟现在生活程度日高，在店东一方面，自应量予体恤，酌量加增，然米珠薪桂，不独店伙受其困难，亦应体谅店主，双方退让，俾可早日解决。众皆称善。议毕时已五钟，乃散会。

（1919 年 9 月 1 日，第 10 版）

烟酒联合会常会纪事

中国烟酒联合会昨开星期常会。首由主席陈良玉报告，自江西南新鄱阳两分栈收归官办，渐起风潮。曾由该省公卖局长电复本会，有此外决不变更之语。乃景德烟酒业公所及苏州汪鲁门君等来函报告，景德、玉山等处商办分栈，亦有改归官办之举，群情愤激异常，请速维持等情到会，应如何办理之处，请众公决。张少孚君提议，公卖苛税，病商全国，两业莫不痛心，幸赖商办分栈，可免需索留难之苦。今苛税之改良无望，而政界更得步进步，改商办为官办，置两业痛苦于不顾。此事关系全国两业存亡，非合筹挽救方法不可。当经金印侯等发表意见，各有建议。旋经公决，俟征集各方同意，以期一致进行。次金拜仁提议和局问题。公决：提交商业公团联合会，征集各团意见，以表示我商人真正之公意。议毕时已五钟，乃散会。

（1919 年 9 月 22 日，第 11 版）

烟酒联合会常会纪事

中国烟酒联合会昨开星期常会。首由主席陈良玉起言，近来社会对于国货一事，渐呈冷静之象，我两业同人夙抱爱国热忱，凡日用饮食衣服以及器皿等物须随时注意，纯用我国固有之货，□烟酒两项，亦须趁此时机勉力改良，以图推广，而挽利权。俞葆康提议，洋酒、洋烟多销一分，即华酒、华烟减销一分，凡我两业中人遇有宴会，须一律纯用国产。众皆赞成通过。次金印侯提议，欲图国货畅销，必先驱除障碍，非从改良税则着手，则两业无发达之望，一俟世局宁定，急宜继续前案，请求改良。次提议烟酒两公所添建殡舍事。公决：吾烟业中不论何帮，均宜竭力担任筹款，以期早成善举，众皆承认捐助。次金拜仁提议，现在中秋节近，商界账务纷烦，应将下星期常会暂停一次。众赞成。议至此时已五钟，乃散会。

（1919 年 9 月 29 日，第 10 版）

烟酒联合会常会纪

中国烟酒联合会昨开星期常会。首由主席陈良玉报告，叠据两业同人来会声称：受重税之困难及时局之影响，营业益见衰落，应行如何挽救之处，请众讨论。公决：税则不改，则商业不兴；时局不宁，则政多沉搁。为今之计，应先促成和议。俞葆康起言，现在百货厘金，已奉部令着手整理，改办统税，裁卡节费，则公款自增。我烟酒两业事同一律，应继续从前，请愿成案，邀集各省一致进行。若必待和议告成，方求改良税则，俟河之清，人寿几何。次讨论报载分栈增额认税一案，佥称同业将来不无共受累害，向章认税一事，须出同业公意，分栈经理，须凭公举，不应以一二人之私意，勾结争持，使公卖前途关系甚大云云。议毕时已五钟，乃散会。

（1919 年 10 月 13 日，第 10 版）

烟酒联合会致各省分会函

——请一律电争烟酒借款

中国烟酒联合会昨为反对烟酒借款致各省埠烟酒分会函云：谨启者：得京函悉，徐恩元在美重提烟酒借款，抵借美金二千五百万元，仿盐务办法，由美派员监督征收，并称草约业已签字，本会得此警耗，特开紧急会议。除电致北政府誓不承认，并劝告美政府停止付款外，另又联合上海商业公团联合会、全国各界联合会、全国学生联合会、上海商会、教育会、学生会等各大团体协电争阻此事，实为我两业存亡所繫务，乞尊处一律电争，誓不承认，以伸公意。

（1919 年 11 月 12 日，第 10 版）

烟酒联合会再电拒绝借款

中国烟酒联合会昨致北京政府电云：

北京大总统，国务院外交部、财政部、农商部钧鉴：探悉，烟酒借款已在美签订草约。徐使偕某外人即日到京订立正约，条件严酷，税权授于外人，利源尽被攘夺，势必全国两业生计，从此无形消灭，不知置我数千万生命于何地，商民等生死关键，誓不承认。况南北和议未成，更不应单独借款，致多纠纷。务乞钧座熟权轻重，保商利国，毅力坚持取消草约，毋为人愚，牺牲国本。谨再电求，惟希省察。

中国烟酒联合会全体同人公叩。

（1919 年 11 月 19 日，第 10 版）

烟酒业主张易外债为内债

中国烟酒联合会昨日星期开临时会议。首由主席陈良玉报告，近见报载烟酒借款业已成立，烟酒署拟以美人庆兰为会办、徐恩元为督办等语，而军政府来电则称仍当竭力抗争，且闻众议院已提出质问。本会各分会中如湖南、江西、汉口等均纷纷函电到会，一致力争，誓不承认现在情形，日亟自应速筹对付方法，请众公决。当经沛县两业代表马惺甫起言，敝县两业对于此事万分惶急，特公推弟为代表，到会接洽，务祈速定方针，俾便一致进行。旋由主席报告湖南南华胡维祺来函，有易借外债，而为抵募内债之计。俞葆康起言，此事前日本会亦曾议决，经主席略拟公债大纲数条，盖与其借外债而失税权，不如借内债而改税法。况镑价日贱，日后还款时损失更重，政府若果乘此时机，即于国内发行烟酒公债票，定额二千万元，七成交款，六厘起息，分期十足，筹还准为抵交烟酒税费之用，所有全国烟酒税则改为统一归商自办，将各项征收机关酌量裁撤，以节开支。如此办理，则利国便民，莫善于此。正与胡维祺意见相同，应就此点详加讨论。金印侯起言，为今之计，宜一面速电政府阻止外债，一面将此项议案抄送全国两业征求同意，以便着手进行，分别集款。众皆赞成。次沈子卿提议，本会会员邱介帆平时热心公益，此次灵榇由津到申，同人等拟于本月十九午日后两时，在本会开会追悼。众皆赞成通过。议毕散会。

（1919 年 12 月 8 日，第 10 版）

烟酒业再电请取消烟酒借约

中国烟酒联合会致北京政府电云：

北京大总统，国务院财政部、农商部钧鉴：巧电谅达钧座，未蒙明示，日夜彷徨。各省烟酒两业纷纷函电到会，群以烟酒借款病国害商，要求转恳取消，湘、浙、闽、皖、豫、陕等省情尤迫切。今阅报载，更有烟酒署以外人为会办之说，从此税权旁落，税法改良更受束缚，华烟华酒永坠于重税偏苛之境，必致外货日盛、国货日减，公商交困，演成自杀政策。况目前镑价正贱，加以回扣，实得之数不及七成，止渴饮鸩，流毒何极。务乞垂念两业生机，顾全国家大计，取消借约，以挽危机。倘南北和议早日告成，国用不足，经合法议会通过，不妨举办国内烟酒公债，商民苟得早享和平幸福，实行税则统一，人民负担合于法规，则精力虽疲，无不竭诚输将也。迫切陈词，伏希垂察。

中国烟酒联合会全体同人叩。庚。

（1919 年 12 月 9 日，第 10 版）

烟酒联合会反对美借款文电

中国烟酒联合会十二日致北京政府电云：

北京大总统，国务院财政部、农商部钧鉴：烟酒借款一事迭电呼吁，泪竭声嘶，未蒙亮察。顷报载此项借款现已成立，不啻将国家主权、人民生计断送外人。况近日美金低落，借入实用不及三分之一，将来偿还须逾三倍，膏竭髓尽，破产堪虞，财政将受人监督。埃及前车，可为殷鉴。国民万难承认，务乞顾存国本，俯顺舆情，迅将该约取消，不胜迫切待命之至。

中国烟酒联合会叩文。

致新参、众两院电云：

北京参、众议院诸公钧鉴：前阅报载钧院质问烟酒借款事，仰见诸公体察舆情，维持国本，同深感佩。顷各报宣传烟酒借款现已成立，全国震恐。查此项借款不啻将国家主权、人民生计断送外人，祸患之来罔知，所届我国民万难承认。且借款关系国库之担负，未经依法提交国会通过，当然不能发生效力。应请钧院代表民意严重力争，宣告中外誓不承认，以保国权而维民命，不胜迫切待命之至。

中国全国烟酒联合会叩。文。

又致广东电云：

军政府总裁，参、众两院诸公钧鉴：奉政务会议冬电，以烟酒借款一事已严电抗议等因，仰见维持国本，俯念商艰，同深感佩。顷阅报载此项借款现已成立，全国震恐。查此项借款，不啻将国家主权、人民生计断送外人，祸患之来罔知，所届我国民万难承认。美国素持人道主义，当不忍置吾民于涂炭。务乞迅电美政府声明南北未经统一，未经正式国会通过，此项借款，万难承认，请即取消。并乞再电，力争以保国权而维民命。

中国全国烟酒联合会文。

（1919 年 12 月 14 日，第 10 版）

烟酒联合会临时会纪事

中国烟酒联合会前日反对烟酒借款，一再开会通电力争，政府均置之不理。昨特开临时会议，集议挽救方法。首由主席陈良玉报告，现在烟酒借款已成事实，各方消息日亟，全国两业恐慌日甚，函电纷驰，愤激万状。除再通电力争外，不识尚有何种挽救方法。事关全局，应请诸公详加讨论。俞葆康起言，此后财权、税权两业商权，全操于外人之手，不独为外人烟公司增其势力，且从此设厂制酒夺尽我两业之生机，决非一纸电文所能奏效。沈子卿言，借款合同内载，还款之期二年，而外人为会办期限则云至少三年，可知美国全注重于权限一层，不知当局何竟漠视至此！我两业为国家计、为生机计，如再电争无效，惟有提出抗议。孙瑞麟言，新国会议员吴道觉已向政府提出质问，南政府又叠电反对借款，应再电请军政府及南北两议会竭力争持，为商请命。金印侯言，应再通告各省、各分会，一致力争，同筹对付方法。众皆赞成。议毕时已六钟，乃散会。

（1919 年 12 月 15 日，第 10 版）

烟酒联合会常会纪事

中国烟酒联合会昨开星期常会，讨论烟酒借款事。首由主席陈良玉报告，烟酒借款业已成立，惟已否交款若干，尚未证实，业已函致京师详细探询。而各省分会近日来函，愤激尤甚，反对尤力。处此危急存亡之日，凡我同人以烟酒为业者，势不得不与各省两业表示同情。迭经通电南北政府、新旧国会及各省高级机关，呼吁争阻，目前应自筹相当办法。俞葆康言，此次合同内容，虽未完全披露，而即就大纲数条而论，不独置我全国两业于死地，抑且置国家主权、财政于不问。政府一味秘密孤行，演成经济亡国，受其害者，岂止我烟酒两业？无论合同是否成立，誓不承认。乐维高、裘景芸、孙瑞麟等均痛恨徐恩元订此亡国条约，竟允外人充当会办，烟酒两业实死于徐恩元一人之手。次由金印侯、沈子卿提议，我人民到此地步，不得不有一种坚决切实易行之表示，并通告全国各业，一致进行。众皆赞成。次江西烟酒业代表戴荣寒报告该处支栈改归官办，商情不协情形，现两业为保持以后生计起见，正在筹备设立分会。公决：江西省城业已设有分会，自应联合一气，以利进行。议毕时已五钟，散会。

（1919 年 12 月 22 日，第 10 版）

烟酒联合会紧急会议纪

中国烟酒联合会昨日开临时紧急会议，到者如皮丝业、卷烟业、西烟业、旱烟业、绍酒业、土黄酒业共五十余人。首由主席陈良玉报告，烟酒借款已成事实，其条件仿盐税抵押办法，用洋员为稽核。各省来函愤激异常，急筹对付方法，本埠各团体一致反对。日前承工商研究会集议，佥谓此项借款问题非独为全国烟酒业生死问题，实为国家主权、财政命脉问题。鄙人躬与斯会，详述情形。全场动容，并互相讨论，均赞成本会易外债而为内债办法，请政府停止借款。今日午后国货维持会开会，经良玉演讲，烟酒借款之条件，损失主权不少，将来两业生计尽绝，不知置我农、工、商生命于何地！并讨论烟酒国内公债票办法，只要政府用途正当，并昭信用，此后烟酒两项，无论何团，永不再抵。俾两业商人各具天良，无不承认，当经公决初六日联合各团体开大会议决办法，本会两业代表应如何筹备一切，请诸公讨论云云。当由金印侯、宓启瑞、俞葆康、沈子卿相继发言，此次烟酒借款损失税权，两业生计无形消灭，既承各团体热忱，或有一线生机，倘可达到目的，两业自当勉力担任。末由金拜仁起言，近闻徐恩元在沪日前美国顺昌洋行大班请客，在座者孙中山、唐少川两先生，并有美国资本家数位，徐亦列席。据唐少川先生言，中美素来亲善，此次烟酒借款不应借与北庭，徒多浪用，如能借与商民提倡实业，实为感激。徐闻之惭愧无地云云。旋接江苏烟酒维持会来函赞成烟酒公债为救济办法，并附续电中央力争。原电如下：北京大总统暨国务院，参、众两院，财政部、外交部、农商部，烟酒事务署：迭阅报载，烟酒借款仿照盐务办法将成事实等语，全国震骇，罔知所措。慨念欧洲、埃及等国，皆以外债灭亡，可为殷鉴。查此项借款为徐恩元一人主动，志在攫取回佣，置国权商命于不顾，全国烟酒预算岁入二千七百万元，何苦借此二千五百万元加以佣金？汇费回扣，重重折蚀，饮鸩止渴，是何心肝！如果实行付政柄利权于外人，覆巢安有完卵？事机危迫，吁恳迅赐取消，免贻噬脐！临电迫切。江苏省烟酒维持会理事倪家凤、王绍基、吴国祥、金钟等叩养云云。议毕时已六钟，乃散会。

（1919 年 12 月 24 日，第 10 版）

反对烟酒借款之电文

烟酒联合会电

（其一　致北京电）

北京大总统，国务院财政部，全国烟酒事务署，参、众议院钧鉴：报载烟酒借款用外人，任稽查所断送国家税权、绝我商民命脉，此端一开，将来国家内政，何一不可授权外人？祸患之来，有不忍言者，我国民誓不承认，纵不为全国烟酒二业数千万生民计，亦不为国家主权计耶？我大总统与执政诸公，平时维持国本，体恤商艰，断不任一二佥壬行其卖国殃民之举。如曰财政困乏，无米难炊，与其借外债而丧失主权，不若借内债而改良税法。政府如昭大信于民，尽可会集官商，妥筹国内烟酒公债办法，何必假权外人为自杀政策？乞迅将烟酒借款佥壬及用外人任稽核所之议取消，以定人心而安大局。

全国烟酒联合会叩。东。

（其二　致广东电）

广州军政府总裁，参、众两院诸公钧鉴：烟酒借款，群情愤激，屡电北廷，置之不理。近闻竟用外人任稽核所，断送国家税权，绝我商人命脉。此端一开，将来国家内政，何一不可授权外人？祸患之来，有不忍言者在，我国民誓不承认。诸公爱国，当必爱此国权；诸公护法，请先护此税法。乞一面电美政府迅将烟酒借款及用外人任稽核所之议取消，一面再电美政府及美国会声明我国民誓不承认，以挽危亡而维大局。

全国烟酒联合会叩。

国货维持会电

中华国货维持会近上南京军民两长电，略谓：敝会迭接烟酒业纷纷函陈烟酒借款已成事实，两业工商群起恐慌，务求转请政府速即取消免增民困等语。伏查国人所需烟酒，向用国货，自洋烟洋酒盛行后，大遭打击，加以公卖实行，尤成弩末。今更授权外人，不啻将吾国烟酒两业聚而歼之。倒行逆施，莫此为甚！兹事重大，关系国权民脉至巨，务求迅赐维持，速即取消借款，以维工商而安人心，不胜急切待命之至云。

（1920 年 1 月 3 日，第 11 版）

烟酒联合会所接反对借款函

中国烟酒联合会昨接安徽合肥烟酒分会来函，略谓：前奉惠书得悉烟酒借款抵借美金，仿盐务署办法，由外人监督征收等语。蒙贵会苦心毅力，联合各会及各大团体迭电力争，敝会两业同人无任钦感。现敝会召集两业全体共同集议会，谓烟酒两业自创立公卖以来，早成强弩之末，推原其故，盖因公卖分栈只能苛待华商，任意需索，洋商概不敢过问，以致外货日盛，土货日绌，愈趋愈下，大有一落千丈，几至不可收拾。今政府一意孤行，作此饮鸩止渴之计，断送两业生机于不顾。同人等与其受苛政歇业于后，不如牺牲于前，誓死力争，庶可补救于万一。除径电极峰，誓不承认外，相应函复贵会，务祈竭力进行。敝会同人宁愿歇业为贵会后援，至贵会发行国内烟酒公价，统一税款，归商自办，敝会同人极端赞成，祈速分函全国征求同意，以便进行。

该会昨又接镇扬皮丝公会联合会来函，内附呈北京政府原电，照录电文如下：

北京大总统，国务院外交部、财政部、农商部钧鉴：盐烟酒借款损失国权、贻害民生，恳俯顺舆情，取消条约，易外债为内债，于国计民生两有裨益。

镇江扬州皮丝公会联合会：卢义声、赖籍、卢宝辉、张鹤汀、张民权暨全体公叩。卅一。

（1920 年 1 月 4 日，第 10 版）

讨论烟酒借款之烟酒业常会

中国烟酒联合会昨开星期常会。首由主席陈良玉报告，前本会为烟酒借款事，曾致电南军政府，顷得感日军政府复电，业已致电北廷阻止，俟得复电再行转告（原电录后）。当由俞葆康起言，南方政府颇以民意为重，想北政府决不置我商民于不顾。次报告镇扬皮丝公会来函，声明赞成举办烟酒五条办法，并一面已电北京否认外债。次报告接美资本家来函，声明此项借款专为补助中国起见，并无政治臭味，且声明与英美烟公司毫无关系，实无希图专利之事。报告毕，洪小楚起言，我商民所虑者：（一）烟酒税改良之希望恐受束缚；（二）税权之损失；（三）镑价之亏耗。而最注意者，则南北尚未统一，恐补助一方面之财政于和议，前途更多妨碍。苟此数层均能解决，而以巨款助我商业，则美资本家方为我之良友。且美国禁烟禁酒，而在我国则以烟酒税抵押，亦殊矛盾。沈子卿起言，此事不独两业应注意，全国人民均应注意，现工商研究会、国货维持会等各团体已起而协争，而北政府竟无一字答复，殊为失望。嗣经钱文达等讨论办法至五时，始摇铃散会。

（附录　广东军政府复电）上海中国烟酒联合会鉴文代电，悉烟酒借款经电北廷阻止，迄未得复。本月巧日，复去一电文曰：万急！北京靳翼青先生鉴闻：尊处近向美国订借美金三千万元，以全国烟酒税作抵。查金价暴跌，近年所无，借平还贵，岂为得计？况民穷财尽，外债累累，举鼎绝胫，难胜担负。值此人心惶惑，莫测用度，春煊等为国为民，难安缄默，务望迅予取消，以苏民困而固国本，并盼见复等语。特闻俟得复电，再复转告。军政府。感印。

（1920 年 1 月 5 日，第 10 版）

烟酒业又电请取消烟酒借款

中国烟酒联合会昨日又致北京政府电云：

北京大总统、国务院财政部、全国烟酒事务署、参众议院钧鉴：报载用美人卫家立为烟酒会办组稽核所。概自外国烟酒，日见充斥，中国烟酒已极凋敝，今复授外人烟酒税权，制吾国烟酒死命，税权一失，国权亦将随之。言念埃及，不寒而栗，群情愤激，誓死不能承认，迭□［电］呼吁，泪尽血继，未蒙垂察。政府虽不念我商民，我商民不□不爱我国家，前因仰体政府财政困难，屡请易外债为内债，亦置若不闻。当时论者已谓内债不如外债之有回扣，早料斯议之难见纳，而商民爱国之诚，殊难自已。我大总统与执政暨议员诸公，爱国卫民，乞速将烟酒借款及用外人会办取消，以安人心，一面并请查照前电，会集官商妥筹国内烟酒公债办法，以维国本而挽危亡。

全国烟酒联合会叩。鱼。

（1920 年 1 月 7 日，第 10 版）

烟酒业讨论烟酒内债办法

中国烟酒联合会昨开星期常会。首由主席陈良玉报告，本会对于烟酒借款事业，经一再致电政府请求顺从民意。本月六日，又经致电北京政府，请求将借款及用外人会办之事，即见取消，以安人心，并请查照前电，会集官商，妥筹国内烟酒公债着手办法。现政府方面虽无明白之答复，而本会应速定公债进行之方法。洪小楚起言，前定大纲五条，已得湘、皖、浙、苏等两业之同意，现一方面要求美资本家停止付款，一方面即将大纲五条印送全国两业，以期一致举行，众皆赞成。沈子卿起言，政府用外人为会办实是大误，岂我全国中竟无此项人才，而必借用楚材乎？以此而论，吾国办事非用外人不可？则无论何项大小各机关，其将尽用外人乎？俞葆康言，为今之计，非达到取消借约不可，借约取消，则会办当然废止。至于国内公债，苟政府有改良烟酒税之决心，则全国之大，不难克期而集。次孙瑞麟、赵宝麒等，讨论征集国内烟酒公债方法。至五时余散会。

（1920 年 1 月 12 日，第 10 版）

烟酒联合会常会纪事

中国烟酒联合会昨开星期常会。首由主席陈良玉报告，本会前为烟酒借款事所拟致函美商会、美国领事、美国同乡会声明理由，希望顾全两国人民素来之睦谊。现在此函件业已发出，而一月十四号等日报载美政府表示中国未统一前不便借款，因此太平洋公司迄未交款等语。金印侯起言，我深望美政府始终抱此决心，以促我国内之和议，以舒［纾］我两业之困苦，则我全国人民对于美国政府及其人民，更多一层亲善之感念。洪小楚起言，我两业对于本国政府原无党派之意见，苟政府体谅我商人，则我商民亦断无漠视政府之意。南北速谋统一，税则速谋改良，则数千万公债，不难一举而成。次由金拜仁将各处所来赞成烟酒国内公债书函逐一宣读。俞葆康建议，由本会将前拟公债办法五条，刷印分送各省各埠征求同意。众皆赞成。次提议玉山县三和帮来函擅增公卖一案。公决：交文牍部摘叙函致江西省公卖局持平办理。议毕，已时逾五钟，乃摇铃散会。

（1920 年 1 月 19 日，第 11 版）

关于烟酒借款之军政府复电

中国烟酒联合会昨接广东军政府来电云（衔略）：北庭以烟酒税抵借美款一事，前经电复查照，嗣按巧日邮电，因已再电北方，尚未复到，裁答较迟。兹据靳云鹏电称：烟酒税抵借美款，系继续民国五年芝加高银行旧约办理。至于借款用途，完全维持目前治安现状。中央本无的款，全在各省接济，现在来源断绝，支销浩繁，倘不筹借款，则崩解之祸，即在眉睫。诸公关怀大局，度能察及两害取轻之旨，加以曲谅也等语。似此滥借外债，民何以堪？除另电美使诘问外，特复。

军政府。寒印。

（1920 年 1 月 23 日，第 10 版）

广州军府再复烟酒联合会电

——为烟酒借款事

中国烟酒联合会因反对烟酒借款，迭电北京政府请求取消，并电广州军政府，请转电北政府迅行取消，另筹国内烟酒公债抵补。曾经军政府电询北京政府后电复该会，详情均纪前报。昨日，该会又接到广州军政府来电云：（衔略）东代电悉烟酒税抵借美款一事，前据北庭十二月有日电复，谓系继续民国五年芝加高银行旧约办理，藉词搪塞，不允取消。军府复于文日严电诘阻矣。特闻。

军政府。箇印。

（1920 年 1 月 29 日，第 10 版）

烟酒联合会常会纪事

中国烟酒联合会昨日开星期常会。先由主席陈良玉报告，近接湖南胡春圃来函，为烟酒国内债一事，拟有数种办法，不日即当来申面商云云。今日胡已到会，适鄙人因事他出，未及会晤，想胡既为此要事来会，自应前往与彼接洽。又得京师来函，谓借款已停止交付，惟银团一方，徇政府裁兵急用，有改借一千五百万之说，以五百万划还烟酒借款，另以盐余作抵云云。照此情形，烟酒抵借一事当可取消，但政府度支奇绌，总以借款度日。在我人民，以为与其借外债，不如借内债。我烟酒两业对于烟酒国内公债，既赞成者多数，急宜积极进行公决，速将通告遍送全国，道远者以电代函，庶可迅速。俞葆康言，国家多一种借款，即人民多一层负担，宜赶筹内债，一面要求政府取消借款，不得再以外人为会办，方为根本解决，且免意外风潮。次报告接宿县商会附来该县烟业同人公函，索寄章程，组织分会。公决：交评议部审查答复。次金拜仁报告，现届阴历年关，似应暂时休会。公决：俟明年第二星期再行开会，如遇特别要事，得临时召集。议毕，时逾五钟，散会。

（1920 年 2 月 9 日，第 10 版）

烟酒联合会常会纪事

中国烟酒联合会昨开今届第一次常会。先由主席陈良玉报告，本会同人对于国内烟酒借款一事，前经议决刷印敬告书分送全国，现分出者已有数万份。惟接津信，徐恩元与李士伟近为烟酒借款到津，与美资本家往来甚密，如此则徐之对于借款一事，始终不肯放手，正是我两业之不幸。张少孚言，彼脑筋中常存一烟酒督办之思想，但求私利，他非所问，我全国两业同人对于此种官僚久已疾首痛心，急宜自筹借款，免致后悔。俞葆康报告，美国自实行禁酒后，一般业酒者纷纷将制酒机器运至中国，与我争利，如不设法抵制，则我国烟酒业必致消灭。次报告接杭州烟业会馆来函云：浙江省议会准安徽省议会代电，以烟酒税繁重太甚，已转请政。

（1920 年 3 月 1 日，第 10 版）

烟酒联合会常会纪事

中国烟酒联合会昨日开星期常会。首由主席陈良玉报告，前接津信，徐恩元与李士伟同美国资本家进行烟酒借款；近接来函，又有梁士诒、周自齐等为烟酒借款复到津，力谋进行。由此而观，政府对于烟酒借款虽已停顿，仍无取消之意，我两业同人应如何急为筹备，请诸公讨论。陈祝三起言，前议决国内烟酒公债办法，业已印刷通告全国两业商人并各省商会，一俟各处取得同意，方可积极进行。俞葆康言，本会迭经电争，曾经登诸报载，想各处同业，利害关系，当无不注意。政府如能顺从民意，即使财政困难，但人民爱国热忱不已，有自筹借款之宣布，未尝不可采纳，何以至今仍欲借外款？本会急宜据情电达政府，设法阻止。金拜仁言，政府麻木不仁，空言仍属无补。今既通告全国，本会应急筹办法，俟各处多数同意，即开大会表决，一致进行，众皆赞成。次沈子卿、金印侯、赵润荪等各有建议。议毕，时逾五钟，乃散会。

（1920 年 3 月 8 日，第 10 版）

烟酒联合会常会纪事

中国烟酒联合会昨开星期常会。首由主席陈良玉报告，近日叠接直隶行唐、迁安、邢台，山东临沂，江苏灌云等各商会分会来函，对于烟酒借款一事，均表示极端反对，而江苏第七区烟酒分栈林少卿、汪剑涵拟联合两业，组织灌云分会，特先函报到会。俞葆康起言，本会议决国内烟酒公债一事，各处已来复函者，均表示赞成。此事原为我业不得已之举，盖政府饥不择食，惟自办公债，较诸抵借外债为善。倘必待政局定后，方谋举行，目前一任政府任意抵押，恐我两业生机早已绝灭，故鄙人之意，此事总宜积极进行，众皆赞成。次张裕酿酒公司代表孙紫临报告，我业为挽回漏卮起见，于前清经直隶总督奏准，在烟台自植葡萄，设厂制酒，专利十五年，免税十年，民国肇兴，继续免税。去年续请展免，奉部批照机制仿造洋货成例，只完正税，概不重征在案。不谓近据各批发所报告，各地有欲抽公卖费之举，且各省办法不同，汉口值百抽二十五，九江值百抽十五余或值百抽十，而对于洋酒则并不顾问。如此办法，直是抵制国货，提倡外货，敝公司营业事小，中华国货事大，请电政府力争，以符正税外不再重征之成案。旋经沈子卿、赵润荪、邱思铣、金拜仁等相继讨论，均谓国家此种办法，实为自杀政策，应由本会分电大总统，国务院农商、财政部暨全国烟酒事务署力争，以维国货。众皆赞成通过。议毕，时已五钟，摇铃散会。

（1920 年 3 月 22 日，第 10 版）

烟酒联合会为张裕公司呼吁

——请免仿制洋酒之公卖费

中国烟酒联合会昨致北京电云：

北京大总统，国务院财政部、农商部，全国烟酒事务署钧鉴：张裕酿酒公司以机器仿制洋酒，经营垂三十年，耗资逾三百万，存本綦重，取价极廉，艰难辛苦，不惜牺牲，无非为提倡国货、杜塞漏卮起见，于国计民生，实多裨益，乃行销渐见推广。而免税期限已满，去年援案续请展免，奉部批饬照机制洋货成案，准于出口时完纳正税一道，此外概不重征在案。不谓迩日烟台、汉口、九江等处各烟酒事务局有另征公卖税费之事，税率轻重不一，对于舶来洋酒及国内洋公司所制，则并不顾问。同一酒类，而歧视若此，势必外货日盛，国货日减，为丛驱爵，既乖钧座奖励实业之盛怀，又违大部不再重征之定案，影响所及，不独该公司一部份营业受困，实于国际金融，大有关系。伏乞迅赐电饬各省烟酒事务局，分行各地烟酒事务所，遵照原案，概不重征，免收公卖税费，以维国货而挽漏卮，不胜迫切待命之至。

中国烟酒联合会叩。箇。

（1920 年 3 月 23 日，第 11 版）

烟酒联合会常会纪事

——提议筹备开大会

中国烟酒联合会昨开星期常会。首由主席陈良玉报告，近接云南、平度、武穴密电，常德等各商会分会暨烟酒两业来函，对于烟酒借款，均一致反对，而于国内公债，则深表同情于本会，其中颇多建议，足备参考。公决：交审查部审查采择。次报告接京师来函云：银行团代表在京磋商大宗借款，实于国内统一问题大有阻碍，应唤起国人注意云云。金拜宸报告，前次议决为张裕酿酒公司电请政府免除杂税一事，该电业于二十二号发出，尚未接有复电。次俞葆康提议，现在各省两业来函，均有请定大会日期，以便讨论改良烟酒公卖税费等事，应请公定日期。当经金印侯、孙瑞麟、沈子卿等先后发言。厥后公决：先就上海一埠择期开筹备会后，再定大会日期。次俞葆康提议，近见各报所登烟酒局署名称，已将“公卖”两字删去，则现在所行之烟酒公卖税费，当然不成问题，应请讨论。公决：俟开大会时再行共同讨论。议毕，时已五钟，摇铃散会。

（1920 年 3 月 29 日，第 11 版）

烟酒联合会常会纪事

中国烟酒联合会昨开星期常会。首由主席陈良玉报告，近接旌德县商会等来函，对于国内公债均表示赞成，应将各处来函交文牍部编造简明目录，以备讨论列入议案。目前虽政局未定，不妨先行约数，俟有相当之机会，再行筹集。众皆赞成。次报告接京师来函新银团拉门德君到京情形。公决：先由本会开具意见书，译成洋文，送于拉门德君，俾便得表全国人民公意之所在。俞葆康起言，拉门德君此次到京，重在考察，而政府一方，饥不择食，一般运动烟酒借款者，正不乏人，我国人应各尽天职，随时注意。公决：函知京师，详为探察。次沈子卿等讨论改良税则，以维生计。至六时，始散会。

（1920 年 4 月 12 日，第 10 版）

烟酒业又一阻止烟酒借款电

中国烟酒联合会致北京电云：

北京大总统、国务院财政部、全国烟酒公署张督办、参众两院钧鉴：烟酒借款，祸国害商，国民万难承认。前经迭电吁陈，近各报宣传拉门德氏入京，有继烟酒款之议，当轴之孜孜必欲成此借款者，用意何居，概可想见。埃及覆辙，思之心寒。我大总统与执政诸公，爱国卫民，当不忍断送国家税权，绝我商人生命。乞将烟酒借款之议，完全取消，以绝祸根而维国本。

全国烟酒联合会叩。筱。

（1920 年 4 月 20 日，第 10 版）

烟酒联合会致拉门德函

——阻止投资

中国烟酒联合会会长陈良玉等致拉门德君函云：

径启者：先生受新银团之委托，来华调查状况，愿以金钱补助我国，为振兴实业之用途，不含政治的臭味。新银团与先生之诚意，固为我国人民所深感，惟恐先生来华未久，或未洞悉我国情状与全国人民公意，今敢掬其诚悃，以敬告先生，希垂鉴焉。

一、先生以振兴我国实业为前提，而不知我政府往往托振兴实业为词，及一旦得款，即移作政争及军费之用，以致延长内乱。前事彰彰，在人耳目，敢劝先生如诚意以金钱补助我实业，应与我商人携手，庶可完全脱离政治上之臭味。

一、我国现分南北，目前之按兵不动者，实为金钱困乏，苟有一方面得金钱之助力，则战事即起。地方糜烂，不独我国民蒙其祸害，即贵国在华商业，亦受影响。先生主持人道正谊，素所钦佩，于我国南北未统一之前，务望勿以金钱助我国，以免为战争之导线。

一、中美商家感情极厚，倘新银团与先生以款助我国，致延长战争，我国民追原祸始，皆因借款而来，恐有失中美商家平日之感情，亦有背先生亲爱华人之厚意。

一、烟酒借款屡次提议，吾国民方面反对殊甚。我国农工商已苦现行之烟酒税极为繁苛，自行各种烟酒苛税以来，动肇抑勒罢市之祸。目前政府之收数，实不能作为确定之收入。盖税愈重则产销愈减，倘以抵押款项，则更受一层障碍，必由减少而至绝灭，债权因而落空，中国人民与贵银行团同受其害。

敢劝先生勿以烟酒税为抵押品，以违我人民之公意，致乖平日国际上之感情。

（1920 年 4 月 23 日，第 10 版）

烟酒联合会常会纪事

中国烟酒联合会昨开星期常会。首由主席陈良玉报告，近接山东鱼台县烟酒公卖栈、山西曲沃诚余烟行并汉口钟祥烟酒联合会等处来函，均赞成本会烟酒国内公债办法。又接京师来函，略称：拉门德在京发表意见，无在不尊重民意，且以中国现时纠纷，新银团亦不致轻于投资等词。照此情形，本会应如何预备手续，请诸公讨论进行方法。金印侯起言，拉门德君反对烟酒借款，无非顺从民意，固是可感，不知我当局对之有愧色否？俞葆康起言，我国借债度日，当局只知有款可借，遑计其他，本会应预为防备，一俟大局平息，宁将所拟办法着手进行。陈祝三言，本会前发通告，已阅多日，而各处来函，不过三分之一。鄙意拟再函催各处分会，征求同意，如果多数赞同，本会即宜召集开会表决。孙瑞麟、赵润荪、金拜仁均谓：目前手续不妨预备，惟未统一以前，各处固难着手，应俟各处分会正式表示，再行定期开会，以利进行。众赞成。次沈子卿报告，各商业团体对于此次工学界事，与本会宗旨相同，均持郑重态度。议至此，时逾五钟，散会。

（1920 年 5 月 3 日，第 11 版）

烟酒联合会常会纪事

中国烟酒联合会昨开星期常会。首由主席陈良玉报告，接蒙城县商会来函，内开：经烟酒两业公议，遵照分会章程，组织团体，以联气谊，索取章程等情到会。王聘三接言，既经商会来函，确系同业无疑，应即复函欢迎，并检寄章程。众皆赞成通过。次俞葆康报告，昨得消息，日本已允加入新银团，并议有条件，满蒙除外问题，已双方退让，而借款范围内，并将烟酒税则列入。照此情形，则新银团成立之后，难保不重提烟酒借款，急应预筹方法。沈子卿起言，一面应函催各省两业，对于国内烟酒借款赶速答复；一面详探新银团实在情形，以资研究。金拜仁附议。通过。次金拜仁报告，接聂允文君自兴安来函询问近日本会对于烟酒借款情形。公决：应将本会以前经过情形摘要函复。议毕，时已五钟，即行散会。

（1920 年 5 月 24 日，第 11 版）

烟酒联合会常会纪事

中国烟酒联合会昨开星期常会。首由主席陈良玉报告，近来叠接各处来函，赞成国内烟酒借款者居多，而一部份以政局不定，税则迄未改良，商人自顾不暇，主张时局平定后再行集款。报告毕，俞葆康起言，近来陕西军队冲突，发生战事，居民纷纷迁徙，西烟来货断绝，本埠存货无多，商业殊抱悲观，照此情形，不独商界受亏，即公家收入，亦大受打击。次金拜仁提议，绍酒业领袖王阘敷，本为本会干事之一，今春去世时，尚未推补，自应函知绍酒同业，请其推举。沈子卿起言，照章应即函请更举。众皆赞成，通过。次讨论国内烟酒借款进行办法。议至此，已逾五钟，摇铃散会。

（1920 年 5 月 31 日，第 11 版）

烟酒联合会常会纪事

中国烟酒联合会昨开星期常会。首由主席陈良玉报告，接上海皮丝烟业公会来函，内开：永定官厅近有加征皮丝公卖费，每担五元，并另征烟叶捐，予取予求，民力何堪，请协电力争等情到会。旋由皮丝业代表赖明三起言，永邑皮丝公卖，每担原征三元，至今忽另增五元，超过原数几及两倍；烟叶一项，向章出口有捐，对于本地，则因小民生计所关，并不收捐。今一县之内，既分数区，各区收捐，重征叠取，永定三十万小民生计，迫于苛政，后患何堪，务请诸公鼎力维持。俞葆康起言，此事应由本会电请漳州省长酌量减免，以苏民困。沈子卿和议。通过。次俞葆康报告，近日京署所定小印照、印花等各种办法，有烟酒一斤以上，即须贴用小印照之举，名目繁多，章程苛细，检阅一过，脑筋为昏。如果实行，则手续纷繁，苛扰奚极，万难承认。金印侯起言，既有印照，何必再用小印照？如征收凭单、罚金联单改为五联，虽为杜绝经征局所舞弊起见，然经征之有弊无弊，全在局员得人，章程虽细，徒滋纷扰，何补于事？孙瑞麟起言，我上海既为特别区域，且均认定缴款，此项章程，更不适用，如果实行，势必一致反对。议毕，时已五钟，乃散会。

（1920 年 6 月 28 日，第 11 版）

烟酒联合会常会纪事

中国烟酒联合会昨开星期常会。首由主席陈良玉报告，福建县分会函称：现在烟酒公卖局名称改为“烟酒征收事务所”，究竟与美国借款有无关系？既改名称，有无新颁章程？希查复等情到会。俞葆康起言，自公卖费发生以来，朝令暮改，种种章程如印花、印照等款，无非为搜括商民而设。至于此次更改名称，究竟是何原因，有无章程，迄未颁发，我商民无从知之。盖民可使由，不可使知，政界中牢守此秘诀也。次报告衡山烟商同德堂等来函，因该处公卖章程，收匿尽净，征收苛扰，商人无可依据，亦请抄发章程等情到会。公决：容查取章程，再行函复。次提议白酒业包捐一事，当此米珠薪桂、人心惶惶之际，何堪再生他项问题？白酒亦为我团体之一，未便坐视。金印侯主张先派调查员查明真相，再行公决办法。旋决定先从调查入手，遂多数通过，当经推定调查二人，并定下星期报告，再行公决办法。议毕散会。

（1920 年 7 月 5 日，第 11 版）

烟酒联合会临时会纪

中国烟联合会昨开临时会议。首由主席陈良玉报告，接漳州援闽粤军陈总司令复电，内开：永定烟丝捐，每担原征三元，公卖成立，加收五元，共征八元。原为急筹军饷起见，今既称负担过重，已饬财政局一再核减，每担连原捐实收五元。至烟叶运销出境，始照章纳费，所称在境内流通，亦须抽捐，实属误会云云。次报告接闽烟酒商公帮暨闽商务公会自上坑街先后来电，内开：闽烟酒局长章景枫，突使妻侄带队及铜铁匠闯入酒帮公所，夺取议案账簿，破开箱柜，任意搜索。现酒商全体歇业，各商亦动公愤，请协电院署，派员查办，以安商业等情到会。俞葆康起言，公卖实行以来，经征人员借端滋扰，时有所闻，商民疾首痛恨。正有无门可诉之势，今闽省既有电到会，自应据情转电部署严查。众皆赞成，通过。次王聘三提议，吴子玉将军主张国民大会，解决时局，深得多数国民同意，本会不可无所表示。邱思铣起言，吴将军自举义以至今日，事事悉合人民心里，惟国民大会召集之方法，只以农会、商会、教育会为限，未免太狭。金拜仁起言，时局多延一日，即多一日危险，故国民大会宜速不宜迟，既求其速，又来普及，正是为难，惟只限农、商、学会，确系太狭，近有人主张凡非法定团体社员百人以上、财团一万金以上者，各出一人，亦是一种办法。公决：由到会诸君，各具意见书，尽三日内开送至会，再行核议。次报告本埠承办牌照税人，近与各店铺时起龃龉，于商业大有妨碍。议毕，时已五钟，乃散会。

（1920 年 8 月 10 日，第 11 版）

烟酒联合会常会纪事

中国烟酒联合会昨开星期常会。首由主席陈良玉报告，广肇公所、宁波同乡会与本会等各团体，已于昨日在青年会开国民大会策进会成立会，此后手续正多，无非唤醒全国国民，以自动的精神，早日实现国民大会，待国民大会成立后，策进会即行取消。沪上组织斯会，工商学界居多，故拟定章程，每团体推派代表一人至三人，出席发表意见，本会自应推举出席代表，当经推定陈良玉、陈祝三、金拜仁为代表。次金拜仁报告，接闽侯城台酒商公帮快函，为闽省局长章大桥违反定案，于限期未满以前勒令加捐，遣妻侄王煊攫取议案，继派役侦捕董事，近更饬警分赴各商号勒逼加捐，南门万丰号店伙被拘，众情愤急，请电京署严查究办等语。查此案前经该帮公所及闽总商会来电，业已转电北京，今更擅拘店商，应否续请京署迅速秉公核办。邱思铣起言，急应续电请惩。俞葆康附议。通过。次报告接山东济南各县烟酒商代表函称，济南总局长违背定章，改征洋码，暗中加征。金印侯起言，应并电京署饬令仍征钱码，以恤商艰。沈子卿附议。通过。旋主席即宣告散会。

（1920 年 8 月 23 日，第 10 版）

烟酒联合会反对借款电

中国烟酒联合会致北京电云：

北京大总统，国务院财政部、农商部，全国烟酒事务署张督办钧鉴：报载烟酒署拟借福公司千万元，合办烟草厂，聘外人为顾问，仿盐署稽核所等语。日前烟酒借款已为全国舆论反对，忽变相复借外款，与外人合办，势必太阿倒持，使外人握我国家税权，制我商民死命。况外稽核即监督财政先声，外债亡国，前车可鉴。北乱初靖，举国方引颈企踵，以望新猷，当不至有此丧权祸国之举，以失民望。务乞顾全大局，将该议取消，以维邦本。

中国烟酒联合会叩。

（1920 年 9 月 9 日，第 10 版）

烟酒联合会代为闽酒商呼吁

中国烟酒联合会致北京电云：

北京烟酒事务署钧鉴：佳电谅达，未奉明教，正切彷徨。顷又接闽酒商公帮敬电，内开：近章局长复遣妻侄王煊，率警役四出，按户勒令认捐额数，稍与辩白，立即拘押，计被捕者，城内万丰号等、城外长春号等各东伙。昨更无故又捕董事龚陶庵，沿途凌辱，事经海筹舰长郭公家骅函保不释，且勒令龚陶庵具结取消已诉地检之状，并须担保钳制各报纸舆论，请迅即再电北京烟酒署，速派专员查办，以平公愤等语。正在发电□，又接该公帮有电，内开：现憔悴于局长章景枫苛政之下，更难苟安旦夕，不得已另筹别案，于本日一体宣布停市罢业，知会并闻各等因到会。察其先后两电所载情形，无论如何，则章局长之不洽舆情可知。商人以营业为生命，事苟得已，决不肯轻弃其业。今全帮罢业停市，则商人之愤激更可知。为再据情代陈，伏乞署长迅派廉正能员克日到闽，实地调查，从严彻究，以安人心而维商业。望速施行，毋任切祷。

中国烟酒联合会叩。

（1920 年 9 月 11 日，第 10 版）

烟酒联合会常会纪事

中国烟酒联合会昨日午后两时开星期常会。主席陈良玉报告，接全国烟酒事务署快邮代电，对于闽局长章景枫擅捕商董一案，指黄大椿为假冒公帮名义，危词耸听，内有本署向来对于所属机关监督极严，而于商民生计维护尤力，业经一再饬查，该局长既无非法行为，毋庸再行委查，以免烦扰等语。而同时又接闽侯城台酒商公帮来电，各酒商仍被逮捕，赴诉无门，含冤莫白，只得歇业。不料大触章局长之怒，竟于月之九日、十日、十一等日，叠次派警到下渡街、潭尾街、水部门等处各酒库查点制酒贮酒各器，以供标封，如有移放，亦须呈报，竟干涉人民私有物件，任意骚扰，请维持等语。又接江西安福、吉水、泰和等县烟酒各支栈公启，对于江西第四区分局长欧阳延泽，任用佥壬，枉法贪赃，有大动公愤等语。报告毕，俞葆康起言，近来各省烟酒局长，时有滋扰行为，乃京署则称对于所属机关监督极严，不知所监督者何事，亦惟一味蔽护而已。要知愈蔽护则滋扰愈烈，人民痛苦，不足上邀官厅之一省，从此两业无宁岁，影响所及，关系甚大，应再协电呼吁，冀当轴者之觉悟。众皆赞成。次报告接闽省来电，反对烟酒借款事，情甚愤激云云。议至此，时已五钟，摇铃散会。

（1920 年 10 月 4 日，第 10 版）

烟酒联合会常会纪

中国烟酒联合会，昨开星期常会。首由主席陈良玉报告，本会前因山东公卖局向山东张裕酿酒公司起征公卖税一案，曾经分电农、财两部，顷接农商部、财政部复文，当将复文宣读。俞葆康起言，我国用葡萄酿酒，只有张裕公司一家，提倡国货，不遗余力，牺牲金钱，已数百万，政府不思设法维持，而反欲在山东征收公卖，虽允减轻，实多阻碍。孙紫临起言，敝公司困苦艰难，不惜牺牲，愿为挽回利源起见。今公司欲提倡实业，政府则只求税捐，背道而驰，商业前途，实无希望，敝公司万难任此担负。鄙人就上海而论，目睹洋酒充斥，倘华人自制之酒，再加公卖，则国货必致消灭。尚希续电力争。次报告接江西河口镇土酒槽坊李大成、裕丰等来函，该处分局分栈上下其手，交相舞弊，旧照无新单、无号单，屡向呈诉，拒而不理，且敢非法逮捕，胁逼认罚，暗无天日，请为维持等语。沈子卿起言，单照为收捐要据，今如此颠倒，既手续不全，反科商人以重罚，于税务商业，均有阻碍。前经本会电陈京署彻查，尚未答复公决，俟有复文，再定办法。议毕，时已五钟，乃散会。

（1920 年 10 月 11 日，第 11 版）

烟酒联合会常会纪

中国烟酒联合会昨日午后三时开星期常会。首由主席陈良玉报告，续接福州南台龙岭顶酒商公帮真日代电，报告闽局长章景枫种种苛扰，京署一味袒护，益无忌惮。现隆泉号等已报歇业者四十二家，而该局长变本加厉，以停烧歇业后，必将器具租借私酿为词，声称奉有京署训令，遣派警吏，擅入人家，查封缶瓮等器具，并于十月四日将森利号商拘禁，勒具不歇业甘结，暗无天日，大有求生不得、求死不能之势，请持公道等情到会。查章局长激成歇业风潮，前经本会电请京署，派员秉公彻查，而京署复文，则称该局长并无法外行为，毋庸委查，以免烦扰为词，遂致肇成今日情形。报告毕，俞葆康起言，酒商被迫歇业，而查封酒器，并勒具不停业切结，此种行为，究属依据何种法令，尚得指为无法外行动乎？应再由会电询京署，如再无切实办法，惟有通告全国，征求公判。沈子卿起言，自来官官相护，恐非电争所能奏效，商人处此颠连无告之时，惟有早筹自决，照此情形，华烟华酒非至绝灭不可，非让外烟外酒专利不可。赵庸卿、徐春法均有建议，一致愤激。厥后公决，先电京署诘问。至五时余，乃摇铃散会。

（1920 年 10 月 18 日，第 10 版）

烟酒联合会常会纪

中国烟酒联合会昨开星期常会。首由主席陈良玉报告，近来叠接闽省酒商公帮，江西河口土酒槽坊，江西第四区吉水、泰和、安福支栈等来函，佥称局员勒税被迫，致令酿成歇业风潮，直令人不忍卒读。如谓各处情形不同，何以苛扰被累、不谋而合，本会应如何设法维持，请诸君讨论之。金印侯起言，各处酒商被迫歇业，情形如出一辙，岂果民皆悍民，而官皆好官乎？恐不尽然。现各省既迭次具函来会，亦苦于投诉无门耳。本会前经电询京署，应再据情代达，以维持商业。徐芝德言，商民至不得已而歇业，痛苦已不可言，乃该局员不思维持，而反藉词租借私酿，遣派警吏，擅入人家，查封缶瓮等器具，岂人民违法乎？直谓官吏违法可也。本会应另筹办法，恐非一电所能奏效。俞葆康言，今阅报载，烟酒署张督办近已到宁，不日即可来沪，届时本会应派代表据实面陈，务请秉公彻查，以安商业。众赞成。议至此，时已五钟，乃散会。

（1920 年 10 月 25 日，第 11 版）

烟酒联合会常会记

中国烟酒联合会昨开星期常会，到者有张裕酿酒公司、康成酒厂、南洋兴业烟草公司等各代表及西烟皮丝、绍酒、旱烟业等各业领袖共三十余人。首由陈良玉报告，现在我烟酒两业，万分困难，而政府对于烟酒借款事，又有人赴美秘密进行，于我两业前途大有关系，请公决预备挽救方法。近闻全国烟酒事务署张督办有不日来申之说，不如趁此机会，将我两业近时状况及公众希望于政府之意思，一为陈述，以免商情种种隔阂。当经孙紫临、卢星阶、赖明三、王鹤笙、王品三等再三讨论，佥谓我同业自应各举代表，候张督办到申，前往谒见，藉达众情。俞葆康、金印侯、金拜仁等均赞成通过，并经公决，通告今日未到各领袖，征求同意。议毕，时已五钟，摇铃散会。

（1920 年 11 月 1 日，第 11 版）

烟酒联合会常会纪事

中国烟酒联合会昨开星期常会。首由主席陈良玉报告，接安徽全省烟酒联合会事务所来函，报告依据本会章程筹备组织，暂设事务所于省商会，并附宣言及简章二份到会。公决：复函欢迎。金拜仁起言，今见报载，南昌烟酒联合会已于四日成立，亦应驰电欢贺。众赞成。次报告陕西安康义振会聂允文君函，开：安康县僻在关南，万山丛立，自去冬至今，旱魃为虐，禾苗枯槁，野草不生，贫民无所得食，举家流亡，或抛弃子女，灾情之重，与燕豫同，不日来申，筹募灾振，先行将意，请予维持等语。俞葆康、金印侯起言，陕省此次灾情不亚于燕豫，只以地僻道远，知之者少，今聂君关怀桑梓，独出呼吁，凡我同人，岂能坐视？次沈子卿起言，现在政府已颁统一命令，我人民久盼和平，今竟得此，固甚可喜，然我南北人民，本是一家，无所谓不和，亦无所谓和，所不和者，武人政客耳，所望双方将权利思想，一切牺牲，方为根本之解决。议毕，时已五钟，乃摇铃散会。

（1920 年 11 月 8 日，第 11 版）

烟酒联合会常会纪

中国烟酒联合会昨开星期常会。首由主席陈良玉报告，近得北京消息，政府为预筹旧历年关用费起见，将发行烟酒公债券，额定五千万元，查本会前曾议及自办国内烟酒公债，订有条件，嗣因时局纠纷，用途不明，公议缓办在案。现时局依然不定，而政府为年关用度，意思举行公债，定额至五千万元之巨。事关烟酒两业，此项债券，应否于此时实行，应请讨论。金印侯起言，据鄙人看来，此项公债决难实行：（一）用途不当；（二）国内公债信用薄弱；（三）时局未定；（四）全省水旱灾荒，救死不暇，何来有此巨款？（五）就我两业而论，困于苛税，商业日衰，决不能以有限之汗血供无穷之挥霍。现在外债不成，思及内债，而国内情况既如上述之五种，即使实行可决，其必无能应之者。政府不于此时裁兵节费，徒思举债度日，实与人民心理相反。次俞葆康、沈子卿、赵庚卿等讨论烟酒银行事，各有建议，厥后公决，须通盘筹划，方可入手。议毕，时已五钟，乃散会。

（1920 年 11 月 22 日，第 11 版）

烟酒联合会常会纪

中国烟酒联合会昨开星期常会。首由主席陈良玉报告京师来函，悉徐恩元又有运动借款，以烟酒税为抵押之事，不得不加以注意。俞葆康起言，日前当局一再声明，不于此时举借外款，乃烟酒税抵押之说时有所闻，向为秘密运动借款之人，今又暗中活动，据他方面消息，并有联合某公司为垄断烟业之举。此种计划，实思以商业亡国，正不独商民生计所关，各宜随时侦查，设法消弭，以杜后患。次金印侯报告，闻财政当局发现烟酒税补助安福系之证据，以商民血汗之金钱，供彼党祸国之费用，言之堪叹，个始败露，真情难掩，此皆人民无监督财政机关之故；一般议员，放弃天职，深可痛心。旋经公决，将以上两事致函驻京员，切实侦查，详细报告，再筹办法。议毕，即行散会。

（1920 年 11 月 29 日，第 10 版）

烟酒联合会常会纪事

中国烟酒联合会昨开星期常会。首由陈良玉报告，前次常会所议烟酒借款一事，曾经致函驻京员详细探报，顷得复函云，徐已有电到京，声明实无在美接洽借款之事，更未议及烟酒借款，余俟续探再告等语。次提议山东烟酒税改征洋码，商人受亏案。金拜仁起言，改钱为洋，由议会通过，表面上似无反对之理，惟洋价应须照市核算，不应由官厅擅定，此在商人一方面所持之理由，最为充分，一言可解。今乃相持数月不决，而京署如聋如哑，绝不加以公平之判断，设再争持不下，势必公商更受其困，我同人自应有一种真确之表示。俞葆康言，既改洋码，当然照市合价，倘再相持，咎实在官，若不力争，则此风一开，将来各省亦将效尤，擅抑钱价，徒供中饱，后患宜防，自应力争。沈子卿、徐春德均有讨论。旋经表决，一致赞成，协助力争。议毕而散。

（1920 年 12 月 6 日，第 10 版）

烟酒联合会紧急会议纪

中国烟酒联合会因得京师来电，烟酒借款五百万已将签字，特于昨日午后两时开紧急会议，各业代表如卷烟业、西烟业、皮丝业、旱烟业、客烟业、烟叶业，张裕、康成酿酒业，土黄酒、绍酒、汾酒、白酒、烧酒等业到者五十余人。首由主席陈良玉报告，京师来电及昨日临时干事会议决所致政府电，惟恐此事非一电所能了，事关全国两业生计，急应讨论救济方法。洪小楚起言，全国两业生命，竟断送于五百万之借款。既许以制造权，又许以特别运输权，则张寿龄之卖国，实无异于曹、陆、章。急宜唤起国人，一致否认，一面应急电政府，迅将张寿龄罢免，以除民害。众甚愤激，一致赞成通过。次金印侯、俞葆康、徐春德等相继起言，众皆鼓掌。并经沈子卿、王品三、刘子芳、赵庚卿等担任分头演说，唤起全国一致抵御。孙紫临起言，政府不惜牺牲主权，仅图目前，实为自杀政策。我人民自应有一种正当之解决。有人提议，对于政府，一方有先行停业及停止纳税等方法。经众讨论，且俟借约是否签字，再商最后办法。议至此，已钟鸣七下，始摇铃散会。

（1920 年 12 月 26 日，第 10 版）

烟酒联合会之临时紧急会议

中国烟酒联合会，昨因烟酒借款事，特开临时紧急会议。适逢大雪，而各业领袖仍各冒雪而至，午后二时，到者已六十余人，乃摇铃开会。首由主席陈良玉报告，自得五百万烟酒借款消息以来，本会已叠电政府阻止，并经上海总商会、工商研究会、国货维持会、华侨联合会、马路联合会等各团体协电争阻。本会接财政部勘日复电，有报载烟酒借款，系属讹传，绝无其事等语。然证诸各方面消息，则周自齐仍在暗中积极进行。安徽全省烟酒联合会等亦来函报告，并表示一致反对。事关全国两业数千万工商农民生计，究应如何办理，请众公决。魏庆祥、裘景云等起言，查财政部系二十八日来电，何以某报专电，仍有烟草合办约昨日签字之说，周于二十九日下午入府面呈会同等语。如此看来，则周之依然秘密进行，可想而知，我同业不得不速筹救济之策。

俞葆康起言，证诸年来政府作用，凡关缔结借约等事，一方面声明否认，一方面暗中进行，以掩人耳目。从前之各种秘密条约，政府不尝否认乎。宓启峰、张绩成、赵汉璋等佥谓：一纸电文，恐不可信，宜积极同筹良策，以达自救目的。沈子卿、马金桂等起言，现在上海及安徽两处，得信最早，此外各埠，恐上未得悉，应通电全国，一致力争。金印侯附议，主席付表决，全场一致通过。并经决定先致电汉口、福州、兰州、南昌等省总商会，并用快电至南京、杭州、山东、河南等省各商会，转致本会各分会及各同业。厥后金拜仁提出，此约若果成立，只有某方法对付之。众情赞同，并决定借约苟不打消，即通电全国一致进行。直至六点半，始摇铃散会。

兹将其通电原稿附录于下：

汉口、福州、兰州、安庆、宜昌等各总商会，转烟酒各分会、各同业钧鉴：报载政府与英美烟公司借款五百万，订有条件，内容为种植、专利、便利、运输、减轻税率及他处贩卖烟草政府均加取缔等语。全体商民，惶急万分，以为此约实行，全国烟业皆归外商垄断，从此国人既不能自由种植，更不能自由贩卖，侮辱国民权利，断绝农商命脉，自杀政策，莫此为甚。至减轻税率一节，是外国烟税可轻，中国烟税独重，已足制我烟业死命，又加以他处贩卖烟草，政府均加取缔一条，此后全国烟业，该公司大权独揽，不啻将我全国种烟农民、制烟工人、贩烟商人、卖烟商店、数千万人民置之死地。虽财部日电否认，而各报专电，此项借款，仍在暗中积极进行。历观频年，政府丧权借款，屡守秘密，倘有谏阻，每自辩其无，及借约已签，款已用罄，则以不了了之。由彼例此，报载决非谣诼。事关国家主权，商民命脉，除由沪上各团体等通电政府力争外，夙仰贵总商会恤商卫国，乞一致迅电政府，取消此项借款，以固国本而维商命。

中国烟酒联合会中华工商研究会叩。东。

（1921年1月3日，第10版）

烟酒联合会为皖省同业呼吁

中国烟酒联合会致北京电云：北京大总统，国务院财政部、农商部，全国烟酒事务署钧鉴：顷安徽烟酒两商代表到会，陈述皖省局长擅改定章，改支栈为分栈，改经理为委员，改押柜为保险金，计在剥商营私，两业同人，一致否认，请分电力争等语。查自行公卖，已属病商，今皖局长又欲推翻原定章程，冒整顿美名，寓集权狡计，变本加厉，闻者寒心。若任一意孤行，势必众商解体。为特据情电陈，伏乞俯念商艰，迅赐电令皖省于酒事务局长廖宇春，仍照向章办理，万勿轻事变更，致启纷争，重违众意，不胜迫切待命之至。

中国烟酒联合会叩，霰。

又致安徽省长电云：安庆聂省长钧鉴：（上同）除电陈府院、财部、农商部、烟酒事务署请求制止外，伏乞省长，就近转令皖省于酒事务局长廖宇春，仍照向章办理，万勿轻事变更，致启纷争，重违众意，不胜迫切待命之至。

中国烟酒联合会叩。霰。

（1921年1月18日，第10版）

烟酒联合会常会纪事

中国烟酒联合会昨开星期常会。首由主席陈良玉报告，接南洋兄弟烟草公司来函，内开：合肥马家渡厘局分卡，违背安徽烟酒税修正章程，于设有烟酒分所地方，越权征收，并又反背明令，不给专票，以百货大票蒙混抵塞，致使烟酒分所将烟籍扣留，余令补税。迨向烟酒税分所纳税领票，又被指为专票无效，将香烟七十余箱扣阻。经请合肥商会函诘，始终并无答复，请分呈彻查放行等语到会，应如何设法维持之处，请众公决。金印侯起言，查外人所设之烟草公司，其销数比华公司为多，营销地点又较华公司为广，无论至何地方而厘局从不敢额外苛求，独华公司货物则时有被阻等事，殊为可叹，照此情形，以后商业非尽被外人独擅其利不可，此事于华商生计有关，念应设法维持。俞葆康提议此事应分电皖省各当局，请迅彻查，指令释放。金拜仁附议通过。

兹将电稿录后：

安徽省长、财政厅长、烟酒事务局长钧鉴：顷接上海南洋兄弟烟草公司函开：合肥马家渡厘局分卡擅扣烟酒箱一案，查烟酒税定章，既归专局征收，经过厘卡不应重征，乃贵省马家渡厘局分卡于设有烟酒分所地方，越权征收，不给专票，致使烟酒分所扣货再征，又指烟酒分所税票为无效，扣货不放，视定章如弁髦，安分商人竟动辄得咎。察核情形，良系双方官局争执权限所致，实于商业前途大有障碍。为特电陈钧鉴，伏乞迅赐彻查，指令马家渡分卡迅将所扣之货释放，以维商业。鹄候电复，毋任盼祷。

中国烟酒联合会叩。漾。

（1921年3月28日，第10、11版）

烟酒联合会常会纪事

中国烟酒联合会昨日下午五时开星期常会。首由主席陈良玉报告，前日，本会因合肥马家渡分卡扣阻南洋兄弟烟草公司香烟七十余箱，电请合肥当轴详查释放。顷得安徽烟酒事务局局长廖宇春东日复电，内开：电悉，查合肥厘局马家渡分卡，扣留纸烟纠葛，迭经敝局查照向章，明令解释在案。乃各方争执，犹复不已。除先电厘局，将扣留纸烟，查明应纳税款若干，暂行登记，取保放行，并委派专员前往确查实况，秉公呈复，以凭核办，特复等语。金拜仁起言，此事货即释放，毋须讨论。次俞葆康提议，全国烟酒商人所纳烟酒两税，每年究有若干，应行调查，所有两业近年营业状况，亦应调查明确。各国无论何项营业，均有统计表及比较表。

本会为全国烟酒商人所组织，一经调查，当是易易。孙瑞麟附议。旋经公决，由干事部评拟调查入手办法，再付讨论。众无异议，乃摇铃散会。

（1921 年 4 月 4 日，第 11 版）

烟酒业合组银行预闻

全国酒联合会，以烟酒两业常年缴纳税款，并公卖等费，已有数千万元之巨，现欲维持两业，非自行合组银行，不足以资挹注，爰联合各省埠分会代表，公电北京烟酒事务署署长请示施行在案，当经该署长特委专员朱伯良来沪接洽会商招股事宜。闻先招股本二百五十万元为基本金，其性质系官商合组，官股方面担任五十万元，商家方面担任二百万元，现该专员已回京据情呈复。一俟咨请财政、农商等部核准后，即可实行招股部署一切云。

（1921 年 4 月 9 日，第 10 版）

烟酒联合会电询有无借款

中国烟酒联合会致北京国务院、烟酒事务署张督办电云：

（衔略）连日报载某国有发生烟酒借款事，于国家主权、商民命脉关系极大，群情惶惑，究竟有无其事，乞赐电复，以安众心。

中国烟酒联合会叩。歌。

（1921 年 5 月 6 日，第 11 版）

烟酒事务署否认借款之复电

中国烟酒联合会前曾电询北京烟酒事务署，有否烟酒借款事实，请即电复等语，已纪前报。兹闻该会已接到烟酒事务署复电云：（衔略）歌电悉，本署并无接洽烟酒借款之事，特复。全国烟酒事务署。鱼印。

（1921 年 5 月 8 日，第 10 版）

烟酒联合会常会纪

中国烟酒联合会昨开星期常会。首由主席陈良玉报告，前日报载烟酒借款一事，同业大为惊骇，纷纷来会探问，当经干事部议决，于歌日电询烟酒事务署。旋接鱼日复电声明，并无接洽烟酒借款之事云云。俞葆康起言，报载天津会议，有加增烟酒税之提议。此种计划，无非竭泽而渔，我西烟一业，受陕甘两省之天灾人祸，营业前途，已甚艰困，设再任意加税，势必从此消灭。王鹤笙言，我绍酒因税重米贵，今年酿业更见减少，设再增加捐税，其势亦属于难支。沈子卿言，我国财政支绌，已臻极点，然国虽贫，而官自富，官之所以富，实由于中饱太多，苟欲足用，当从剔除官场中饱着手，倘徒取于商则病商，适足以害国。次金拜仁报告，山东全省烟酒联合会业于上年十月间成立，近接来函并章程名单等件，举定郝凤城为理事长，胡绍吉为干事长。公决：复函欢迎。议毕时已五钟，乃散会。

（1921 年 5 月 9 日，第 10、11 版）

组织烟酒业银行近讯

组织烟酒业银行，业经各省埠烟酒两业共同赞成，并愿认定股份，且经北京烟酒事务署咨商财政部，派委专员来沪调查一切，并向全国烟酒联合会总干事陈良玉接洽后即回京，据情呈复在案。兹该联合会近接京电，谓此事已由部署会衔，提交国务会议，藉资决定，闻俟通过后，即可实行筹备，从事进行云。

（1921 年 5 月 12 日，第 11 版）

烟酒联合会电争税权

中国烟酒联合会昨致北京电云：北京大总统、国务院财政部、烟酒事务署：烟税为国家财政命脉，各国皆赖为大宗收入。兹闻烟酒署直接与英美公司拟订统税办法，除子口税外，只抽值百零二五，虽为图目前之计，恐贻后日之累。且税务关国家主权，竟与外商拟办，已开内地协商之先例，他日提议增加，非得外商同意不可。如果实行，势必将国家税权断送外人，后患何堪设想。为政府计，应减轻华商捐税以提倡国货，即不然，亦宜以优待外商者待华商，庶国权实业两有所裨，不胜迫切待命之至。

全国烟酒联合会叩。文。

（1921 年 5 月 15 日，第 10 版）

烟酒联合会特会纪

——为对付烟酒借款事

中国烟酒联合会昨日午后两时，为烟酒借款事，特开会议。首由主席陈良玉报告，前因有烟酒借款之风说，曾于本月五日电询政府，请求审慎。六日得烟酒事务署复电，有本署并无接洽烟酒借款之事等语，而财政部则并未答复，正在怀疑。乃昨日报载北京专电，日人现派某代表到京，愿借大宗款项，指全国烟酒税担保，李士伟即仲买之一，而烟酒署又有直接与英美公司拟订统税办法之事。除已电争外，事关国家税权与华商命脉，请从长讨论挽救方法。俞葆康起言，当轴始终欲以烟酒税抵借外款，授权外人，仅顾目前，不计后患，我两业切肤之痛，岂能坐而待毙，事关全国两业存亡，急应通电全国，同业一致力争，毋待事成之后，始悔噬脐莫及。金印侯起言，现即致电政府，俟一二日内有无明白电复，再定办法。沈子卿起言，此事仅凭电争，万一置之不答，一意孤行，势将不了，为今之计，须谋根本自救办法，方可使此项借款不再发生。王鹤生亦言，须联合全国公筹自救方法，为第一要着。众皆赞成，旋经公决次第进行办法。直至五时余，始摇铃散会。

（1921 年 5 月 16 日，第 10 版）

烟酒联合会常会纪事

中国烟酒联合会昨日午后两时开星期常会。首由主席陈良玉报告，接全国烟酒事务署来电，内开：烟酒联合会鉴：报载本署派委冯乘和南下，饬查江浙烟酒税务等语。本署并未派员，恐系讹传，或有招摇情事，用特电知。全国烟酒事务署。箇。云云。金印侯起言，前见各报登载此事，同业正深疑讶，顷烟酒署即来电否认，应转致两业同人，一体注意。次西烟业代表俞葆康报告，得察哈尔丰镇同业来电，该处京绥火车，又由财政部新增百货统捐，规定水烟每担一元一角二分。查西烟自兰州至包头镇归化城等至天津，沿途捐税担负已重，岂能再增负担。况烟酒捐税即设专局，则财部何得另抽百货统捐？现已一致停运，请电财部暨事务署，仍照向章办理，将新增之百货统税，即行取消，以安商业。赵庚卿起言，此事与烟业前途大有阻碍，现已停运，急应致电当轴，电饬丰镇捐局，停止抽征。众皆赞成，通过。议毕时已五钟，乃散会。

（1921 年 5 月 23 日，第 10 版）

烟酒联合会常会纪事

中国烟酒联合会昨开星期常会。首由主席陈良玉报告，前因丰城新增京绥火车百货统捐，西烟及各项货物均停止装运，经西烟代表报告后，曾经由会致电财部，请求免征新捐。现西烟因此阻滞，申地市面大受影响，设迟不解决，商业将不堪设想。次俞葆康起言，烟酒借款事，前经烟酒事务署复电声明，并无其事，而近日各报又纷纷登载，中央因财政困难，决将烟酒税抵借使用等语，应请注意。王萼棠起言，苟政府不顾商情，一味孤行，则惟有联合全国同业，一致力争。次讨论某烟公司包认烟酒税问题。孙瑞麟起言，闻此事有已在六国饭店签字之说。王聘三起言，如果确实是独让该公司专利，岂能忍受，当经议决两种办法，一相戒不吃该公司烟，一援该公司例，向政府要求同等之待遇，不达目的不止。议毕时已五钟，乃即散会。

（1921 年 5 月 30 日，第 10 版）

烟酒联合会电阻借款

中国烟酒联合会致北京电云：北京大总统、国务院财政部、烟酒事务署钧鉴：前奉烟酒事务署电称，并无接洽烟酒借款之事。乃连日报载，最近又有揽成烟酒借款，并载转向日商三菱、三井承借，成立后，烟酒税将增百分之二十五，北部植烟酿酒权利，与两行另订附约云云。商民愚昧，实所未解，想政府为保存国家主权、商业命脉，断不致先后矛盾，且以北部权利，断送外人，是只顾目前之急，而贻无穷之累，止渴饮鸩，无异自杀，智者不为。伏乞钧座，顾全大局，勿使此丧权祸国之借款再有发现，国家幸甚。

中国烟酒联合会叩。支。

（1921 年 6 月 5 日，第 10 版）

烟酒联合会常会记

中国烟酒联合会昨日午后两时开星期常会。首由主席陈良玉报告，组织烟酒银行进行办法。次报告烟酒借款，又复提议亟应注意。俞葆康言，此事本会前已致电力争，如当局一意孤行，不顾民意，惟有照前次议定自救方法，次第进行。众皆赞成。次绍酒业代表陈越屏报告，浙江第五区分局长沈灏到绍以来，任意挑剔，所有酿缸，前已查过，近又分遣心腹，到处重查，骚扰殊甚。且擅更定章，取消支栈，群情大为愤激。现已相继停酿，请筹维持方法。王聘三起言，沈灏在浙江二区分局长任内，任意纷扰，嘉烟酒两业深受痛苦，激成罢市风潮，今调至我绍，实为绍酒同业之大不幸。支栈为便商而设，今若取消，徒供官局鱼肉，同业誓不承认，且各区均有支栈，绍属何得独异。金拜仁起言，各区支栈，载在定章，未便擅自变更。绍酒为国货之一，本会亟应设法维持，况停酿之后，不独商业受损，即在公家，亦失此一种捐税。旋经公决，分电农商部、烟酒事务署、浙江烟酒省局，顾全商业，毋任变更，致多纷扰。议毕，时已五钟，乃摇铃散会。

（1921 年 6 月 13 日，第 11 版）

烟酒事务署复烟酒联合会电

中国烟酒联合会昨接北京全国烟酒事务署回电云：（衔略）元代电悉。浙绍分局取消支栈，未据饬查，特复。全国烟酒事务署号署。

（1921 年 6 月 22 日，第 11 版）

烟酒联合会常会纪

中国烟酒联合会昨开星期常会。首由陈良玉主席报告，接得上海总商会转到财政部复电，内开：京绥铁路新增百货统捐，业经饬京绥铁路、商货统捐局核议，即经该局令饬所属各分局卡，察度各地商业情形，妥为研究。应否变通，俟各分局卡呈复到局，再请示遵。除俟该局妥议办法呈复到部再行核办外，合先电复等因。报告毕，俞葆康言，西烟一项，统计沿途费税，已征至值百抽一百余，倘再加增此项新税，实属无力担任。现经同业公决，推派代表赴津，会同天津商会及各省商会赴京请愿，至今货物停运，市面大受影响。金印侯言，外烟值百只抽二五，一税通行，华烟则层层抽捐，已增至值百抽百余，岂堪再加负担？无论如何，万难承认。次报告浙江烟酒事务局复电，内开：绍兴收回支栈，系阮社等十三支栈经理辞职，维系无方，始饬分局改组，至本年吴前局长编定缸额，并无复查之举，用将经过情形，特电奉复等因。旋经公决，今日绍酒业代表未曾列席，此事究属如何，应函知绍酒代表于下星期到会陈述原委，再定办法。次报告接京师来函，烟酒债款，已经当局中人独主签约，并未经阁议通过，行踪异常秘密，当局者亦多数甚不谓然，一俟查明真相，再行电告公决，除先致电力争外，俟得真相，再筹对付。议毕，时已五钟，乃摇铃散会。

（1921 年 6 月 27 日，第 14 版）

烟酒联合会临时会纪

——作为烟酒交易所发起人会

中国烟酒联合会昨日午后两时开临时会议。首由主席陈良玉报告，前因京绥铁路新征百货统捐，以致各货停运，西烟业来源尽绝，曾由本会电恳财政、交通两部，暨烟酒事务署，转饬丰镇统捐局，停止重征。顷得交通部东日来电，内开：啸日代电已悉，此次京绥路改办货捐，系由财政部主办，已据情转咨财部，查照办理，希即查照云云。次邱云程、魏庆祥、卢星阶提议，风闻有人欲借本业烟酒两字名义，筹办烟酒交易所，如果被业外人组织，则权属他人，于两业前途实多危险。方琴伯、陈越屏、杨逸伦、黄祥麟起言，我两业同人亟宜趁此潮流，自行组织烟酒交易所，以期流通货物，平准市面价值，免被业外人操纵。旋由主席提付表决，众皆赞成。俞葆康起言，此事即经今日到会各业代表全体赞成，应即以今日为烟酒交易所发起人会。杨存良、金印侯附议，表决通过。次提议名称定为上海烟酒交易所，（地点）设筹备处于本会，（股份）由同业摊派，不收外股，并经决定，准明日午后二时，在本会开第二次发起会，筹商进行办法。议毕时已五钟，乃散会。

（1921 年 7 月 3 日，第 14 版）

烟酒同业开联席会议

——作为烟酒交易所第二次发起人会

本埠烟酒同业，昨日午后二时，在中国烟酒联合会，开联席会议。由西烟、卷烟、烟叶、皮丝、旱烟、汾酒、绍酒、白酒、土黄酒等各业代表，及康成酒厂、张裕公司、西湖啤酒公司等均推代表列席，讨论烟酒交易所进行事件，公推陈良玉为主席，议定每业各推筹备员二人。一、议定今日为第二次发起人会，凡到会之人，均作为发起人，每发起人担任筹备费二百元，先交一百元，于旧历六月初一日前交于筹备处。二、议定股银为一百万元，分作五万股，每股二十元，先收一半，不收外股。三、议定旧历初一日下午两时开第一次筹备会。四、议定由烟酒联合会先行电呈农商部及烟酒事务署，请为备案。兹录原电如下：北京农商部、烟酒事务署钧鉴：系据烟酒同业来会声称，全体同业，于冬日共同组织上海烟酒交易所，筹备就绪，请先电达，再行呈请注册等情到会。查该所完全同业组织，实为保全营业，免被业外人操纵起见，为特先行电呈。中国烟酒联合会叩。江。

（1921 年 7 月 4 日，第 14 版）

验明康成确系华商之电复

烟酒联合会十七号晨接到北京烟酒事务署铣电开：江电悉。阅七月四日《申报》内载，烟酒同业发起烟酒交易所第二次会议，康成酒厂代表亦经列席等语。查康成酒厂是否即汉口法商所设之厂，即查明电复。全国烟酒事务署。印。

该会接电后，适逢常会之期，当即函邀康成酒厂代表卢星阶到会，查询情形。经卢星阶报告，鄙人系上海康成源记之代表，与汉口康成并无关系，况交易所条例，限定当地同业，鄙人实系当地华商，康成源记于民国六年四月间禀由上海县署，转呈农商部注册，给有执照，当将原照送验。经到会各业代表验明无误，公决：据情电复烟酒署。兹录原电如下：

北京烟酒事务所钧鉴：铣电敬悉。烟酒交易所发起人内，康成酒厂系上海康成源记酒厂代表卢星阶。查该厂于六年四月禀由上海县署，转呈农商部，奉颁发商号第三类第三十六号注册执照在案，实系上海华商，当经该厂将注册原照送验，敝会验明无误，理合电复。

中国烟酒联合会叩。筱。

（1921 年 7 月 24 日，第 14 版）

烟酒联合会常会纪

中国烟酒联合会，昨日午后三时开星期常会，推陈祝三为临时主席。除报告开会宗旨外，即报告接北京烟酒事务署致本会潘伯良、王聘三、卢星阶、赖明三、陈祝三等皓电，内开：组织烟酒银行一案，已呈奉大总统批准，现在急须进行。兹定于本月二十七日，在北京西河沿本银行筹备处开第一次发起会，议决进行，兼推选筹备处职员云云。次金拜仁报告，此电昨已转送潘伯良等诸君矣。次杨少侯起言，此项银行即属官商合办，其中一切权限及股本存放问题，尚须从长讨论，应致电在京代表加以注意，最好请陈君等回沪协商后，再为施行。众皆赞成。次俞葆康起言，外间不明事实，每疑于［烟］酒银行与烟酒交易所为同一问题，不知银行股份与交易所股本截然分为两途，此不得不声明者。次西烟业代表起言，绥远铁路货捐，自发生以来，停运已久，各地市面大受影响，前日报载幸赖张都统出为调停，货物已有通行之望，讵料包头新换局长，不照定章办理，额外加增，而兰州公卖费又有加增之说，如此层层留难，我西烟营业前途不堪设想。经众一再讨论，至九时余，始摇铃散会。

（1921 年 8 月 22 日，第 15 版）

烟酒联合会常会记

中国烟酒联合会昨开星期常会。因陈良玉赴京未归，公推陈祝三为临时主席。张少孚提议，现我两业组织之烟酒交易所，正式市场地点，闻尚未觅就，现在所有法大马路之临时市场，虽已布置，而终未适，宜应赶速另觅相当地点，并望我业早日开幕。事关烟酒营业前途，请由会函致交易所，请其注意。杨存良起言，此事闻交易所中理事会已一再讨论，正在寻觅，只须委托主席在理事会口头陈述。众皆通过。次俞葆康提议，现在大势所趋，营业方针必须改良，烟酒交易所为烟酒业改良营业之导线。凡我烟酒业中人，应详加讨论，各抒所见，务使此后营业上得美满之效果。邱云程附议。通过。次由西烟领袖等报告，湘战发生，西烟等来货颇受影响情形。至五时，始摇铃散会。

（1921 年 8 月 29 日，第 14 版）

烟酒业反对烟酒借款之阳电

本埠烟酒联合会昨致北京电云：

大总统、国务院财政部、全国烟酒事务署钧鉴：烟酒借款事，迭电呼吁，未奉复示，阛阓彷徨。近报载用美人卫立姆任稽核所，非特全国烟酒两业，数千万商民生计胥受摧残，国家财政亦归监督，此端一开，将来中国内政，何一不可受外人稽核，埃及、印度前车可惧。烟酒二业，剥肤尤切，用敢涕泣上陈，务乞速将该议取消，不胜迫切待命之至。

中国烟酒联合会叩。阳。

（1921 年 10 月 8 日，第 14 版）

烟酒业反对附加赈捐之会议

——议决电吁苏督阻止开征

中国烟酒联合会，昨因附征赈捐一事，特开会议，两业中人到者甚众。当由主席宣布，此次发生烟酒附加赈捐，实由灾赈协济会王士珍所创议，各地商人，纷纷反对者，实因种种捐税负担已重，万不能再增负担。我烟酒两业捐税之重，更甚于他业，则赈捐一次，更难承认，现省局奉京署电饬，限令克日开征，势甚急迫，如何能邀宽免，请众公决。俞葆康起言，我两业自行公卖以来，重征叠取，闭歇纷纷，今所存者，亦是苟延残喘，灾荒频遭，来源销路，均甚冷落，既受天灾之损失，乃复令赈人之灾，天下安有此不平之事，故鄙人对于此事，万难承认。沈子卿起言，赈捐属于善举，只可劝募，岂容勒派，清季专制时代，尚不闻有此种情事，今号称共和，而强令商人担负赈款，人民有纳税之义务，断无派赈之义务，此事于人情法理，均属不平，无论如何，我商人断难承认。况前此振捐用度如何，至今未明真相，此番勒加附捐，难保不移作别用。金印侯言，两业不幸，丁此时局，本属无以谋生，此捐如果实行，不如早自歇业。经众讨论，均赞成自由停业，以免干涉。旋由赵庚卿提议，江苏烟酒费，本供第六师军饷之用，一旦歇业，不独税费无着，军饷亦将落空，款关军需，不如电吁江苏督军，要求免征。经众公决，由两业公电督军电阻开征。议毕时已五钟，乃摇铃散会。

（1922 年 2 月 28 日，第 14 版）

烟酒联合会大会纪

中国烟酒联合会昨开大会，两业中人到者颇众，午后两时，振铃开议。首由主席报告，接闽侯长烟商公帮即福建省会烟业公帮及浦城杏春等来函，内开：苏、浙、皖等七省一成赈灾一事，万难担任，请一致力争云云。查此次赈捐，各省县商会暨烟酒业团体，纷纷函电力阻，本会亦经叠开会议，分电当轴，请免实行。现中央已有改为自由募振之议，总之商业凋疲，尚属难筹，万不能再增负担。俞葆康、徐春德等起言，赈捐属于善举，只应劝募，不应勒派，如果附税实行，惟有同为最后之方法。众皆赞成。次报告接当涂商会浦城杏春等来函，报告组织烟酒分会，索取分会章程。公决：分别复函欢迎，并声明本会原定宗旨。次报告山东全省烟酒商业联合会函请协争洋码减成事。公决：续电烟酒事务署，请求仍照向章，免改洋码。次报告福建闽侯城台酒商公帮来函，报告福建烟酒局长章景枫种种违法，业经京署特派委员毛毓汉查明属实，呈复当轴，至今既不宣布，又不将章局长撤换，近更发生免查团自由炊酿等种种舞弊情事，除请福建旅京同乡会向京署催问外，请据情代询等语。公决：此事前经本会电请查办，现既由毛委员查复，应候京署宣布办法，再行讨论。议毕，时已五钟，乃摇铃散会。

（1922 年 3 月 13 日，第 15 版）

烟酒联合会常会纪

中国烟酒联合会昨开星期常会。首由主席报告，接苏常锡太客烟业公和帮来函，内开：接江西玉山烟帮函开：该处烟酒公卖，于二月初一日实行附加赈捐一成，万难担任，请电赣省局收回成命。又接福州闽侯土酒商公帮代表龚陶庵等函称：福建烟酒费税附收一成，定十一年一月开征，查前次北五省灾荒附赈原案，政府三令五申，期限一年，不得延长，任何急需，不再援案。今忽起收南省灾赈，殊属失信于民。现苏省已允商民自由认募，福州税捐负担已重，惟有环［还］请转陈京署暨内务部赈务处收回成命等情到会。陈越屏起言，查本省烟酒认捐项下一成赈捐，奉省局长呈奉京署核准，暂行免除，缓俟公卖费、牌照税届期开征时再行核办，以示格外体恤，其征收通过烟酒税款，不在其列。又烟酒公卖费、牌照税附征赈捐一成，亦奉省局呈奉京署核准，展缓至十一年七月份起再行开征在案，应即分别函复。俞葆康起言，赈捐本属善举，原为人民应尽之义务，虽各省情形不同，其无力担任，实属一致，惟有要求当轴始终体恤。众皆赞成。议毕，已时逾五钟，乃摇铃散会。

（1922 年 3 月 27 日，第 15 版）

烟酒联合会常会记

中国烟酒联合会昨日午后三时开星期常会。首由主席报告开会宗旨毕，即将迭接同业来函，声言近日市间铜元日贱，商业中屡受影响，贻害非浅，请设法维持。次由俞葆康起言，铜元价贱之原因，实由私铸充斥，其数益多，应先杜绝私铸，方为救济市面之张本。次又报告接得当涂烟酒联合会来函称：该分会已于上月间遵奉组织，报告成立，拟分担总会经费，并定大会日期云云。公决：近来分会几遍全国，应否于本年内再开大会一次，且俟多数同意后，再行定期召集。次报告六安商会江厚卿、朱云樵等十余人来函，发起安徽六安烟酒联合分会，索取分会简章，以资依据，而图一致云云。公决：即日检寄简章，并复函欢迎。议毕，时已五钟，当即摇铃散会。

（1922 年 5 月 22 日，第 15 版）

烟酒业联合会开会纪

中国烟酒联合会，昨日午后一时开临时会议，烟酒两业商人到者甚众。由主席报告，为附征教育费等事：（一）提议公卖项下，俟征一成振捐后，再征学费一成事，一致主张，目前政局如此，市面不宁，商业凋落，岂能以有限之金钱，供无厌之取求？助振是义举，自顾不暇，何能救人？教育是美名，救死无方，何暇与教？公决：始终否认，坚持到底。（二）提议烟酒货物税附征学费事。公决：与前案事同一律，毋庸讨论。（三）土黄酒业敦厚堂代表报告，吾业土酒，上海每年只十万担有零。今李广珍诬控同业浮收酒税，捏称上海一埠，全年土酒四十万场等语。李非同业，究竟是否商业维持会会员？该会究属何人组织？抱何宗旨？且有无此会？已函闸北商业公会调查，李广珍任意诬蔑，实为商业之害，请主持公道。公决：税由同业自认，浮收益无事实。议毕，时已五钟，乃摇铃散会。

（1923 年 1 月 14 日，第 15 版）

中国烟酒联合会临时会纪

——反对附加税

中国烟酒联合会，以报载大增烟酒附税之提议，内有省议会议员屠宜厚等提议于烟酒征税外，附加三成，充各地方义务教育等语，特于昨日午后二时开临时会议，各业领袖到者共七十余人，佥谓我烟酒业，自受种种苛税以来已万分凋零，断不能再担此额外之义务。议员为全省人民代表，应体恤商艰，留我两业之生机。惟外界或有不知所业近时实况，当分向省议员陈述，要求体恤，打消此议，一面调查此案原委，再定办法。次提议宁波南洋分公司被特税局发封货仓事。公决：此项特税对于华洋卷烟，并不一律待遇，不啻推广洋货，摧残国产。该公司平时对于各省灾振，竭力筹助，更不宜加以阻厄，应即电请浙江卢督办、张省长，要求启封，并取消华洋不平等之特税。次报告舒城县烟酒联合会于四月六日成立，推举冯百揆、韩梦弼为会长。公决：即日复函，并检寄本会章程。议毕，时已六钟，乃摇铃散会。

（1923 年 5 月 21 日，第 14 版）

国务院复烟酒联合会电

中国烟酒联合会前为南洋烟草公司宁波分公司被封，曾电北京府院部等代为呼吁。昨接北京国务院复电云：（衔略）皓电悉，宁波公司及货仓发封一节，已交农商部核办矣。特复院。祃。

（1923 年 5 月 25 日，第 14 版）

烟酒联合会临时会纪

中国烟酒联合会昨因商业受时局影响，特开临时会议，到者九团体，由烟酒联合会代表主席。即由主席起言，前为公卖加成事。公决：通电当局，要求取消，当将电稿提出。众无异议，通过。俞葆康起言，近日时局忽生变化，商界恐慌殊甚，营业顿呈停滞，原有捐税，尚难担任。加成一案，当然不生问题，酒业各团体均表示一致。胡静轩谓，我西烟一业，进出均报洋关，货物本不到内地，自当否认。沈颖川、施初芳等报告谓，同业中因屡屡发生军饷、教育费、振捐等名目，华界方面碍难营业，拟于节后他迁，旋经公决，如当局不加体谅，惟有实行自救。议毕散会。

（1923 年 6 月 18 日，第 15 版）

反对烟酒公卖加成之复音

中国烟酒联合会等九团体，为公卖加成事迭开会议，公电烟酒省局等情已纪前报。兹闻该会等接到二区烟酒事务分局复开：删电已悉。据称，上海接近租界，烟酒两业，迭加重税，力尽精疲，恳予取消加成之议以恤商艰等情，亦属实在情形。惟烟酒乃奢侈物品，各国税率之重，不啻倍蓰。加以迩来市价，大都年贵一年，即按原定费率，酌量征收，似尚不无增加之余地。现值帑款空虚、军需孔急之时，该联合会等爱国心长，无论如何为难，务须转知同业遵照省令，共体时艰，踊跃轮将，期效尺寸，本分局长有厚望焉云云。闻该会等奉复后，已定星期日即阴历五月十一日午后两时再行开会集议，继续讨论云。

（1923 年 6 月 23 日，第 15 版）

烟酒联会反对烟酒借款

中国烟酒联合会昨致北京电云：（衔略）迩闻有以全国烟酒税与某烟公司借款二万万元，并授以全国烟酒专买权之说。事之□否，虽未可知，商等痛切剥肤，不能不深虑。查烟酒借款，丧权误国。前冯、袁、徐总统时代，曾有烟酒借款之议，迭经全国人民奔走呼号，竭力反对，政府亦□从民意，久将该议取消。今此项借款如果实行，且以国家赋税主权，授柄外人，不独全国烟酒两业数千万商民生计，胥受摧残，国家财政亦受监督。（中略）务乞力顾主权，务使此祸国殃民之借款永远取消，国家幸甚，国民幸甚！

中国烟酒联合会叩。

（1924 年 1 月 30 日，第 13 版）

烟酒业反对烟酒借款之会议

中国烟酒联合会昨日午后两时，为烟酒借款事开紧急会议，到者有西烟业、皮丝业、旱烟业、绍酒业、土黄酒及汾酒业各代表等三十余人。主席报告，本会于一月二十八号接京兆烟酒商人公函，内开：近闻烟酒税抵押于某烟公司款额为两万万元，其中订立条件极为严酷，将来两业痛苦不堪言状，应请竭力主持等语。又据报载，此次王财长上台之始，即与某烟公司磋商借款，其数额一千万之巨，或□有二千万者。其条件至为苛刻，据传最重要者有三：大约将来中国整理烟酒税则时，均须根据债权人之决议；又借款订期三十年，现因避免华府会议，不居专利之名，须占专利之实；又关于烟草种植、制造、发行等事，债权人得预备代理中国计划。照此情形，我两业税权均授柄于外人，应如何对付云云。经众讨论，愤激异常，决定知照驻京代表，迅速调查确实，俾本埠各有力团体派员赴京力争，并电请北京政府，如有此项借款发现，全国一致反对，誓不承认云云。至五时后散会。

（1924 年 1 月 31 日，第 14 版）

烟酒会请拒借款之军署批示

中国烟酒联合会得悉某烟公司与北京财政部秘密接洽烟草大借款事，曾于岁底具呈松沪护军使署，请求转电力争。昨奉何护军使秘字第六号批示云：中国烟酒联合会呈为北京当局与某烟公司进行二万万元大借款事，祈予转电力争由。冬代电悉。业已据情电国务院矣。仰即知照可也，此批。

（1924 年 2 月 10 日，第 13 版）

烟酒业联合会职员会纪

中国烟酒业联合会，昨日午后二时召集职员会议。首由主席陈良玉报告，本会自从去秋江浙战争时起，因地方宣布戒严，停止集会。厥后干戈不息，会员星散，且水□交通断绝，各埠分会□□阻滞，现在□局渐定，自应仍照向章，每逢星期日开常会一次。俞葆康起言，现当兵灾之后，市面未复，商业凋残，宜急筹补救之方，此后自应按期开会，解决一切，凡有应议事件，随时提出，以便讨论。众皆赞成，并经公决，将烟酒两业此次所受战事上直接间接之损失，逐一调查，以便列表。议毕，略用茶点而散。

（1925 年 3 月 30 日，第 14 版）

烟酒联合会代闽商呼吁

中国烟酒联合会，昨为福州附征教育行政费一成，烟酒商无力担负，特电财政部暨全国烟酒事务署，请求转饬闽当局停止征收。电文如下：

北京财政部、全国烟酒事务署钧鉴：接福州闽侯烟酒商代表龚陶庵函，称：福州本省酒类只销城台乡，仅供劳动界之用，自担负公卖费以来，销酿两方，已十减其五。近教育厅因教育行政费短绌，呈请军民长官向烟酒两商附征教育行政费一成，叠经呼吁，未蒙省免。自军兴以来，市景萧条，民生凋敝，两业前途，不堪设想。况税捐已增至值百抽三十，负担已重，不能忍痛，请为援助等情。准此，查烟酒两业自行公卖以来，各处营业，大见减退，实由税重所致。今闽省再加教育费，商业何堪？伏乞钧部署体恤商艰，行知闽省军政长官暨财政厅、教育厅、烟酒事务局，迅即停抽教育费，以舒商困，藉培元气，实为德便。

中国烟酒联合会叩。歌。

（1925 年 5 月 7 日，第 14 版）